やさしい 機械図面の見方・描き方

住野和男　鈴木剛志　大塚ゆみ子［共著］

改訂 **3** 版

改訂3版にあたって

住野和男著『やさしい機械図面の見方・描き方』は2005年10月に初版が発行され，その後2014年の改訂2版を経て，このたび改訂3版を発行することとなりました．本改訂3版では「JIS B 0001 機械製図」など最新JIS改正内容に準拠するとともに，よりわかりやすい解説でこれから機械製図を学ぼうとしている方々に理解を深めてもらえるように配慮して構成しました．

機械設計を職業とするためにはどのような技術が必要なのでしょうか．一般の多くの人は「機械設計＝図面を描く仕事」と理解しています．逆を言えば図面を描く行為が機械設計だと思っているのです．しかし単に図面を描くだけが機械設計ではないことは，すでに皆さんが感じていることだと思います．

ものづくりとしての機械設計とは，製品の企画から仕様決定，強度計算，ライフサイクルコスト，環境性能，保守性，果ては製造現場，保守現場との信頼関係など，挙げればきりがないくらい幅広い知識とセンス，技術，人間性が要求されるものです．そしてどの場面においても設計者は常に責任を持って取り組む必要があります．

その根幹となる技術が機械製図です．設計でひとつの形状を決めるとき，つまり図面に線を1本引くときにも，その1本の線にとことんこだわり，幅広く考え抜いて設計して欲しいと願っています．

「設計の現場から」と題したコラムでは，設計者としての心構えや筆者らが設計現場で学んだことなどをまとめました．あらゆる業務が情報化，自動化されている時代ですが，設計や生産工程の要所には必ず人間がいて，そこには人の五感でしか分からない世界があることを感じてもらえれば幸いです．

本書は住野和男先生が執筆した初版の内容をベースに，鈴木，大塚の両名にて師の想いを引き継ぎ，また，多くの技術者各位に指導，助言をいただきながら，このたびの発行に至りました．執筆中は常に，住野先生ならどのように解説するだろうか，どういった図をいれるだろうか，と考えながら，初版の想いである「やさしい」内容になるように努めました．

改訂3版発刊にあたり，ご協力いただいた関係者各位，オーム社の皆さまに心から御礼を申し上げます．そして比類ない技術者精神，厳しさと愛情で多くの設計者，技術者を育ててきた住野和男先生に，ここに改めて本書を捧げ，心から感謝を申し上げる次第です．

2024年10月

鈴木　剛志
大塚ゆみ子

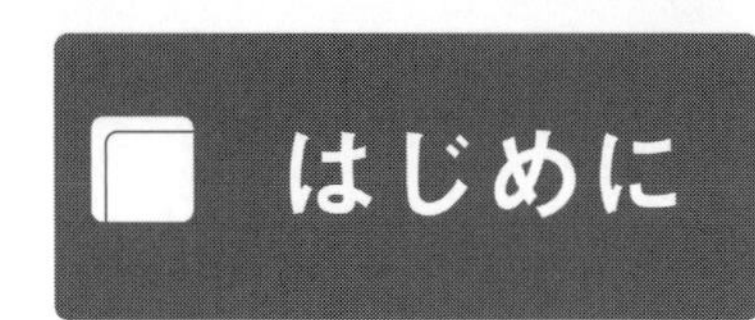

私たちの生活では自動車を始め，携帯電話，家電製品，おもちゃやロボットなど，たくさんの工業製品があふれている．

製品を購入するときには機能はもちろん，扱いやすさやデザイン性も重要な選択肢となっている．

そのため設計者は，世の中のニーズにあった製品を速く，安く生産するための努力を続けている．

このように，設計者は常に新しいアイデアを創造し，これを図面化していく．機械が高度に複雑になればなるほど図面の果たす役割は大きくなり，また製造や改良，修理などの資料ともなる．

そのため，設計者の意図を正確に伝えるための「図面」が必要になってくる．したがって，技術者には図面を描き，読むことができる知識が必要不可欠なのである．

製図は手描きから始まったが，今日のコンピュータの発達によりCADによる製図が普及してきている．

このような中にあっても，基本は手描き製図であることには変わりはない．

図面に描かれた情報は，統一された規則にもとづいて正確にわかりやすく，基本をおさえていなければいくらきれいに描いた図面でも用はなさなくなる．

統一された規則として，わが国では1949年に工業標準化法により，JIS（Japanese Industrial Standards：日本工業規格）が制定された．この規格は多分野に渡る規格を定めた国家規格で，工業製品の種類や形状・寸法・材質などに一定の標準を設けたもので，原則として5年以内に見直しが行われている．

また，ISO（International Organization for Standardization：国際標準化機構）は1947年に発足され，各国間での情報交換，規格の統一化，啓蒙を目的とした国際的な規格を定めている．

JIS規格はISO規格にほぼ従っており，国際的な共通言語ともいえる．したがってJIS規格にもとづいて描いた図面は国内をはじめ世界中で通用する図面となる．

以上のようなことを背景にこの教本では，はじめて「機械図面」を学ぼうとする機械技術者や学生諸君を対象に，描くうえでの規則を中心に図を多く取り入れ，やさしくそしてわかりやすく理解できるようにまとめている．

また，最近のCAD・CAM・CAEにも触れた．これから「機械図面」を学ぼうとしている方々にとって，最良の参考書となれば幸いである．

本書を出版するにあたり，参考にさせていただいた文献の著者各位，ならびにオーム社の方々に心から感謝するしだいである．

2005年9月

住野 和男

目　次

7章 機械要素・溶接の製図

1章

情報伝達としての図面の役割

1-1 図面の役割

私たちは物を作るときや，物の形状などを説明するときに，紙の上に簡単なスケッチを描き，自分のイメージする物の情報を相手に伝えることができる．さらに，スケッチに寸法を書き入れることで形や大きさなど，より詳しい情報を紙の上で伝えることもできる．紙がなければ地面の上や黒板などで説明することも可能である．このようなことを誰でも一度は経験したことがあるであろう．

自分のイメージする物について図を描いて説明するためには，自分の意図を相手に確実に伝えることが重要である．意図が正確に伝わらなければ，想像したものやできたものがイメージとは違ったものとなり，説明のやり直し，作り直しの手間が生じてしまう．

昔の船大工は，頭の中に描いている寸法や形をもとに船を作っていた．長年の経験と勘をたよりに，自分ひとりで船の形状を考え，船を作るという場合にはイメージ通りの物を作り上げることができたのである．しかし，複数の人間が製作に携わったり，他の人が同じ形状の船を作るような場合には，形状や寸法を誰が見てもわかるように残しておかなければ，設計者のイメージと同じ船を製作するのは困難となる．

図 1-1　　図 1-2

物の製作，製造に多くの人が関わる今日では，設計者の意図を正確に伝えるために，共通の規則が決められている．この規則に沿って描かれた図は「図面」と呼ばれ，我が国の図面についての共通規則は，日本産業規格（JIS）の中の JIS Z 8310（製図総則）に定められている．この規格は，産業分野で使用する図面作成に当たっての要求事項について総括的に規定したもので，機械製図，電気製図，建築製図，その他の産業部門に共通で，すべてに適用されるものである．

機械工業の分野で使用する主として部品図，組立図については，JIS B 0001（機械製図）に規定されている．

機械製図は，従来手描きで行われていたが，今日ではコンピュータで描く CAD 製図が主流となっている．特に最近ではコンピュータ上で立体形状を直接描き，製作しなくてもでき上がりの形をみることができる三次元 CAD が普及している．三次元 CAD で作成した立体は視覚的にわかりやすく，同時に二次元の図面化も容易に可能になった．

便利なツールである三次元 CAD を用いる今日でも，「図面」は重要な役割を果たしている．機械の製作者は「図面」上に記された，設計者の意図する細かなコメントや寸法，加工指示などの情報をもとに，寸法や形状などの確認を行っている．また，完成した製品の検査段階でも，設計者の意図が製品に反映されているかを「図面」をもとに確認する作業がある．このように「図面」を正確に描くこと，また正確に読みとることは機械設計，製作において重要な役割を果たすものである．

1-2 製図と図面

工業製品，家電製品，電気・電子機器などをはじめ，あらゆる製品や資料，配置，配線，カタログなど，多くのところで「図面」は必要である．カタログなどにおいても普段，私たちはなにげなく「図面」をみている．

このように，「図面」にはただ単に形や寸法を表すものから，配置や配線を表すもの，品物の概略，製品を製作するためのもの，完成品を表すものなど様々な「図面」がある．

「図面」を作成することを「製図」，機械に関する「製図」を「機械製図」という．

「図面」には，大きさ・形状・姿勢・位置の情報が入っており，それぞれに約束事がある．この約束事を「規格」と呼んでいる．

「製図」に関しては「製図規格」があり，この「製図規格」に従って描くことにより，図面作成者の意図を使用者に正確にかつ容易に伝達することができる．

JIS B 0001（機械製図）では製図に関する基本的な事項が規定されており，本書も主としてこの規格により説明している．

1-3 図面の基本要件

それでは図面が備えなければならない要件とはどのようなものであろうか．

①　図面は対象物の図形とともに，**大きさ**，**形状**，**姿勢**，**位置**の情報を含むことが必要である．また，必要に応じて表面性状，材料，加工方法などの情報を含むこともある．これらの情報は JIS に定められた方法で図示しなければならない．

②　図面は図面作成者と使用する者とを結ぶ情報手段であるから，その内容にあいまいな解釈が生じないようにしなければならない．

③　今日では機械・電気・建築・土木などの各分野が互いに関わりあって仕事をすることが多くなってきた．そのために，図面はできるだけ広い分野にわたる整合性や普遍性を持ち，容易に相互理解ができるようにすることが重要である．

④　国際的技術導入や技術輸出など，国際化の時代に入っている現在では，図面にも十分な国際性を持っていることが要求される．

⑤　図面は複写，保存，検索など，様々に利用される．したがって，図面はこれらに適合する内容と様式を備えていなければならない．

1-4 ものづくりと図面

このようにして必要な要件を満たした図面は，実際の生産に向けて設計者の手を離れていく．生産に向けた図面は部品図，組立図，完成図などがあるが，完成したそれぞれの図面は次工程に送られ，この図面を基に生産計画が立てられて，生産工程へと移っていく．まさに自身が描き上げた図面で，製品がうまれていく工程である．設計者として喜ばしい瞬間であると同時に，どれだけ入念に検図を行っても，生産現場で図面にミスや改善個所が見つかることがある．したがって，設計者は机上だけでなく，生産現場や場合によっては客先まで出向き，実際のモノを眼で見て設計にフィードバックすることが大切である．

このように生産現場をよく見て，改善を繰り返した図面から生まれる製品は完成度が高い．したがって，生産が続く限り，図面も長期間使用することができる．修正を加えた図面はそのつど改訂履歴を図面に記載し，いつ誰が見ても内容と理由がわかるようにしておく．このためにも基本的に消去は行わず，棒線で消して新規内容を記載するようにする．大幅な修正などで図面が見難くなる場合は注釈を記載したうえで，新規に描き起こす場合もある．

設計者はこのような確認，修正，改善を経験することで，完成度の高い，美しい図面が描けるようになる．また，経験した内容はリスト化し情報を共有することで，組織全体で設計レベルを向上させ，高品質，高効率の生産が可能になる．次章以降，製図の基礎，具体的な図面の見方，描き方を解説していくが，皆さん一人ひとりが設計者であることを自覚し，スキル向上に取り組んでもらいたい．

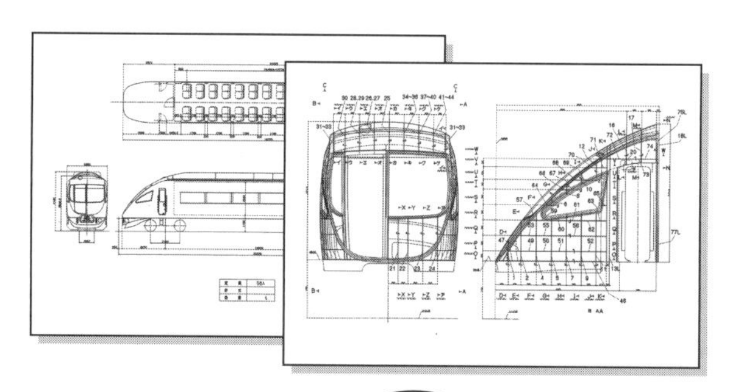

設計

製造

完成

（協力：小田急電鉄株式会社）

図 1-3

図面の見方・描き方の基礎知識

2-1 製図用具・用品とその使い方

製図用具は製図作業者にとって必要不可欠な道具であり，日常よく使用するだけに良品で使いやすくまた，使い慣れたものを使用するのがよい．速くきれいに正確に描くための製図用具・用品としては**コンパス**や**ディバイダ**，**製図用ペン**や**鉛筆**，**製図板**，**T定規**，**三角定規**，**直定規**などがある．

1 製図器具

1 製図板

製図板は，合板（シナベニヤ）や表面にマグネットシートを貼ったものなどがある．大きさは図面の大きさに合ったものを選ぶ．

2 T定規

製図板を使用する際に，水平線を引く作業や三角定規を用いるときの案内として用いられる．最近はCADの普及であまり使われなくなっているが，手軽に使用できる利点がある．

（a）製図板，T定規

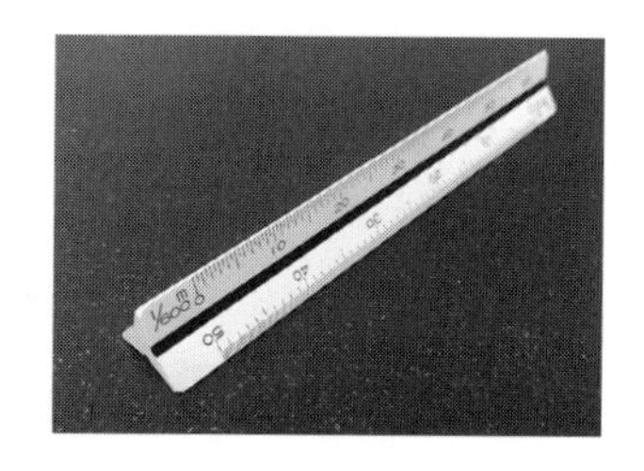

（b）三角スケール

図2-1　製図板，T定規，三角スケール

3 直線用定規

直定規は直線を描くために用いるもので，竹製やプラスチック製のものが使われている．

三角定規は単独では30°，45°，60°，90°の角度を得ることができるが，2枚を組み合わせることで水平線に対して15°，75°など，15°おきの線を引くことができる（図2-2参照）．

4 曲線用定規

コンパスでは描くことができないゆるやかな曲線を描く場合には，**自在曲線定規**や**雲形定規**を使用する．自在曲線定規は，自在に曲げることができ，自由に曲線が描けるようになっている．雲形定規は，複数の曲線で構成された定規が数種類組み合わされたものや，1枚が複数の曲線で構成された**万能雲形定規**などがある．

5 スケールと分度器

長さを測るための長さ寸法目盛をもつ定規をスケールという．三角スケールは断面が三角形で6種類の尺度をもつスケールをいう．**分度器**は三角定規では得られない角度や，等分する場合などに使用されるもので，**全円分度器**や**半円分度器**がある．

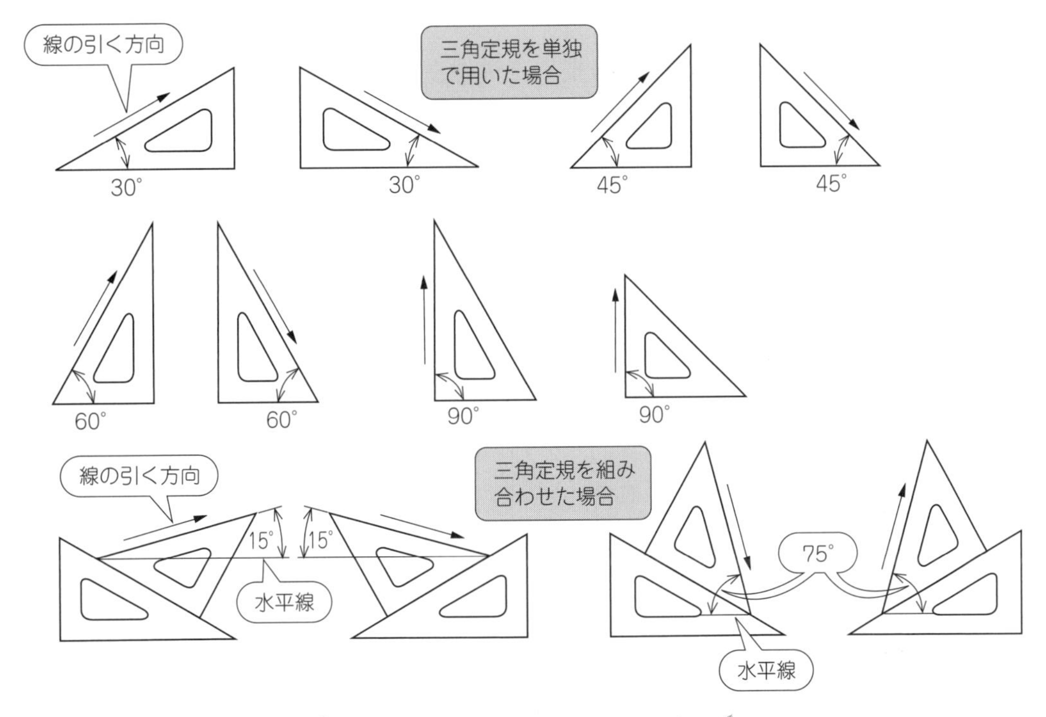

図 2-2　三角定規の角度の取り方

2　製図用具

1　コンパスとディバイダ

コンパスには，微調整が可能で正確な小円を描くことができる**中車式コンパス**や，**中コンパス**，**大コンパス**などがある．

ディバイダは，コンパスの両脚先端に針が付いており，長さ寸法をスケールまたは図形から製図用紙に移したり線分を分割したりするのに用いられる．

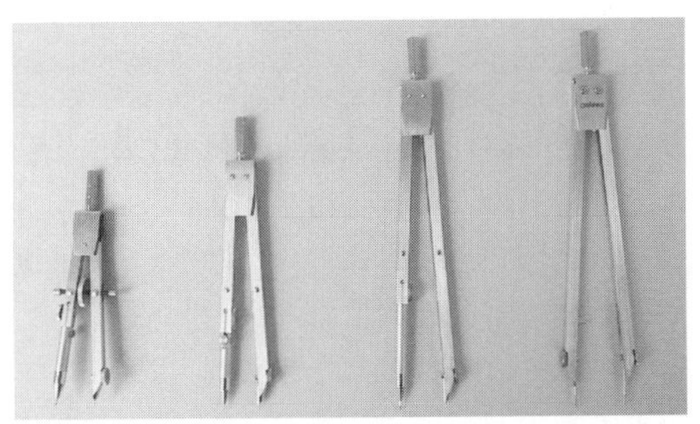

図 2-3　いろいろなコンパスとディバイダ

2　筆記用具

製図に用いられる筆記用具には**鉛筆**，**芯ホルダ**，**製図用シャープペンシル**，インキング（スミ入れ）に用いられる**製図ペン**などがある．

鉛筆は芯研ぎを必要とするが，芯が太いため折れることは少ない．**くさび状**に芯を研ぐと，比較的長く一定の太さの線を引くことができるため，直線を引くときに用いられる．

円定規（テンプレート）を使用するときは，方向性のない**円すい状**の研ぎ方がよい．

シャープペンシルは鉛筆のように削ることや芯研ぎの手間がなく，一定の太さの線を引くことができるので便利であるが，力を入れ過ぎると芯が折れることがある．

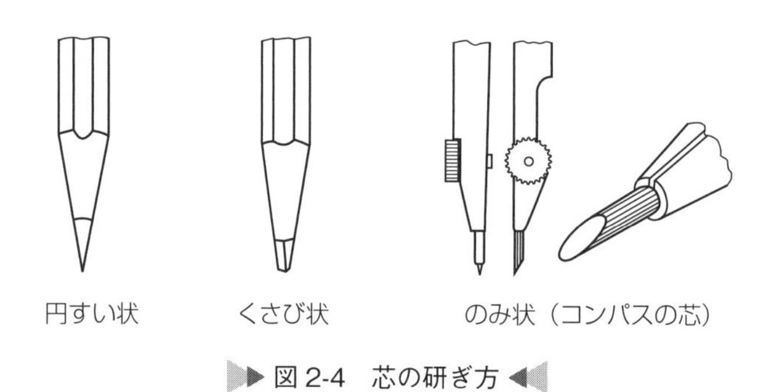

図 2-4　芯の研ぎ方

3　その他の用具

消し板：字消し板ともいい線や文字などの不要な部分だけを消す際に使用する．

芯研器：鉛筆やコンパスの芯を円すい状やくさび状に研ぐときに用いられる．

消しゴム：普通タイプ，練りタイプ，インク専用タイプ，万能タイプなど，用途によって使い分けできる．

製図用ブラシ：消しゴムのカスやほこりを払うもので，ブラシタイプや羽タイプのものがある．

製図用テープ：**ドラフティングテープ**と呼ばれ，製図板に製図用紙を貼るときに用いるもので，製図用紙を傷めずにきれいにはがすことができる．

3　用具の使い方

正確できれいな図面を速く描くためには，用具を正しく使用することが必要である．

1　寸法のとり方

スケールを直接製図用紙にあてて寸法をとるか，**コンパス**や**ディバイダ**を使う場合には直接スケールにあてて寸法をとる．

2　直線の引き方

直線（**水平線**）は定規の上縁に筆記用具をあて，**左から右方向に向けて引く**．**垂直線**を引く場合には，三角定規の左縁に筆記用具をあて，**下から上方向に向けて引く**．芯を定規のふちにあて，一定の強さ・速さで引き，濃さや太さのムラがないように引く．

線を引くときには，鉛筆は製図板に対して垂直に立て，線を引く方向に約60°傾ける．

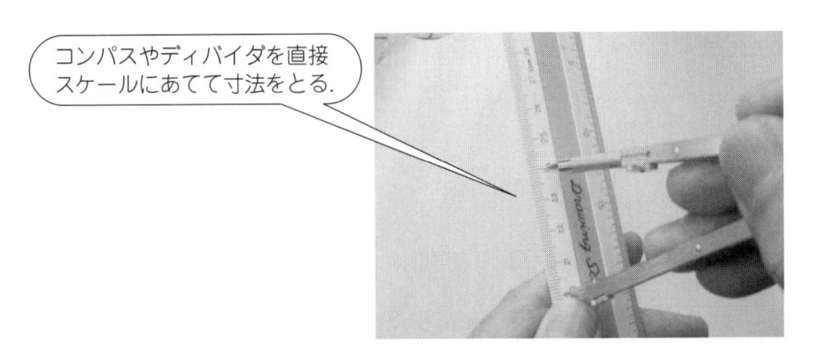

図 2-5　寸法の取り方

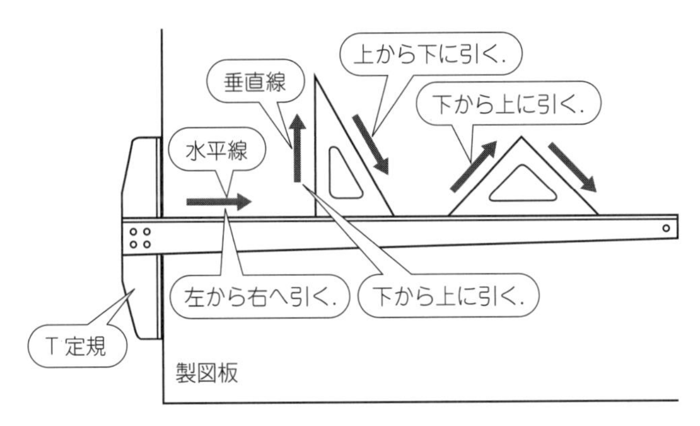

図 2-6　線の引く方向

線に厳しく

複数の製図作業者が同じ器具を用いて線を描いたとしても，同じ線にはならない．1本の線でも，描く人の性格や個性が表れた線となる．

誰もがきれいだと思う図面には間違いが少なく，またそのような人は製図作業も速い．

製図は線で形状を作成する作業であり，生産工程はもとより，あらゆる現場においてあなたの描いた図面がたよりとなるのである．線に真心を込めて作図する，という心構えを，常にもって取り組んでほしい．

3　円・円弧の引き方

コンパスで円や円弧を描く場合，半径の大きさに適したコンパスを使用し，**コンパスの両脚は垂直に立て**，一定の力で描く．

4　曲線の引き方

不規則な曲線を描くときには，**自在曲線定規**や**雲形定規**を用いる．

自在曲線定規は，描こうとする曲線を自在に引くことができるが，小さく急な曲線は構造的な理由から描くことはできない．

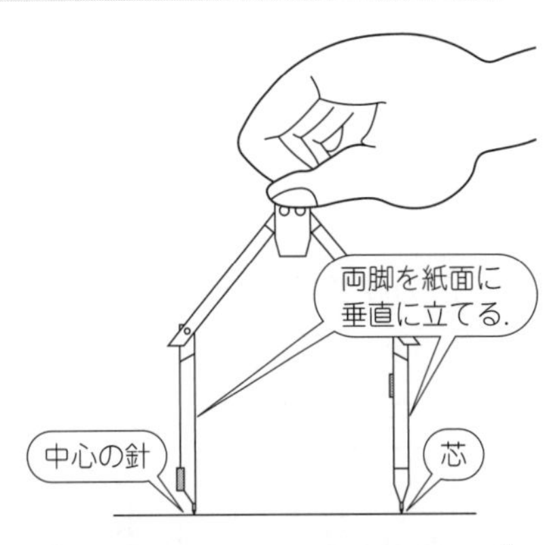

図 2-7　円・円弧の引き方

雲形定規は，比較的短い部分の任意の曲線を描くときに用いる．一度で引けない場合には，別の雲形定規を選んで引き，つなぎの部分が滑らかになるようにして描く．

雲形定規で曲線を引く場合

• 各点が比較的離れている場合には

① 1，2，3の各点に合致する定規を選び（図の場合には 4, 5, 6），2（図の場合には 5）を中心として左右半分ずつ曲線を描く．

② 次に2，3，4に合致する定規を選び（図の場合には5，6，7），3（図の場合には6）を中心として左右半分ずつ曲線を描く．

③ 以下同様にして点を円滑な曲線でつなぐ．

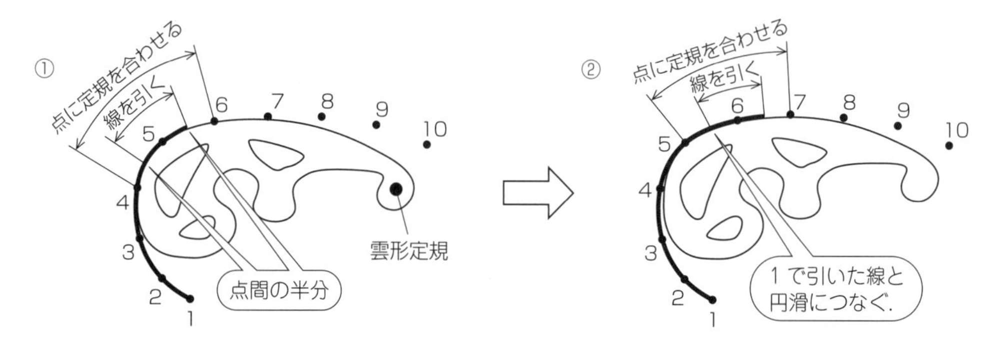

• 各点が比較的接近している場合には

① 1，2，3，4の各点に合致する定規を選び（図の場合には 7, 8, 9, 10），中間の2〜3（図の場合には8〜9）の部分を描く．

② 次に2，3，4，5に合致する定規を選び（図の場合には 8, 9, 10, 11），中間の3〜4（図の場合には9〜10）の部分を描く．

③ 以下，同様にして点を円滑な曲線でつなぐ．

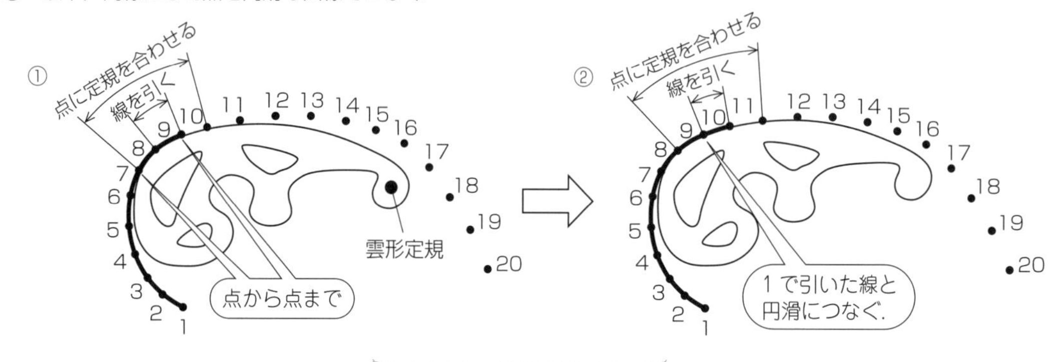

図2-8　曲線の引き方

芯の硬さの記号

芯の硬さ記号には H，F，B があり，濃さと硬さを表している．

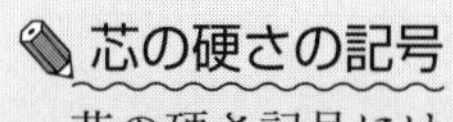

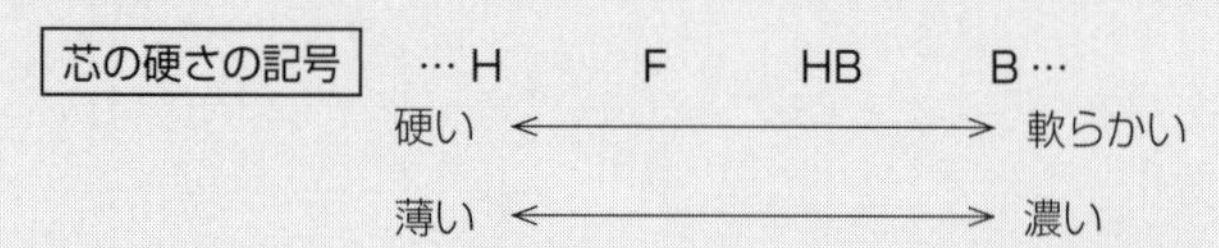

H　：Hard（硬い）の略で，H，2H，3H…9H と数字が大きくなるほど硬く，薄くなる．一般に製図用として用いられている．

F　：Firm（安定した）の略で，H と HB の中間の濃さと硬さである．

HB：H と B の中間の硬さ，濃さで，主に筆記用として用いられている．

B　：Black（黒い）の略で，B，2B，3B…6B と数字が大きくなるほど軟らかく，濃くなる．デッサンや絵画用に多く用いられている．

製図用としては H か F，HB 程度の硬さと濃さの芯を使用するが，硬い芯を用いると線が薄くなり，製図用紙を破る原因にもなる．また，反対に HB 以上の軟らかい芯を使うと減りが早く，図面を汚す原因ともなる．また，コンパスなどで使う芯は，少し軟らかめのものを使うなど必要に応じた芯の硬さや濃さを選ぶとよい．

2-2　図面の描き方の基礎

図面には用途によって**計画図**，**基本設計図**，**製作図**，**工程図**，**工作工程図**，**検査図**，**据付け図**などがある．また内容による分類では**部品図**，**組立図**，**部品組立図**，**構造図**，**スケッチ図**など多くの種類のものがある．

機械製図では組立図，部品図，部品組立図などが多く用いられている．

1　図面の大きさおよび様式

作図には**製図用紙**を用いる．製図用紙には用途によって**トレース紙**，**製図用フィルム**などがある．

製図用紙には**ケント紙**や**トレーシングペーパ**などがよく用いられており，特にトレーシングペーパは透明性や温度・湿度による伸縮性が少なく，一般に用いられている．

1　製図用紙の大きさ

製図用紙の大きさは描く対象物の大きさや，描く尺度，複雑さ，数などを考慮し，明瞭さを保つことができる最小サイズのものを選ぶようにする．

製図には **ISO-A シリーズ**の A0 ～ A4 を使用し，**長辺を横方向に置いて用いる**．ただし，**A4 については短辺を横方向として用いてもよい**．

呼び	寸法 $a \times b$
A0	841×1189
A1	594×841
A2	420×594
A3	297×420
A4	210×297

単位 mm

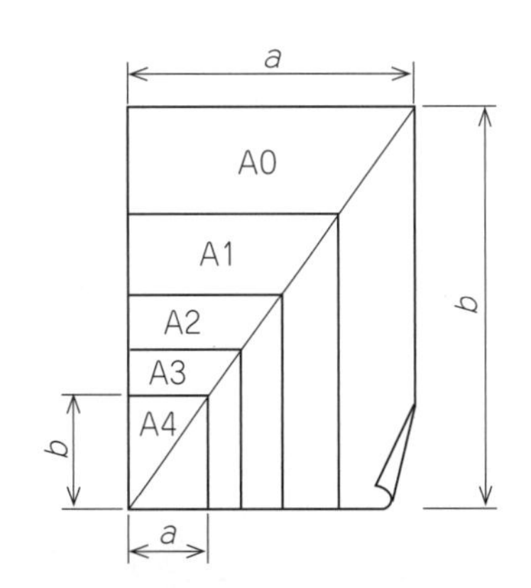

図 2-9　用紙の大きさと呼び

紙の大きさの秘密

古代ギリシャ，ローマ，エジプトの時代から，建造物や芸術作品においては1：2，1：3，1：4…などや，1：$\sqrt{2}$，1：$\sqrt{3}$の比率が多く用いられてきた．

45°の三角定規は1：1：$\sqrt{2}$の比率であり，30°，60°の三角定規は1：2：$\sqrt{3}$という比率で，いずれも√（ルート）が付く形状である．

ISO-Aシリーズでは，呼びA0の紙の面積は1 m²で，紙の大きさの短い辺と長い辺との比率は1：$\sqrt{2}$になっている．

製図用紙はISO-Aシリーズを基準にして，呼びA0の長い辺を二つに折りたためばA1，これをさらに二つに折りたためばA2となり，以下A3，A4となる．

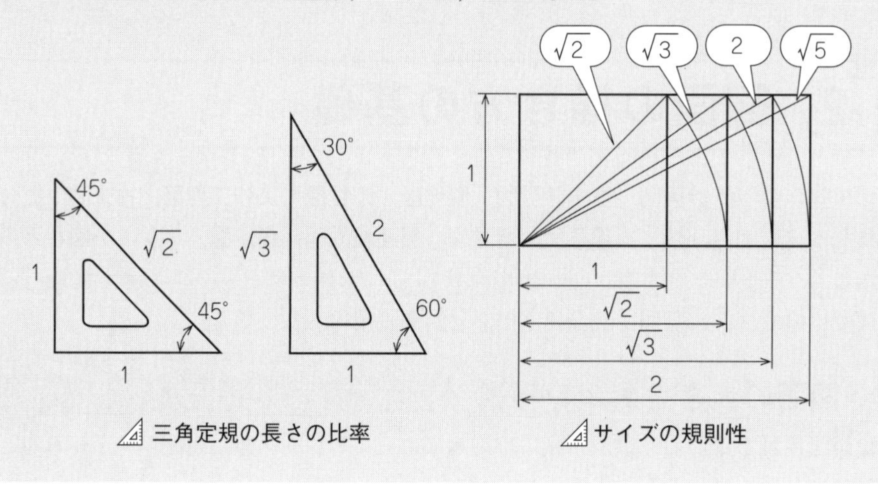

三角定規の長さの比率　　サイズの規則性

2　図面の様式

図面の様式には図面に必ず設けるものと，設けることが望ましいものとがある．**図面に必ず設けるものには輪郭線，表題欄，中心マーク**があり，**図面に設けることが望ましいものには比較目盛，方向マーク，格子参照方式，裁断マーク，部品欄**などがある．

ⓐ 輪郭および輪郭線

製図用紙のふちは使用中に破損などが生じやすい．また，図面の領域を明確にするためにも図面に**輪郭**（**余白部分**）を設ける．図を描く領域と輪郭との境界線を**輪郭線**と呼び，**太さは最小0.5 mm**の**実線**を用いる．

輪郭の幅はA0およびA1サイズでは最小20 mm．A2，A3，A4サイズでは最小10 mmとする．

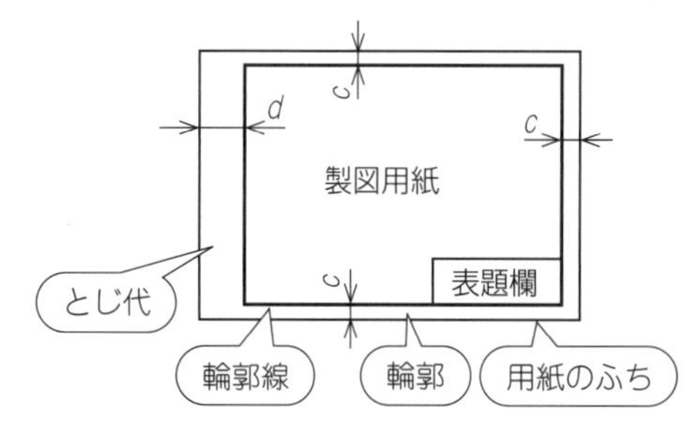

用紙の呼び		A0	A1	A2	A3	A4
輪郭の幅 c（最小）		20	20	10	10	10
とじ代 d（最小）	とじない場合	20	20	10	10	10
	とじる場合	20	20	20	20	20

単位 mm

▶▶ 図2-10　図面の輪郭の幅 ◀◀

また，図面をとじる場合の**とじ代**は，**輪郭を含む最小幅を 20 mm** とし，折りたたんだときに表題欄から最も離れた左の端に設ける．なお，A4 サイズの図面用紙を横置きに使用する場合には，d の部分は上側になる．

ⓑ 表題欄

図面番号，図名，作成元などを記入するために，**図面の右下隅に表題欄**を設ける．

表題欄の形式については特に定められていないが，**表題欄の長さは 170 mm 以下**で，**図面番号，図名，企業（団体）名，責任者の署名，図面作成年月日，尺度，投影法**など，図面管理上必要な事項や図面内容に関する事項をまとめて記入する．**図名または図面番号欄については表題欄の右下に設ける**．また，表題欄の配置は，図面の向きと一致させるのがよい．

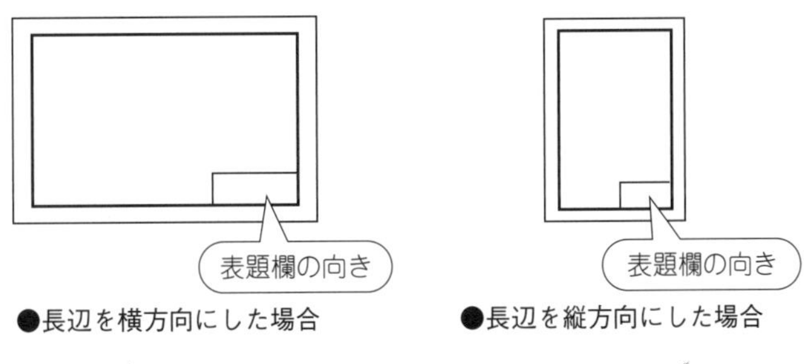

図 2-11　表題欄の向きと表題欄の例

ⓒ 中心マーク

中心マークは図面を折りたたむ場合やマイクロフィルム撮影，複写時などの位置決めなどに役立つもので，用紙の **4 辺の各中央**に設ける．**用紙の端から輪郭線の内側約 5 mm** まで垂直な直線を引き，**線の太さは最小 0.5 mm** とする．

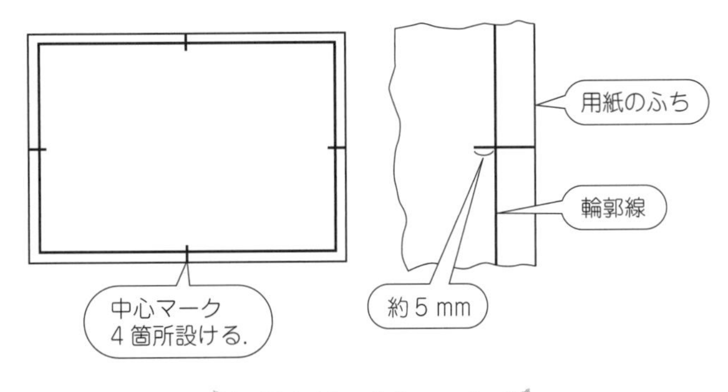

図 2-12　中心マーク

図面を折りたたむ場合の大きさ

原図は折りたたむと折り目がつき，複写時に写ったり図面を傷めたりするので折りたたまないで広げた状態や巻いた状態で保管するのがよい．巻いて保管する場合には，その内径は 40 mm 以上が望ましく，図面を折りたたむときには表題欄に記入した図名または図面番号が折りたたんだ上面となるようにする．また，折りたたんだ大きさは A4 サイズとする．

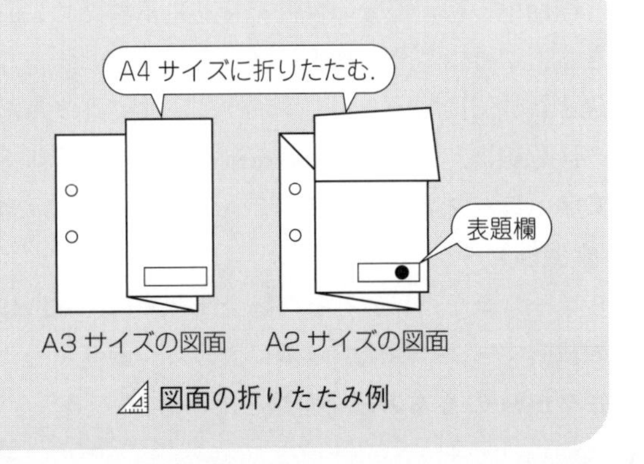

図面の折りたたみ例

d 比較目盛

図面の縮小・拡大，複写図面の取り扱いなどのため，図面に**比較目盛**を設けるとよい．比較目盛は，下側の輪郭線の外側に中心マークを中心として対称に設け，**線の太さは最小 0.5 mm の実線**で，**長さは最小 100 mm**，**幅は最大 5 mm** とする．図形の大きさを測るものではないので，**目盛の間隔は 10 mm とし目盛には数値は付けない**．

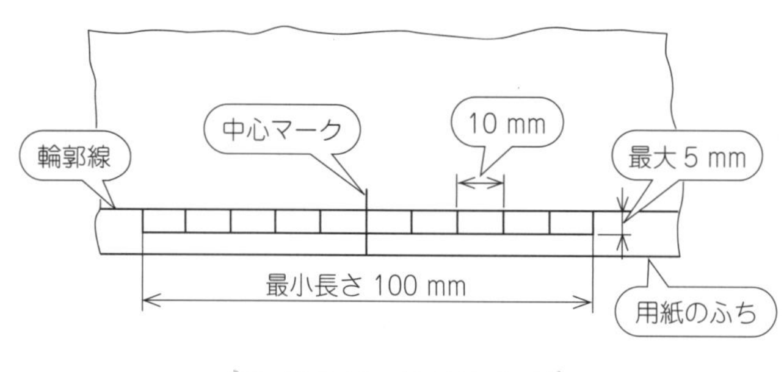

図 2-13　比較目盛

e 方向マーク

用紙の向きを示したい場合には，**方向マーク**を設ける．方向マークは**正三角形**で中心マークに合わせ，用紙の一つの長辺側に 1 箇所，一つの短辺側に 1 箇所，輪郭線を横切るように設ける．

そして，この方向マークの一つが，常に製図者を指すように置く．

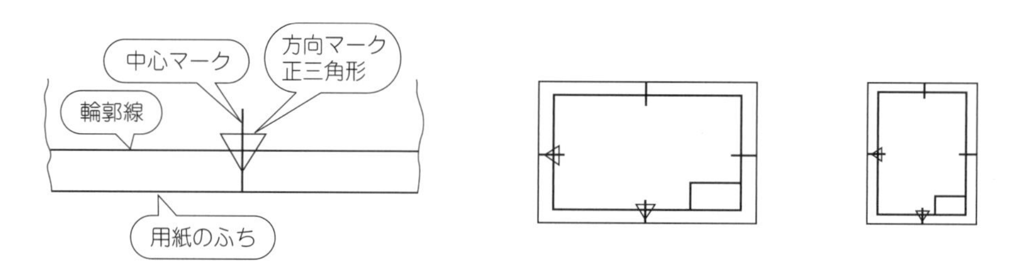

図 2-14　方向マーク

f 格子参照方式

図面中の特定部分の位置を容易に示すために，**格子参照方式**を用い図面の区域を表示することができる．これにより，相手に図面を参照指示する際などに使用できる．区域の表示は，図面の長辺・短辺を偶数個に区分し，1 区分の長さは図面の大きさに応じて **25 ～ 75 mm** の長さで設ける．

区分線は，**太さ最小 0.5 mm** の実線で描き，左から横に**数字**で 1，2，3，…，縦には上から**ラテン文字（ローマ字）の大文字**で A，B，C…と記入する．

g 裁断マーク

ロール紙などに複写した場合などには，裁断に便利なように用紙に**裁断マーク**を設けるとよい．この裁断マークは**用紙の 4 隅**に設ける．裁断マークは，**2 辺の長さ約 10 mm の直角二等辺三角形**か，**太さ 2 mm の 2 本の短い直線**を用いる．

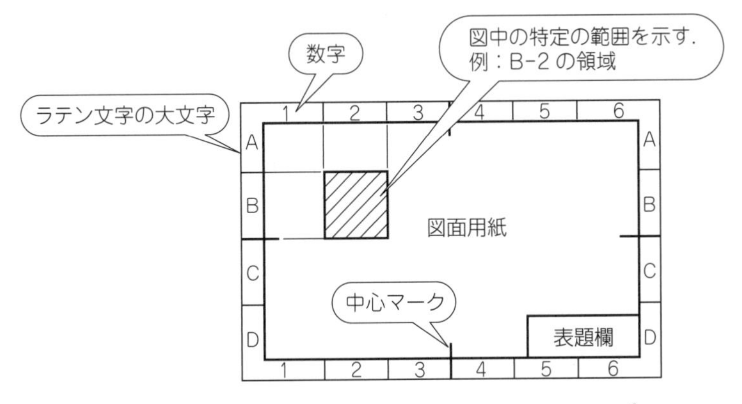

図 2-15　図面の区域の表示（格子参照方式）

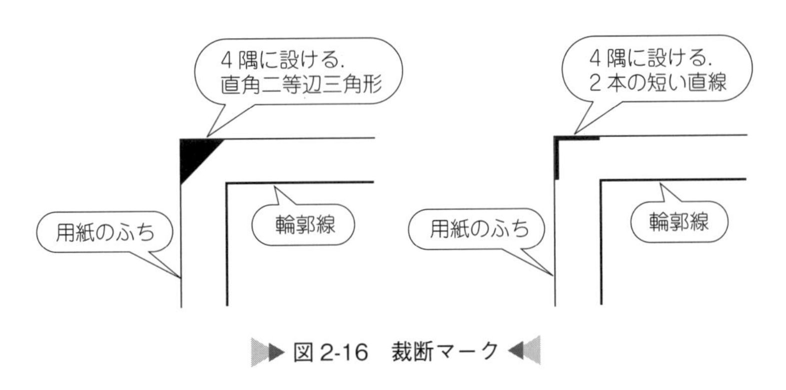

図 2-16　裁断マーク

ⓗ 部品欄

部品欄は図面に描く対象物や，その構成部品の**番号**，**名称**，**材質**，**数量**，**重量**などの情報を記入するための表で，図面の右上の隅か表題欄の上に接して設ける．部品表の形式は特に決まっていないが，表題欄の大きさに準じるのがよい．

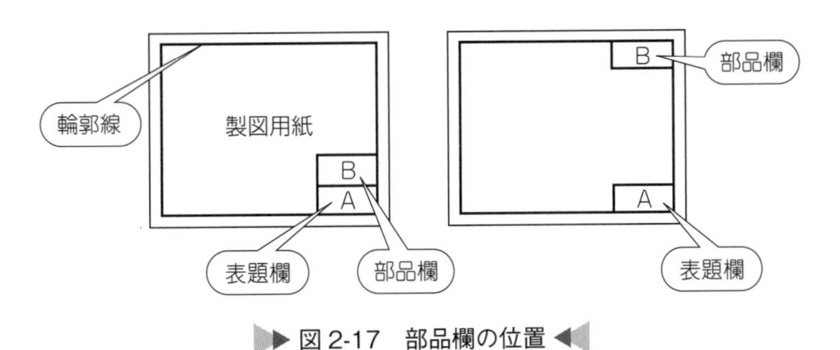

図 2-17　部品欄の位置

3　尺　度

図面は実物大で描くことが望ましいが，飛行機，船，電車，自動車など実物大で描くことができない場合がある．また，小さな部品などでは，実物大では小さすぎて図面に描きにくい場合もある．このようなときには**縮小**もしくは**拡大**して図面上に描く．**縮小や拡大をして描く場合の長さの比を尺度**という．尺度は対象物の大きさ，図形の複雑さなどを考慮して選ぶ．

尺度には**縮尺・現尺・倍尺**の3種類があり，大きな対象物は縮尺に，小さな対象物や細かい対象物は倍尺として描くと見やすく誤りの少ない図面となる．

縮尺：対象物が大きい場合など，実物よりも小さく描くときに用いる尺度である．

現尺：対象物と同じ大きさで描く場合に用いられ，通常用いられる尺度で，**原寸**とも呼ばれている．

倍尺：対象物が小さい場合など，実物よりも大きく描くときに用いる尺度である．

ⓐ 尺度の表し方

尺度の表し方は，現尺ではAを1，Bを1，縮尺ではAを1，倍尺ではBを1とする．

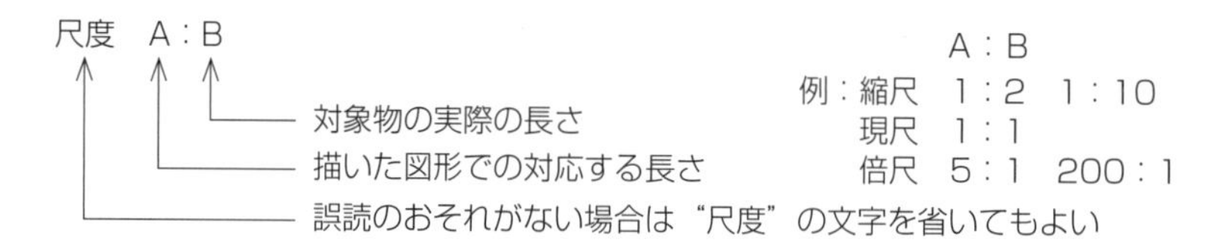

縮尺や倍尺で描く場合，図形は対象物よりも小さく，または大きくなるが，**図面に記入する寸法値は対象物の寸法をそのまま記入することに注意する．**

機械製図で一般に用いる**推奨尺度**は次のとおりである．

表 2-1　推奨尺度

種　別	推奨尺度					
縮　尺	1：2 1：200	1：5 1：500	1：10 1：1000	1：20 1：2000	1：50 1：5000	1：100 1：10000
現　尺	1：1					
倍　尺	50：1	20：1	10：1	5：1	2：1	

ⓑ 尺度の表示

尺度は表題欄に記入する．一枚の図面中で異なった尺度を用いる場合には，**主となる尺度だけを表題欄に記入し，その他の尺度は関係する図の周辺に記入**する．

4　寸法の単位と表示

図面に用いる寸法値には**長さ寸法**，**位置寸法**および**角度寸法**があり，**数字**を用いて記入する．

ⓐ 大きさを表す単位

大きさを表す単位にはミリメートル（mm）を用い，単位記号（mm）は記入しない．ただし，他の単位を用いる場合には，明示する必要がある．

ⓑ 角度を表す単位

角度を表す単位は，**度**（°），**分**（′），**秒**（″）を用いて記号で表す．一般には**度**（°）で記入し，必要がある場合のみ，分および秒を併用する．また，角度寸法を**ラジアン**単位で記入する場合は**rad**を記入する．

例：36度26分25秒は，36°26′25″

例：0.25 rad　2π rad

ラジアン単位とは

一般に私たちは角度を60分法で表示している．しかし，この60分法に代わる角度を表す単位として**弧度法**を使うことがある．

弧度法は角度の大きさを弧の長さで表す方法で，半径と同じ長さの弧の長さをもつ扇形の中心角の大きさを1ラジアン（rad）とする．度の代わりにラジアンで表示すると，180°はπ rad，360°は2π radとなる．

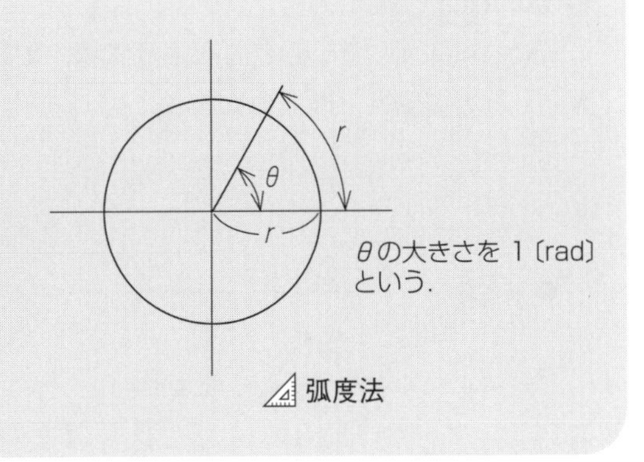

弧度法

ⓒ 寸法数字の扱い方

図面の寸法値は，一般に**仕上り寸法**で示す．

寸法数字は図面の中でも特に重要なので，誤記入や読み誤りがないようにしなければならない．また，桁数や小数点の位置などにも十分注意する．

小数点の記入は下の点，数字の間隔は適切にあけてその中間に，大きめにはっきり書く．また，桁数が多い場合でも，コンマは付けないで表示する．

小数点の記入例	例：123.45	234.00
桁数が多い場合の表示例	例：22340	56000

2 図面に用いる線と文字

図中の図形や寸法，情報などは**線**，**文字**，**記号**を用いて示される．これらの線，文字，記号についてそれぞれの意味や機能が規格として定められている．これらの規格について十分に理解したうえで，製図作業に取り組んでほしい．

1 線の基本要件

図面では形や太さの異なる線を用いるので，次の点に注意して描くことが必要である．

① 線の太さ方向の中心は，線の理論上描くべき位置の上にあること．

② 線は同じ濃度，同じ太さでムラやかすれなく，くっきりと濃く，一定の強さで描く．

③ 線の種類は用途別にはっきりと区別できるように描き，図面内のそれぞれの線の種類は太さ間隔を同じにすること．

2 線の種類

線の種類には**基本形**（線形と呼ぶ）**による種類と**，**太さの比率による種類**の組合せで用途が規定されている．

ⓐ 線形による種類

主な線形には**実線**，**破線**，**一点鎖線**，**二点鎖線**がある．

実　線	────────	連続した線
破　線	------------	短い線がわずかな間隔で規則的に繰り返される線
一点鎖線	─── - ───	長・短2種類の長さの線が交互に繰り返される線
二点鎖線	─── - - ───	長・短2種類の線が長線と二つの短線で繰り返される線

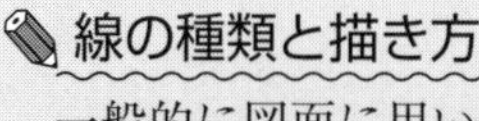

一般的に図面に用いられる線形は**実線，破線，一点鎖線，二点鎖線**の 4 種類で，実際に図面に描くときの間隔は，図面の大きさにもよるが，以下のような間隔で描くとよい．

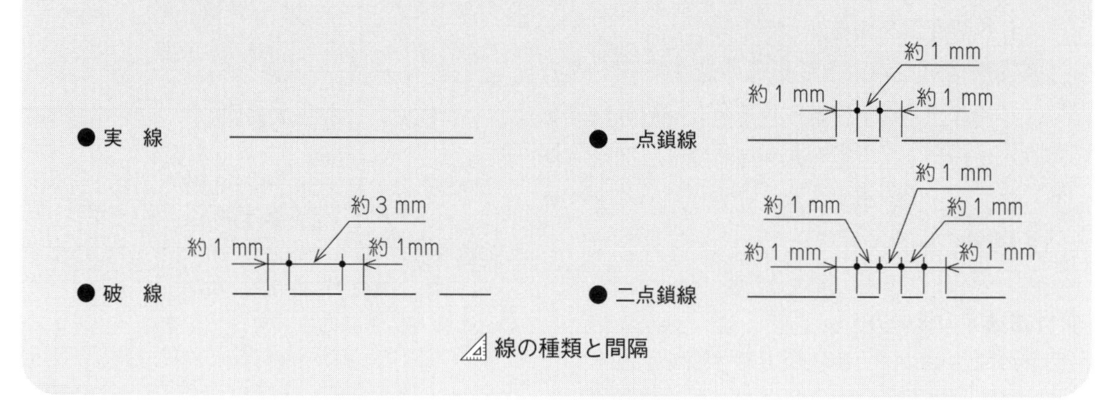

線の種類と間隔

ⓑ 太さの比率による種類

図面に用いる線の太さは**細線，太線，極太線**の 3 種類で，その**比率は細線を 1 とすれば太線は 2，極太線は 4 の割合**とする．

線の太さの比率による種類	太さの比率
細　線	1
太　線	2
極太線	4

一般には**細線，太線**を用い，特定の場合以外には**極太線**は使用しない．

線の太さの基準は，0.13，0.18，0.25，0.35，0.5，0.7，1，1.4，2 mm とする．

線の太さの比率が 1：2：4 では，細線を 0.25 mm とすると，太線は 0.5 mm，極太線は 1 mm となる．一般には，**細線は 0.25 〜 0.35 mm，太線は 0.5 〜 0.7 mm** の範囲で用いるとよい．

ⓒ 線の種類による呼び方

線の種類では，線の基本形と太さの比率との組合せで呼ぶ．

表 2-2　線の種類による呼び方

基本形	細　線	太　線	極太線
実　線	細い実線	太い実線	（極太の実線）
破　線	細い破線	太い破線	
一点鎖線	細い一点鎖線	太い一点鎖線	
二点鎖線	細い二点鎖線		

備考　（　）を付けたものは，複雑な図面などで，特に区別が必要な場合のほかはなるべく用いない．

ⓓ 線の用法

線の種類および用途は，線形と太さによる組み合わせにより，表 2-3 のとおりそれぞれに役割や意味が規定されている．

表 2-3　線の種類による用法

用途による名称	線の種類 (3)		線の用途
外形線	太い実線		対象物の見える部分の形状を表すために用いる．
寸法線	細い実線		寸法記入に用いる．
寸法補助線			寸法を記入するために図形から引き出すために用いる．
引出線			記述・記号などを示すために引き出すために用いる．
回転断面線			図形内にその部分の切り口を 90° 回転して表すために用いる．
中心線			図形に中心線を簡略化して表すために用いる．
水準面線 (1)			水面，波面などの位置を表すために用いる．
かくれ線	細い破線または太い破線		対象物の見えない部分の形状を表すために用いる．
ミシン目線	跳び破線		布，皮またはシート材の縫い目を表すために用いる．
連結線	点線		制御機器の内部リンク，開閉機器の連動動作などを表すために用いる．
中心線	細い一点鎖線		a）図形の中心を表すために用いる． b）中心が移動する中心軌跡を表すために用いる．
基準線			特に位置決定のよりどころであることを明示するために用いる．
ピッチ線			繰返し図形のピッチをとる基準を表すために用いる．
特殊指定線	太い一点鎖線		特殊な加工を施す部分など特別な要求事項を適用すべき範囲を表すために用いる．
想像線 (2)	細い二点鎖線		a）隣接部分を参考に表すために用いる． b）工具，ジグなどの位置を参考に示すために用いる． c）可動部分を，移動中の特定の位置または移動の限界の位置で表すために用いる． d）加工前または加工後の形状を表すために用いる． e）繰返しを示すために用いる． f）図示された断面の手前にある部分を表すために用いる．
重心線			断面の重心を連ねた線を表すために用いる．
光軸線			レンズを通過する光軸を示す線を表すために用いる．
パイプライン，配線，囲い込み線	一点短鎖線		水，油，蒸気，上・下水道などの配管経路を表すために用いる．
	二点短鎖線		
	三点短鎖線		
	一点長鎖線		水，油，蒸気，電源部，増幅部などを区別するのに，線で囲い込んで，ある機能を示すために用いる．
	二点長鎖線		
	三点長鎖線		
	一点二短鎖線		
	二点二短鎖線		水，油，蒸気などの配管経路を表すために用いる．
	三点二短鎖線		
破断線	不規則な波形の細い実線またはジグザグ線		対象物の一部を破った境界，または一部を取り去った境界を表すために用いる．

表 2-3　線の種類による用法（つづき）

用途による名称	線の種類 (3)		線の用途
切断線	細い一点鎖線で，端部および方向の変わる部分を太くした線 (4)		断面図を描く場合，その断面位置を対応する図に表すために用いる.
ハッチング	細い実線で，規則的に並べたもの		図形の限定された特定の部分を他の部分と区別するために用いる．例えば，断面図の切り口を示す.
特殊な用途の線	細い実線		a）外形線およびかくれ線の延長を表すために用いる. b）平面であることをX字状の2本の線で示すために用いる. c）位置を明示または説明するために用いる.
	極太の実線		圧延鋼板，ガラスなど薄肉部の単線図示をするために用いる.

(1) JIS Z 8316 には，規定されていない.
(2) 想像線は，投影法上では図形に現れないが，便宜上必要な形状を示すのに用いる．また，機能上・加工上の理解を助けるために，図形を補助的に示すためにも用いる.
(3) その他の線の種類は，JIS Z 8312 または JIS Z 8321 によるのがよい.
(4) 他の用途と混用のおそれがない場合には，端部および方向の変わる部分を太い線にする必要はない.

（JIS B 0001）

3　図面に用いる文字の書き方

図面では，図形以外に寸法，公差，表面性状，注記，表題欄など，多くの情報が数字や文字，図記号で表示される．図面で用いる文字や数字などは，誤読を避けるために書く人の個人差の出にくい書体で，正しく簡潔な表現とする必要がある.

文字は図形を表した線の濃度にそろえ，同じ大きさの文字では太さをそろえてはっきりと書き，一字一字が正確に読めるようにする.

a 製図に用いる文字

製図に用いる文字には**漢字**，**仮名**，**数字**，**ラテン文字**がある．漢字は**常用漢字**を使用し，画数の多い（16 画以上）漢字は複写などを考慮して，できるだけ**仮名書き**とする.

仮名は**片仮名**，**平仮名**いずれを用いてもよいが，一連の図面ではどちらかに統一する.

外来語や動・植物の学術名，注意を促す表記などに片仮名を用いる場合は，本文が平仮名であっても混用とはみなさない.

英字は主に**ラテン文字**（**大文字**）を用いる．特に必要がある場合（はめあい軸の種類の記号など）には小文字を用いてもよい.

数字，ラテン文字の書体は A 形書体，B 形書体の直立体または斜体を用い，混用はしない．**A 形斜体，B 形斜体の文字**は，**水平方向に対して右方向に 75° 傾けて書く**．わが国では一般に A 形斜体が多く用いられている.

文章の文体は**口語体**，書き方は**左横書き**とし，必要に応じて**分かち書き**を用いる.

b 文字高さ

漢字や仮名の大きさは，一般に文字が収まる基準枠の高さ h の呼びで表し，ラテン文字，数字，記号では大文字の高さ h を大きさの基準とする.

文字の大きさは，**漢字では呼び 3.5，5，7，10 mm**．**仮名，数字，ラテン文字，記号では呼び 2.5，3.5，5，7，10 mm** を用いる．ただし，特に必要がある場合はこの限りではない.

最小の大きさ（漢字では 3.5 mm，仮名，数字，ラテン文字，記号では 2.5 mm）では，複写したときにつぶれて読みにくくなる場合があるので注意が必要である．一般に，数字の高さは **3～5 mm** の範囲で用いるとよい．

他の漢字や，仮名に小さく添える“ゃ”“ゅ”“ょ”（よう音），つまる音を表す“っ”（促音）など，小書きにする仮名の文字高さは **0.7** の比率にする．

A 形書体（$d=h/14$）

区分		比率	寸法						
文字の高さ 大文字の高さ	h	$(14/14)h$	2.5	3.5	5	7	10	14	20
小文字の高さ （柄部または尾部を除く）	c	$(10/14)h$	—	2.5	3.5	5	7	10	14
文字間のすきま	a	$(2/14)h$	0.35	0.5	0.7	1	1.4	2	2.8
ベースラインの最小ピッチ	b	$(20/14)h$	3.5	5	7	10	14	20	28
単語間の最小すきま	e	$(6/14)h$	1.05	1.5	2.1	3	4.2	6	8.4
文字の線の太さ	d	$(1/14)h$	0.18	0.25	0.35	0.5	0.7	1	1.4

単位 mm

備考　例えば，LA および TV のような 2 文字間のすきま a は，見栄えがよくなるならば，半分に縮小してもよい．この場合，線の太さ d に等しくする．

B 形書体（$d=h/10$）

区分		比率	寸法						
文字の高さ 大文字の高さ	h	$(10/10)h$	2.5	3.5	5	7	10	14	20
小文字の高さ （柄部または尾部を除く）	c	$(7/10)h$	—	2.5	3.5	5	7	10	14
文字間のすきま	a	$(2/10)h$	0.5	0.7	1	1.4	2	2.8	4
ベースラインの最小ピッチ	b	$(14/10)h$	3.5	5	7	10	14	20	28
単語間の最小すきま	e	$(6/10)h$	1.5	2.1	3	4.2	6	8.4	12
文字の線の太さ	d	$(1/10)h$	0.25	0.35	0.5	0.7	1	1.4	2

単位 mm

例えば，LA および TV のような 2 文字間のすきま a は，見栄えがよくなるならば，半分に縮小してもよい．この場合には，a は線の太さ d に等しくする．

ABCDEFGHIJKLMNOP
QRSTUVWXYZ
aabcdefghijklmnopq
rstuvwxyz
[(!?:;"-=+×:·√%&)]ϕ
01234567789 IVX

● A 形斜体文字の書体

ABCDEFGHIJKLMNOP
QRSTUVWXYZ
aabcdefghijklmnopq
rstuvwxyz
[(!?:;"-=+×:·√%&)]ϕ
01234567789 IVX

● A 形直立体文字の書体

ABCDEFGHIJKLMNOP
QRSTUVWXYZ
aabcdefghijklmnopq
rstuvwxyz
[(!?:;"-=+×:·√%&)]ϕ
01234567789 IVX

● B 形斜体文字の書体

ABCDEFGHIJKLMNOP
QRSTUVWXYZ
aabcdefghijklmnopq
rstuvwxyz
[(!?:;"-=+×:·√%&)]ϕ
01234567789 IVX

● B 形直立体文字の書体

図 2-18　ラテン文字・数字・記号の書体

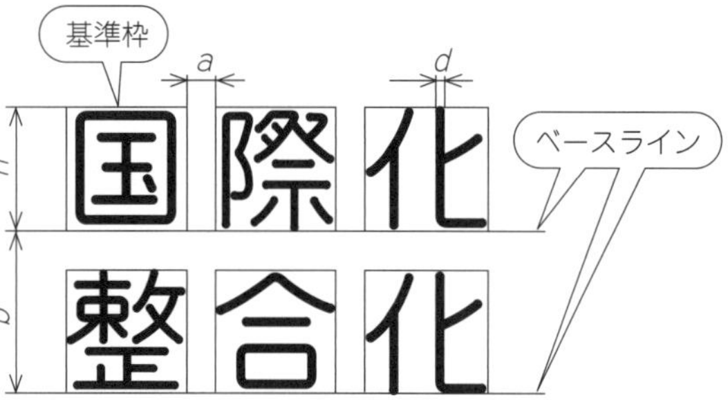

1）文字の線の太さ *d* は，大きさの呼び *h* に対して，漢字 1/14，仮名 1/10 とする．
2）文字間のすきま *a* は，文字の線の太さの 2 倍以上とする．
3）ベースラインの最小ピッチ *b* は，用いる文字の最大の呼びの 14/10 とする．

図 2-19　文字間のすきまとベースラインの最小ピッチ

文字高さ 10 mm	断面詳細矢視側図計画組
文字高さ 7 mm	断面詳細矢視側図計画組
文字高さ 5 mm	断面詳細矢視側図計画組
文字高さ 3.5 mm	断面詳細矢視側図計画組
文字高さ 10 mm	アイウエオカキクケ
文字高さ 7 mm	コサシスセソタチツ
文字高さ 5 mm	テトナニヌネノハヒ
文字高さ 3.5 mm	フヘホマミムメモヤ
文字高さ 2.5 mm	ユヨラリルレロワン
文字高さ 10 mm	あいうえおかきくけ
文字高さ 7 mm	こさしすせそたちつ
文字高さ 5 mm	てとなにぬねのはひ
文字高さ 3.5 mm	ふへほまみむめもや
文字高さ 2.5 mm	ゆよらりるれろわん

図 2-20　漢字・仮名の例

3　立体を平面的に表す方法

図面は対象物の立体形状を二次元的に紙の上に表現することで情報を伝えるものである．そのため，誰が見ても見誤らないように描くために**投影法**の理解が必要になる．

図面作成においては投影法をよく理解したうえで，**主投影図**の選び方や向き，投影図の数，断面図などを考慮して描く必要がある．

1　投影の仕方

対象物の三次元形状を二次元の図面として表現する方法を**投影法**という．

投影法の中でも一般の製図では**正投影法**が使われる．正投影法では形状を正しく正確に表すことができる．正投影法によって描かれた図を**正投影図**という．正投影法は，視点が投影面から無限遠にあり，投影線が互いに平行な**平行投影法**で，機械製図では広く用いられているものである．

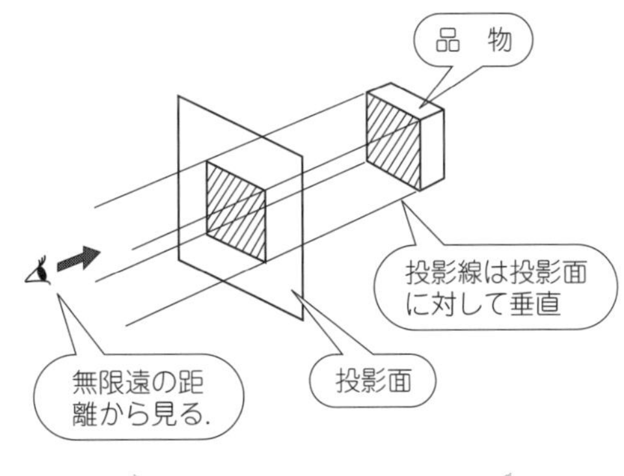

図 2-21　平行投影法

投影法には，正投影法のほかにも**斜投影法**，**透視投影法**がある．

斜投影法は，投影面に対して傾斜した平行光線で投影したものである．一つの図で一面だけを正確に表すことができるもので，**キャビネット図**と呼ばれ，主に説明用の図面として用いられている．

透視投影法は，放射状光線，または非平行光線で投影したもので，主に建築図面に用いられている．

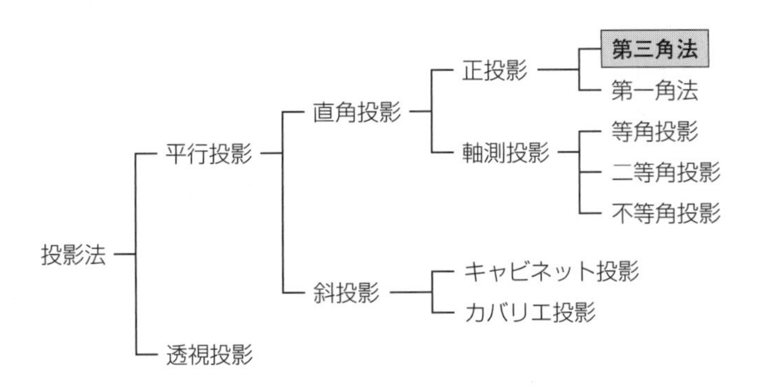

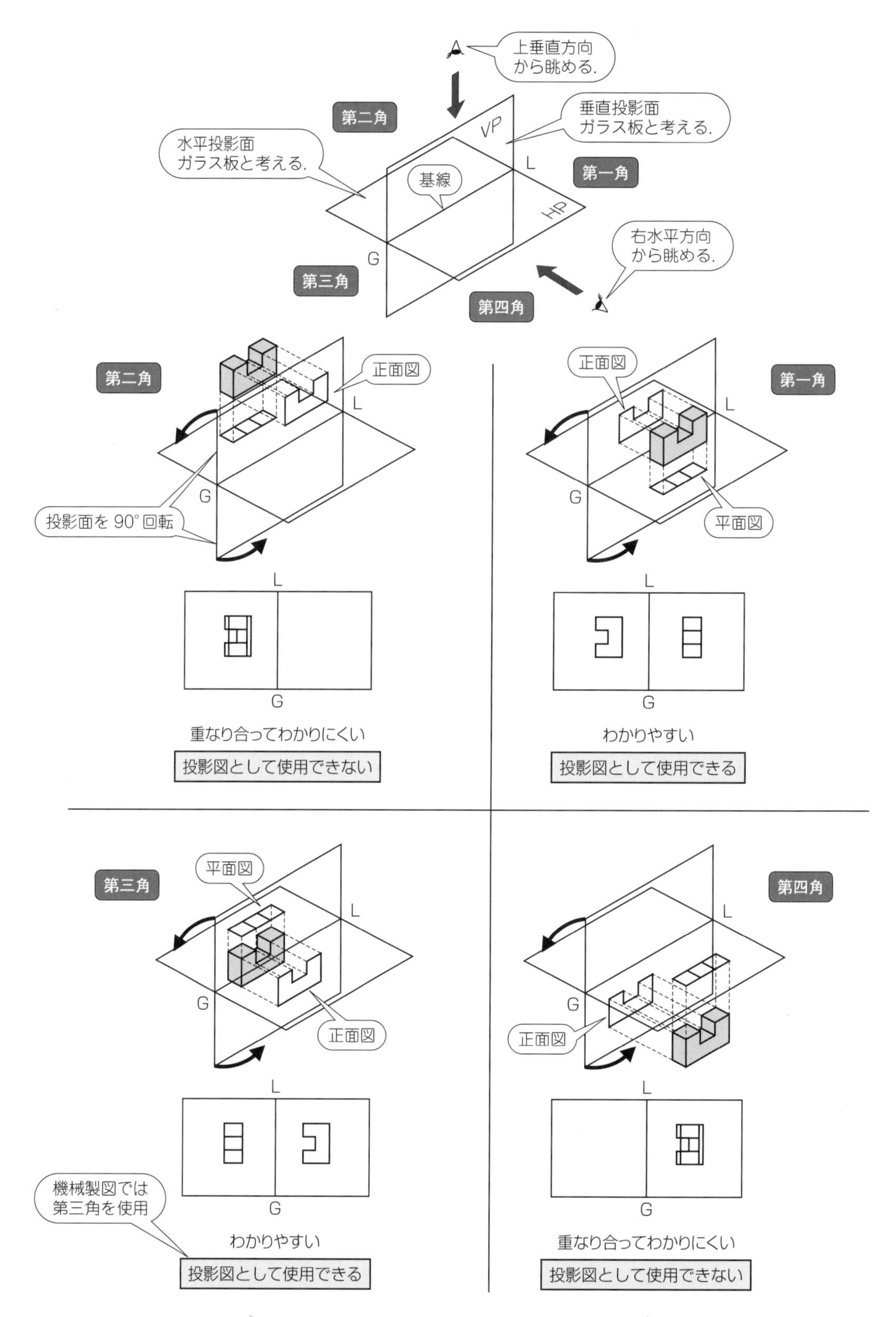

図 2-22　投影の仕方（第一, 二, 三, 四角）

2　製図で使われる投影法

投影法では空間を四つの平面で区切り，それぞれの空間に対象物を置いて平面に投影する．この投影する面を透明な板と考え，それぞれの空間を**第一角**，**第二角**，**第三角**，**第四角**と呼び，対象物を透明な板に投影する．この場合，**右側の水平方向と上側の垂直方向から眺め，見える面を透明な板に投影して作図する．**

作図された投影面は反時計回りに 90° 回転させて平面状にする．このようにすると，第二角と第四角では二つの投影図が重なることになるため，投影図として使用できるのは**第一角**と**第三角**であることがわかる（図 2-22 参照）．**機械製図では，第三角を用いる第三角法により投影図を描くことを規定している．**

第三角法では第三角の位置に透明な板で構成した箱を作り，この中へ対象物を置く．中に置かれた対象物をそれぞれ**立画面**，**平画面**，**側画面**に投影し，投影した図をそれぞれ**正面図**，**平面図**，**側面図**と呼ぶ．

このように第三角を利用して投影する方法を**第三角法**といい，板に投影した**平面図**，**側面図を展開したものが第三角法による投影図**である．第三角法による図面では，**第三角法を示す記号を表題欄か，その近くに示さなければならない．**

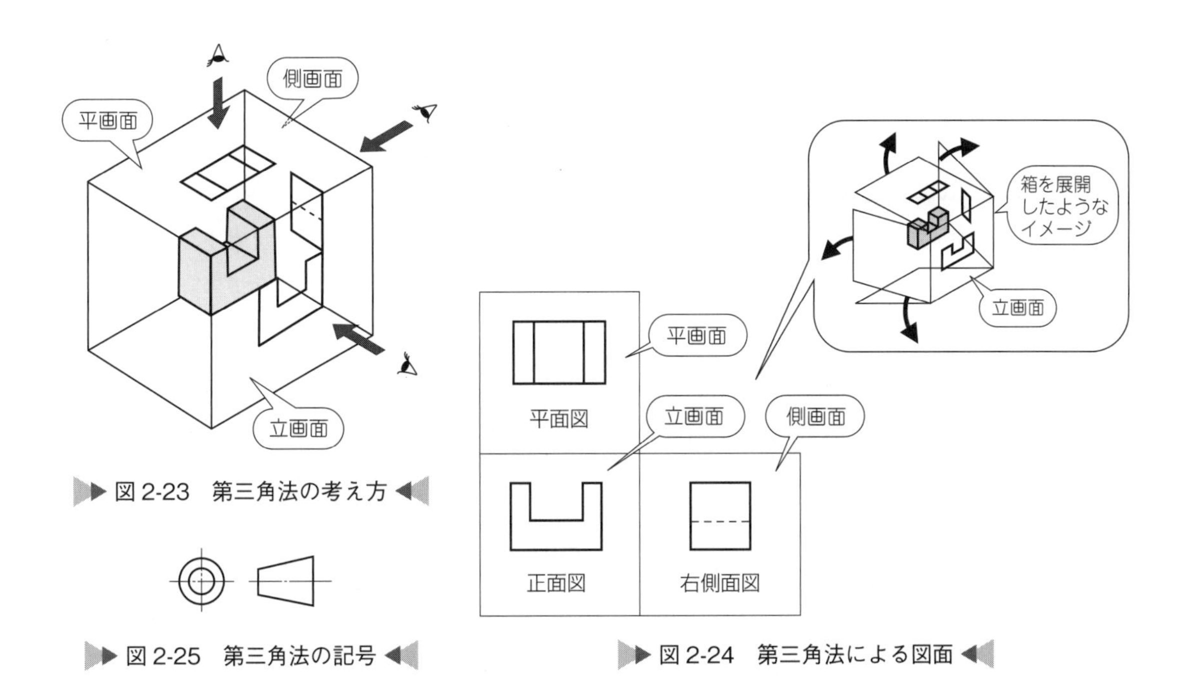

図 2-23　第三角法の考え方

図 2-25　第三角法の記号

図 2-24　第三角法による図面

第一角法とは

機械製図では第三角法で描くのが原則であるが，第三角法では正しい配置ができない場合や，第三角法で描くとわかりにくくなる場合などに第一角法を用いることができる．

ヨーロッパ諸国は第一角法，イギリスでは第一角法と第三角法，日本・アメリカ・カナダ・オーストラリアなどでは第三角法が採用されている．

第一角法では対象物を投影した場合，**平面図は正面図の下に，右から見た側面図は正面図の左に描くことになる．**

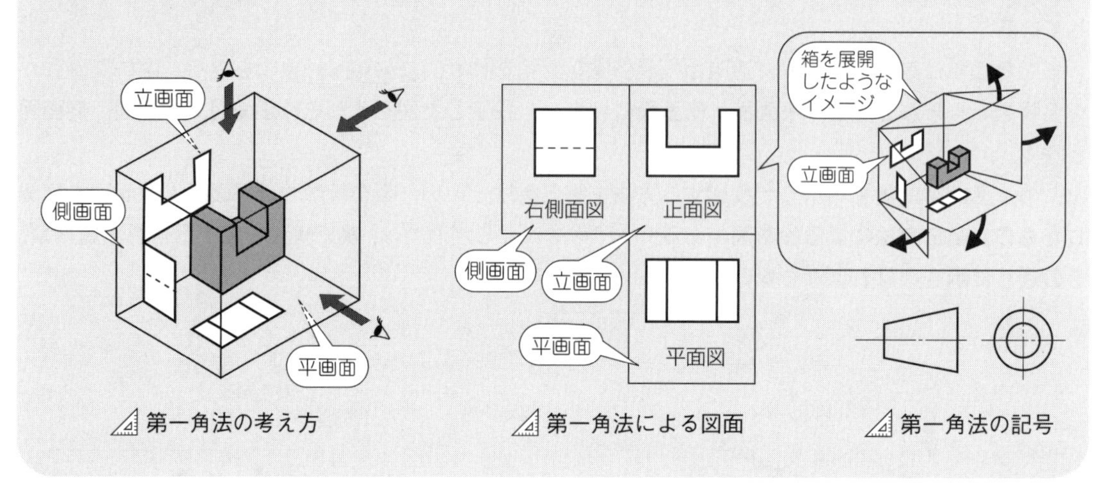

第一角法の考え方　第一角法による図面　第一角法の記号

3　投影するときの留意点

図面上に対象物の形状を表す場合には必要最低限の投影図を用いる．この場合**対象物の形状や機能を最もよく表すことができる面を主投影図（正面図）にする**．主投影図だけでは表せない場合には**平面図**や**側面図**を用いる．

一般には**正面図**，**平面図**，**側面図**の三面を使って対象物を表すことができ，これを**三面図**と呼んでいる．

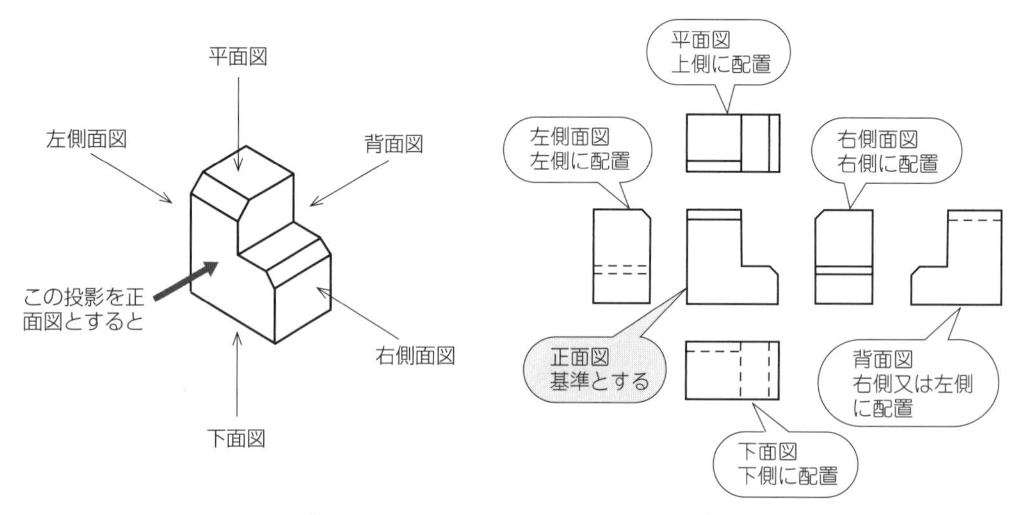

図 2-26　第三角法による投影図

4　立体を立体的に表す方法

工作や組立て手順，取扱説明書などの説明用図面などでは，対象物を立体的に表現する**立体図**が用いられる．この立体図は斜めから見た状態を図面上に表現するもので，一つの投影図で三つの面が見えることにより立体的な表現となり，一見して対象物の形状がよくわかるものとなる．

この立体図を描く方法には**軸測投影法**，**斜投影法**，**透視投影法**がある．

軸測投影法と斜投影法は無限の距離から見た**平行投影法**，透視投影法は有限な距離から見た**中心投影法**として区別される．

軸測投影法は技術説明図，取扱説明図，パーツリストなどで現在でも多く使用されている立体画法である．第三角法と異なるのは，投影する立体が画面と平行ではなく角度をつけて置かれることである．軸測投影法の中でも代表的な図法が**等角投影法**である．

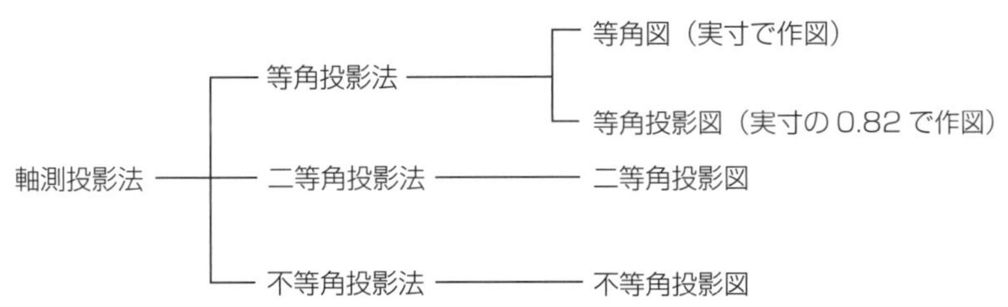

1　等角投影法

等角投影法では，正面図は立体を 45° 回転させ，さらに底面を水平面に対して 35°16′ 前傾させたものを投影する．このようにすると，互いに交わる三つの辺が，それぞれ 120° となる．

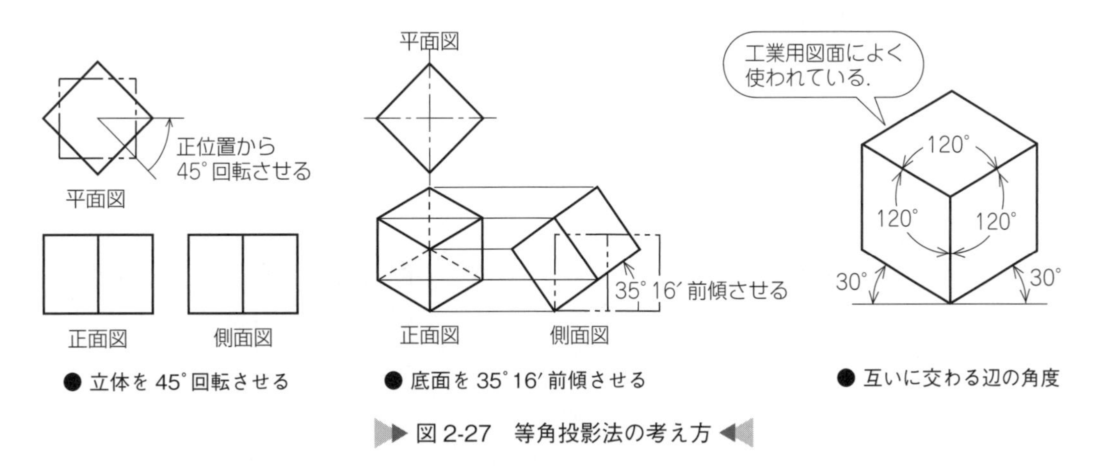

図 2-27　等角投影法の考え方

等角投影図では座標軸に沿った長さは**縮み率**（**0.82**）のため作図がしにくくなる．そこで，座標軸に沿った**長さを実長**（**縮み率 1.0**）で描くことができる**等角図**がある．

等角図は，座標軸に沿った長さを実長で表すため，作図がしやすいなどの特長がある．

等角投影図で描くと対象物を正確な比率で描くことができるが，等角図では対象物よりも大きくなる．どちらを選ぶかは，製図作業者の判断によるところが大きい．

縮み率とは

等角投影図では立体を45°回転させ，かつ35°16′前傾させて描く．そのため，正面から見ると1辺の長さは実際の長さよりも短く表されることになる．この割合を**縮み率**と呼び，その値は0.82である．立体の寸法が100 mmであれば図面上の寸法は82 mmで表すことになる．

縮み尺（アイソメトリック・スケール）という定規を利用すると縮み率の計算の手間を省くことができ，作業を効率的に行うことができる．

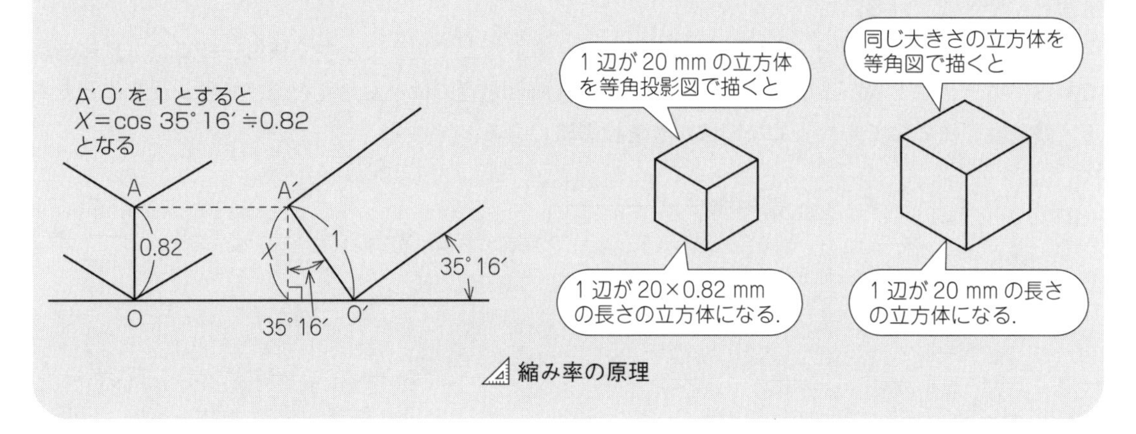

縮み率の原理

2　二等角・不等角投影法

物体を正位置より45°回転させ，底面を平面に対して35°16′以外の角度をもつように前傾させて投影した図を**二等角投影図**という．

二等角投影図では，互いに交わる三つの辺のうち二つの辺の角度が等しくなる．

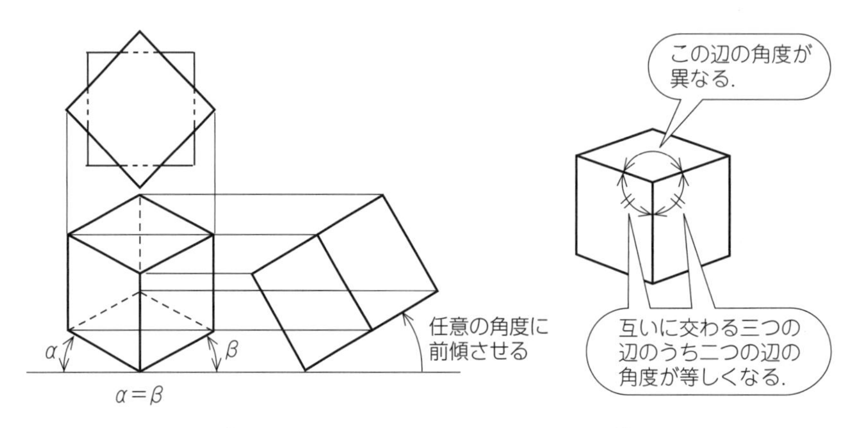

図2-28　二等角投影法の考え方

物体を正位置より45°以外の角度で回転させ，かつ，底面を平面に対して35°16′以外の角度をもつように前傾させて投影した図を**不等角投影図**という．不等角投影図では互いに交わる三つの辺が，それぞれ異なった角度で交わる．二等角・不等角投影図は，特定の面を見せたい場合や等角投影図では見にくい場合などに用いられる（図2-29参照）．

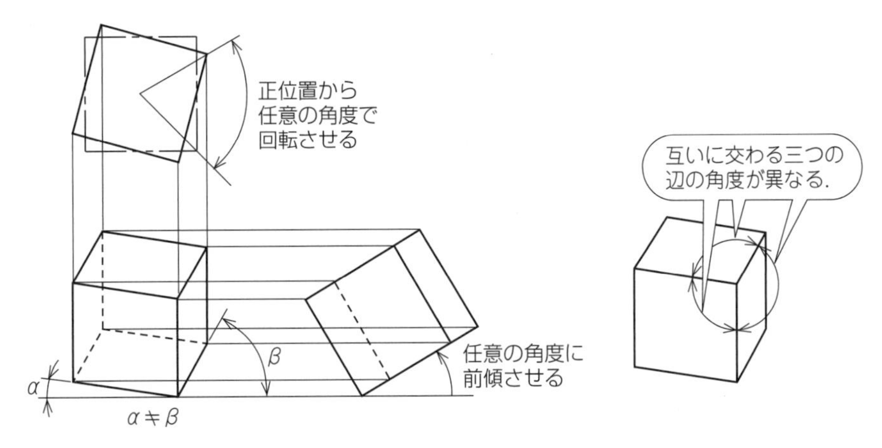

図 2-29　不等角投影法の考え方

3　斜投影法

立体図を簡単に早く描くことができることで使用されているのが**斜投影法**で描く**斜投影図**である.

斜投影法は画面に立体の一面を密着させて置く. その画面に対して一定の角度をもつ斜めの光線をあてることで, その形状を映し出す投影法である. 正面図に奥行きをつけたようなもので, その角度により**カバリエ法**, **キャビネット法**などがある.

投影図の奥行方向に**実長**をとる描き方を**カバリエ図**, **1/2** となる描き方を**キャビネット図**という.

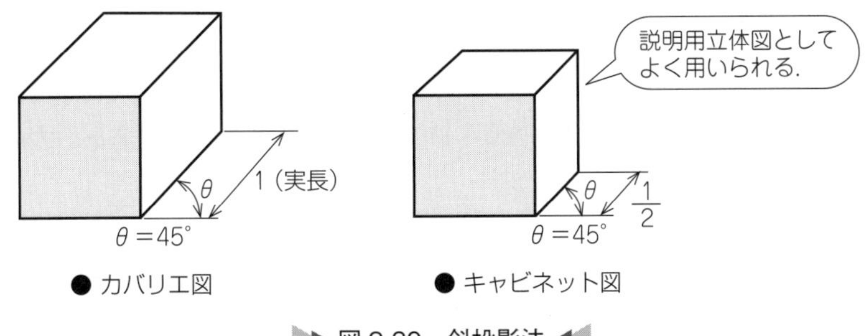

図 2-30　斜投影法

4　透視投影法

普段, 目に見える映像は近いところは大きく, 遠いところは小さく見える. このような視覚に近い形を描き出すのが**透視投影法**である.

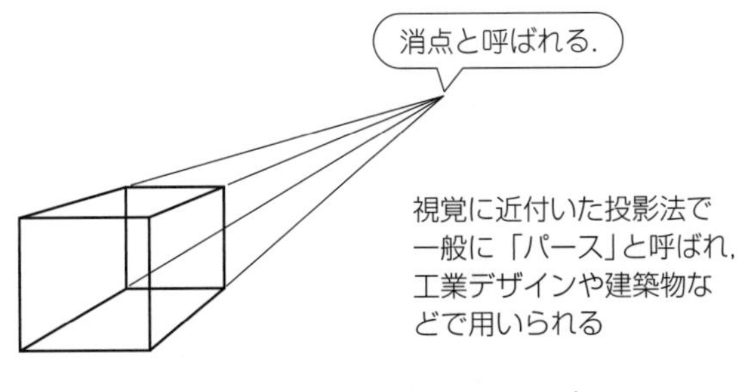

図 2-31　透視投影法

5　線の種類とその用い方

図面を描くときには線の形や太さが規定されており，これに従って線を使い分けすることが必要である（p.19，表 2-3 参照）.

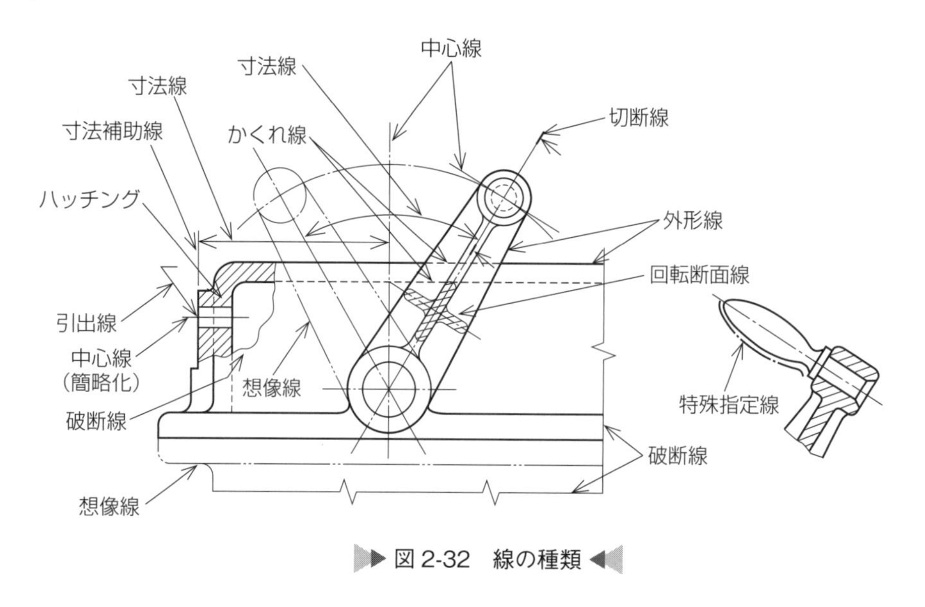

図 2-32　線の種類

1　線の描き方

ⓐ 外形線 ―――――――

対象物の見える部分の形状を表す線で，図形を描くうえで最も重要な線である．**太い実線**で一様な太さで力強く描く．

ⓑ 中心線 ――・――・――

円筒形など，中心軸に対して対称図形となるような場合には**中心線**を引く．**中心線は細い一点鎖線を用いる**．対象物の小さい図面や複雑な図面など，一点鎖線で描くとわかりにくくなる場合には**細い実線**で描いてもよい．

中心線を引く場合には，以下の点を考慮して描く（図 2-33 参照）.

① 中心線の両端は長い線にする.

② 直交部は長い線同士で交差する.

③ 二つの投影図の間の中心線はつながない.

④ 短い区間に引く場合には細い実線としてもよい.

⑤ 実線と交差するときは一点鎖線のすきまに実線を通さない.

⑥ ばらつきなくバランスよく描く.

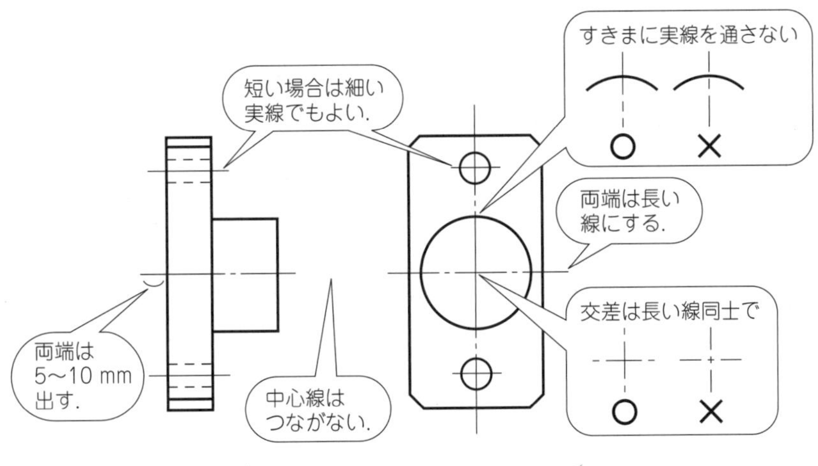

図 2-33　中心線の引き方

ⓒ かくれ線　- - - - - - - - - - -，- - - - - - - - - -

かくれ線は穴や溝などのかくれて見えない部分を表す場合に用い，**細い破線**または**太い破線**で描く．同じ図面内ではどちらかに統一する．かくれ線を多用すると図がわかりにくくなるので，図形が理解できる最小限にとどめ，なるべく外形線で表せるように図の配置などを工夫する必要がある．

かくれ線を引く場合，以下の点を考慮して描く．

① 外形線に接する部分では短線にする．
② 直交部は短線同士で交差する．
③ 実線との交差はすきまに実線を通さない．
④ ばらつきなくバランスよく描く．

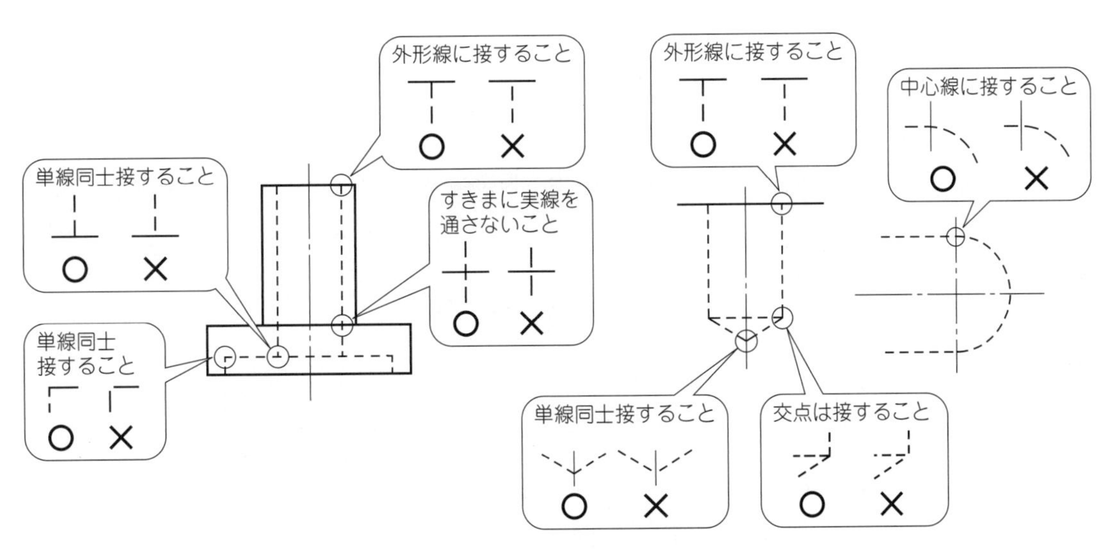

図 2-34　かくれ線の引き方

ⓓ 寸法線，寸法補助線，引出線，参照線

寸法を記入するのに用いる線を**寸法線**，寸法を記入するために図形から引き出す線を**寸法補助線**，加工上の注意や指示記号，部品番号などを示すために斜めに引き出す線を**引出線**と呼び，**細い実線**を用いる．

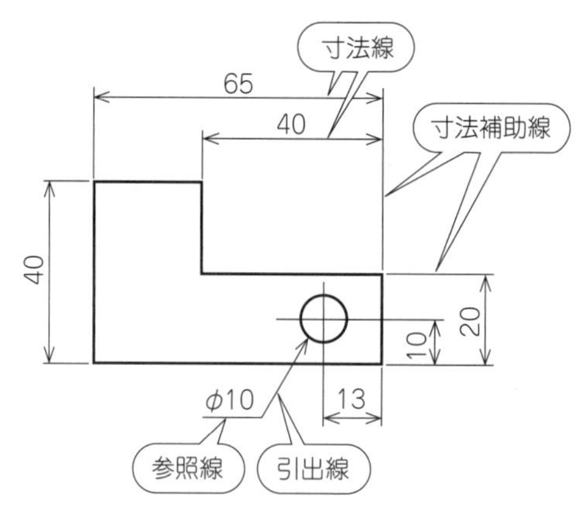

図 2-35 寸法線，寸法補助線，引出線，参照線

ⓔ 回転断面線

切り口（断面）を 90° 回転して表す図形の線を**回転断面線**と呼び，**細い実線**で表す．

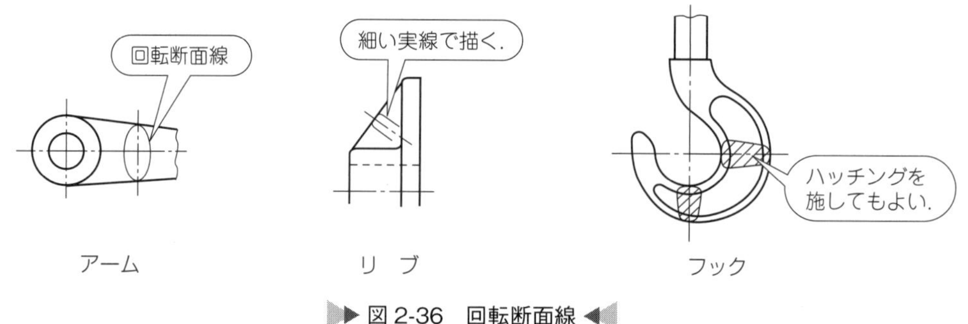

図 2-36 回転断面線

ⓕ 水準面線

液面（水面や油面）の位置を表す**水準面線**は，**細い実線**で表す．

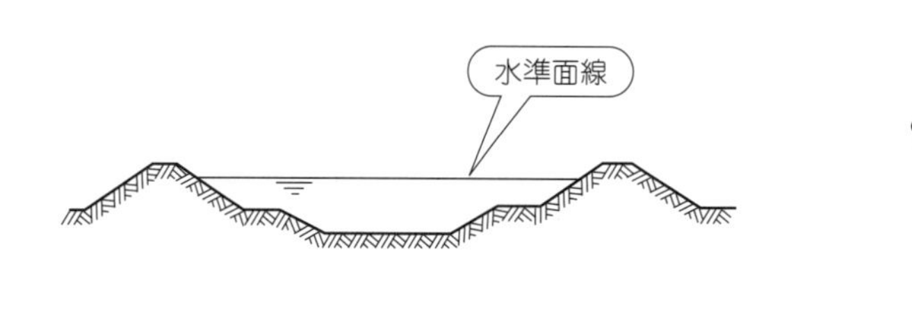

図 2-37 水準面線

ⓖ 基準線　――・――・―，　━━・━━・━

位置決定のよりどころとなる箇所を示すために用いる線を**基準線**と呼び，**細い一点鎖線**で表す．特に強調したい箇所については，同一図面内においても**太い一点鎖線**で表す場合もある．

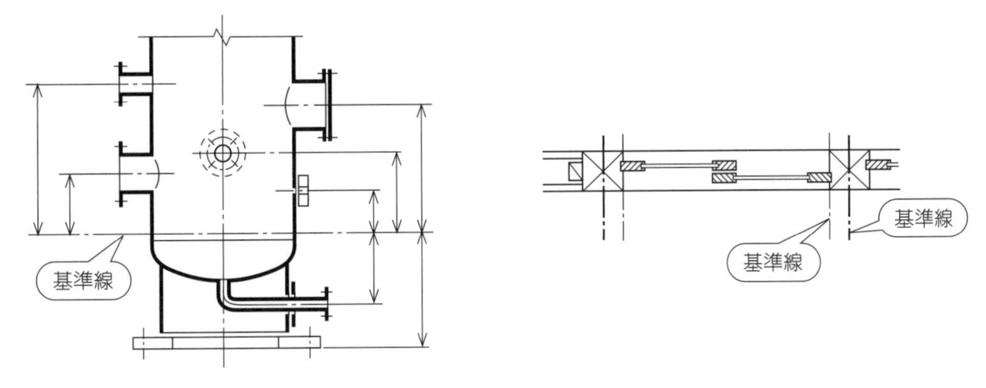

▶▶ 図 2-38　基準線 ◀◀

ⓗ 想像線　――・・――・・―

対象物の相互の位置関係や運動（行程）の範囲，隣接部分などで仮想的に図形を表す場合など，便宜上必要な形状を示すのに用いる線を**想像線**と呼び，**細い二点鎖線**で表す．また，機能上や工作上の理解をしやすくするために，補助的に用いる場合もある．

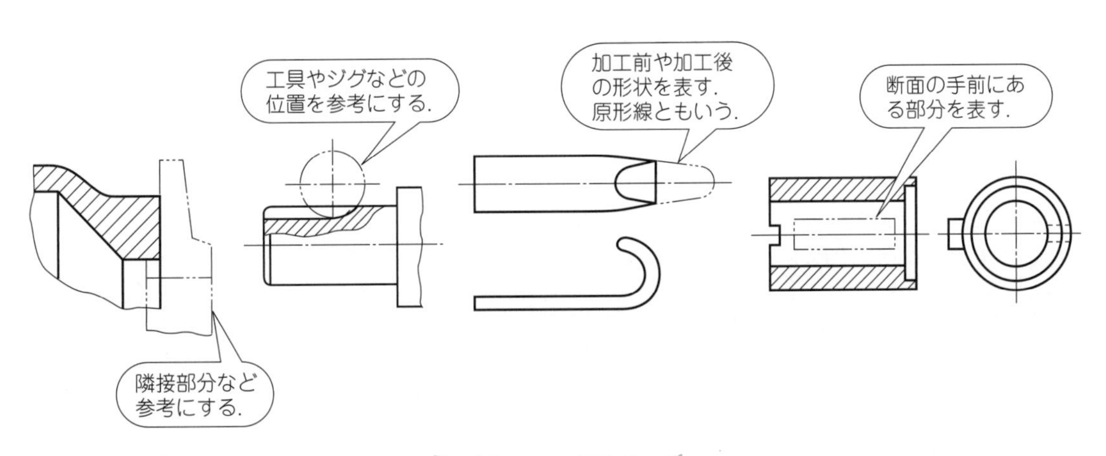

▶▶ 図 2-39　想像線 ◀◀

ⓘ 切断線 ——-——-——

対象物の内部を表すために断面図を用いるが，その切断した箇所を示すために用いる線を**切断線**と呼び，**細い一点鎖線**を用いる．

対象物の内部で見えない図形を表す場合，かくれ線を用いる方法もあるが，かくれ線で表すのではなく外形線を用いて断面で示すほうがわかりやすいことがある．このような場合，切断線で切断する位置を明確に示し，断面図として表すことができる．

一般には対象物の対称となる中心線を通る面で切断する場合が多いが，中心線でない箇所で切断する場合もある．

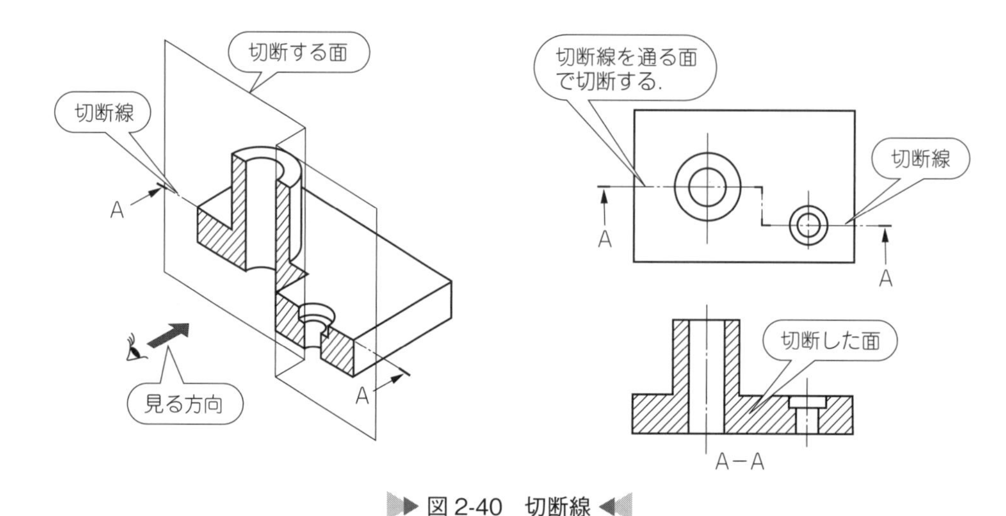

図 2-40　切断線

ⓙ 破断線 〜〜〜〜，—∧—∧—

対象物の一部を切り取って表す方法がある．この場合，境界を示す線を**破断線**と呼ぶ．**破断線は波形の細い実線**を，定規やコンパスを使わずに**フリーハンド**で不規則に描いて表す．破断線が長い場合には**細い実線のジグザグ線**を用いてもよい．

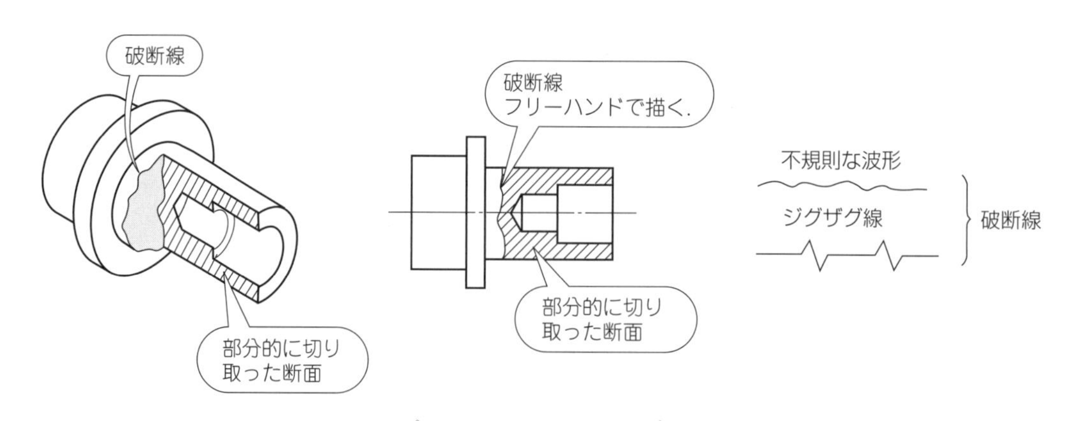

図 2-41　破断線

ⓚ 重心線　―‐‐―‐‐‐

構造部材では，種類により断面形状が対称形や非対称形のものがある．このような部材を組み合わせた構造物では重心点を連ねた線を表すのに**重心線**が用いられ，**細い二点鎖線**で表す．

ⓛ ピッチ線　――‐――

同じ図形を繰り返して図示する場合，基準となる線を**ピッチ線**と呼び，**細い一点鎖線**を用いる．

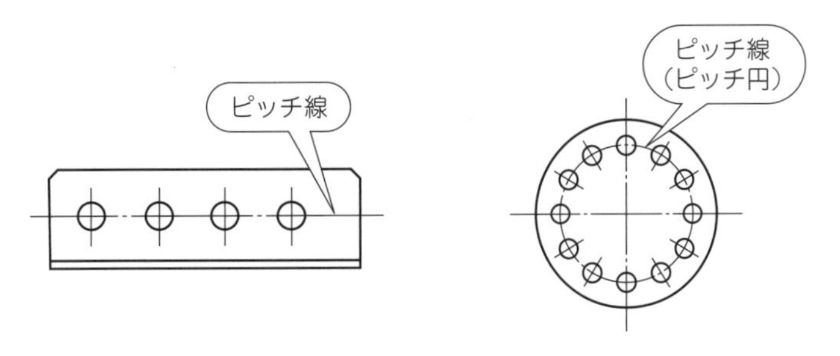

図 2-42　ピッチ線

ⓜ ハッチング

ハッチングは断面の切り口を明確に図示する場合に用いられる．中心線や断面図の外形線に対して**45°方向に細い実線**で等間隔に並べた平行線で表す．ただし，断面であることが明らかな場合は省略できる．

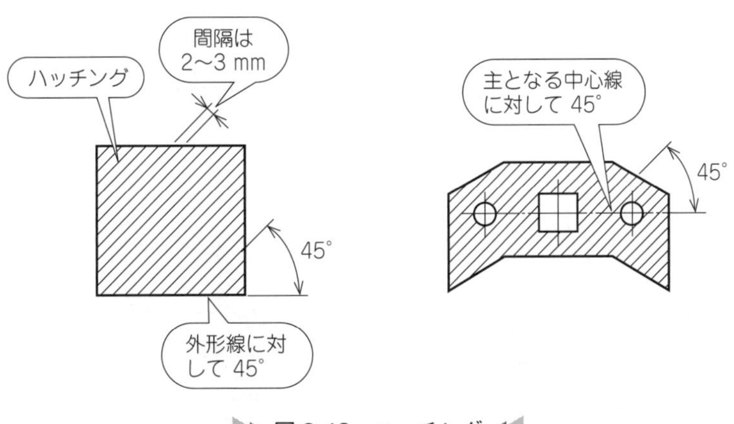

図 2-43　ハッチング

ⓝ 特殊指定線　――-――-――

特殊な加工を施す場合などの範囲を示すのに用いる線を**特殊指定線**と呼び，**太い一点鎖線**で表し，描いた線の上に加工に関する必要事項を指示する．

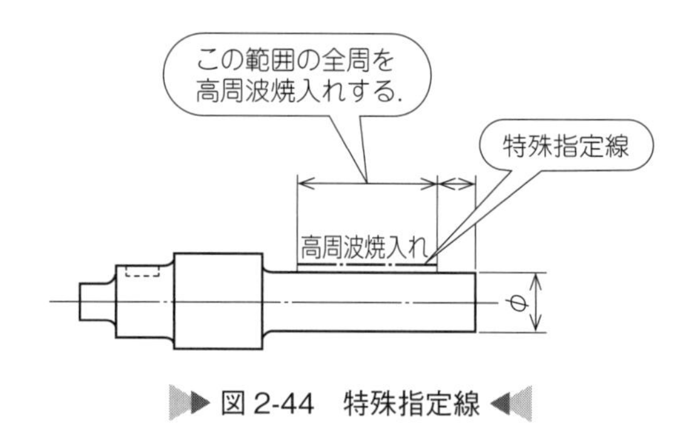

図 2-44　特殊指定線

2　線の優先順位

図中で２種類以上の用途の異なる線が，同じ場所で重なるような場合には，どの線を優先させるかが問題になる．その場合には，**外形線**，**かくれ線**，**切断線**，**中心線**，**重心線**，**寸法補助線**の順に優先される．この場合には優先順位の高い線で描くと，低い線は省略される．

線の種類	優先順位
1．外形線	高　い
2．かくれ線	↑
3．切断線	
4．中心線	
5．重心線	↓
6．寸法補助線	低　い

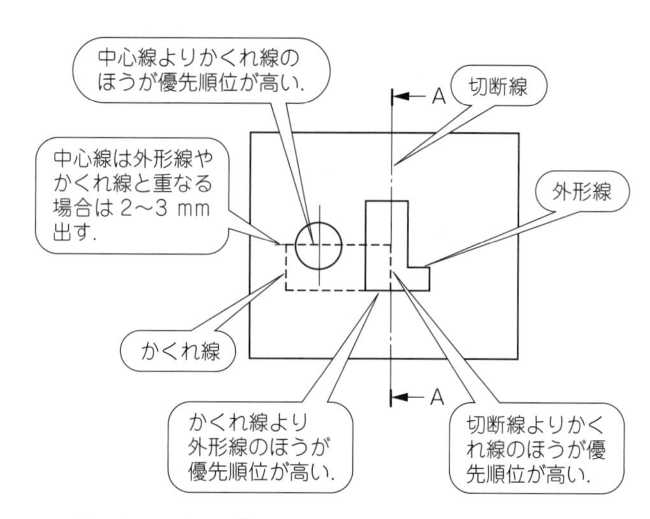

図 2-45　線の優先順位

3　線の間隔

線の間隔とは線の中心から線の中心までの中心距離をいう．線が平行して並ぶような場合（ハッチングを含む），**線の間隔は最も太い線の太さの 2 倍以上**とする．これは，複写するときなどに間隔がつぶれてぬりつぶされるのを防ぐためである．また，同じ理由から，線の太さに関係なく，**線と線とのすきまは 0.7 mm 以上**とすることが望ましい．

線と線が密集して交差するような場合には，線と線のすきまは**最も太い線の太さの 3 倍以上**とし，複数の線が 1 点に集中して中心部分が塗りつぶされてしまうような場合には，**線と線のすきまが最も太い線の太さの約 2 倍**になる位置で線を止め，中心部をあけるとよい．

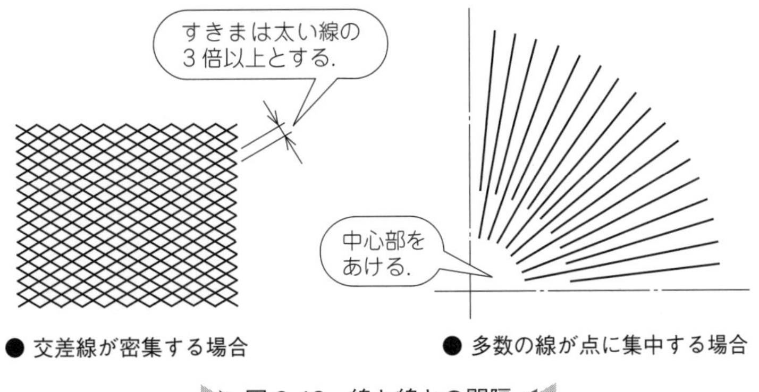

▶▶ 図 2-46　線と線との間隔 ◀◀

設計の現場から 1

●設計とは何だろう

設計の仕事は楽しいとつくづく思う(もちろん辛いこともあるが…)．家に帰っても，休日も，常に「何かよい方法はないか？」「こんなこともやってみたい！」などと頭の中は図面が広がっている．設計することがライフワークになっている諸氏も多いことだろう．

そもそも設計とは何だろう．日本産業規格（JIS）をのぞいてみると,「設計通則」や「設計指針」といった設計に関する規格名称がたくさん出てくる．製品の概念的な設計思想から部品の一つひとつを示す詳細設計にいたるまで，その幅はとても広い．

設計という仕事をひと言で説明することは難しいかもしれない．しかし，設計者として製品を構想し，検討して図面を描くことを仕事にするのであれば，日々の生活でも常に課題を探し，それを解決するにはどうしたらよいかを考える習慣を身に付けておくとよい．

そして，課題を解決するための，たくさんの手段を知っておくことが必要である．この「手段」こそ「技術」なのだ．学生または入社して間もない若手技術者で，将来，設計者を目指している方も多いことだろう．若いときこそ現場を知って，経験して，失敗もして，いろいろな課題に気づき，課題を解決する技術を学んで将来に役立ててほしい．

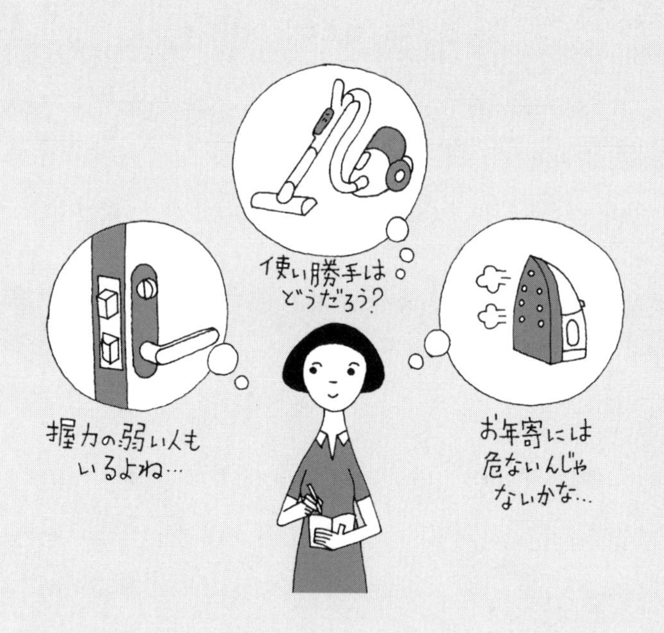

機械図面の よみ方・描き方

3-1 理解しやすい図示法

投影図では，立体である対象物において，**主投影図**（**正面図**）はどの方向から見た図とするのかが重要であり，続いてこれを補足する図，簡略化する図，拡大して示す図などを考慮して作図する．

1 主投影図の選び方

対象物を最も明りょうに表すことのできる面の投影図を**主投影図**とする．誰もが悩むのはこの主投影図の選び方であるが，主投影図だけでおおよその品物の形状が理解できる面を選び，これを**正面図**とする．したがって，対象物によって主投影図の選び方は異なる．

組立図などでは使用する状態で，部品など加工のための**部品図面**では加工するときの状態で図示する．また，特別な場合以外は，対象物を**横長方向**に置いて描く．

人間を表すには正面から，自動車や船では側面から見た図が最も適した図になることは想像がつくと思う．私たちが普段，正面といっている感覚と図面を作成するときの正面の決め方では，異なる場合があるので注意が必要である．選び方によっては，わかりにくい図になったり，余分な図が必要になってしまう．

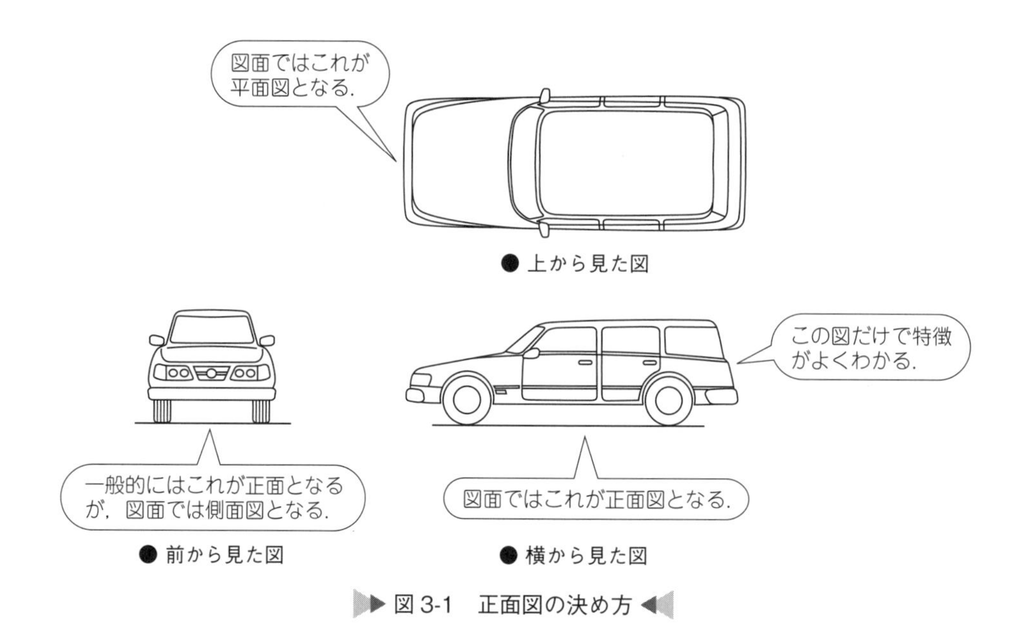

図 3-1　正面図の決め方

2 投影図の数の決め方

主投影図を決めると，この図が正面図となる．できるだけ少ない投影図で表すのがよいが，主投影図だけではその対象物を完全に表現できない場合には，各方向から見た投影図を追加する．補足する投影図には**平面図**・**側面図**・**下面図**・**背面図**などがある．対象物の情報をできるだけ完全に表すために不必要な図までも描きがちになるが，主投影図だけで表すことのできるものについては他の投影図は描かない．

また，互いに関連する図の配置に注意して，なるべく**かくれ線**を用いなくてもすむように図の配置についても工夫することが必要である．

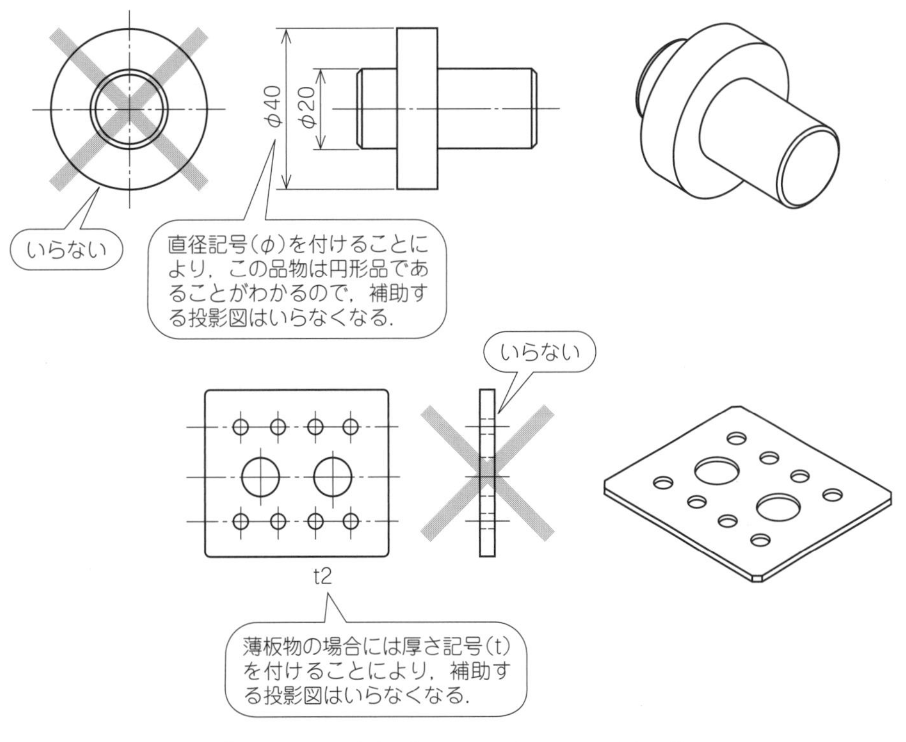

図 3-2 主投影図だけで表せる図の例

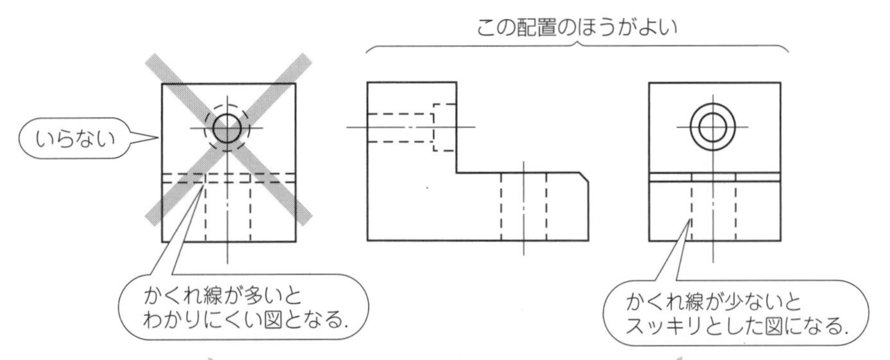

図 3-3 投影図の配置の良否とかくれ線

3 投影図の向きの決め方

部品図や製作図など，加工に用いる図面では，その対象物を加工するときの取付け状態や加工するときの向きを考慮して描くのがよい．

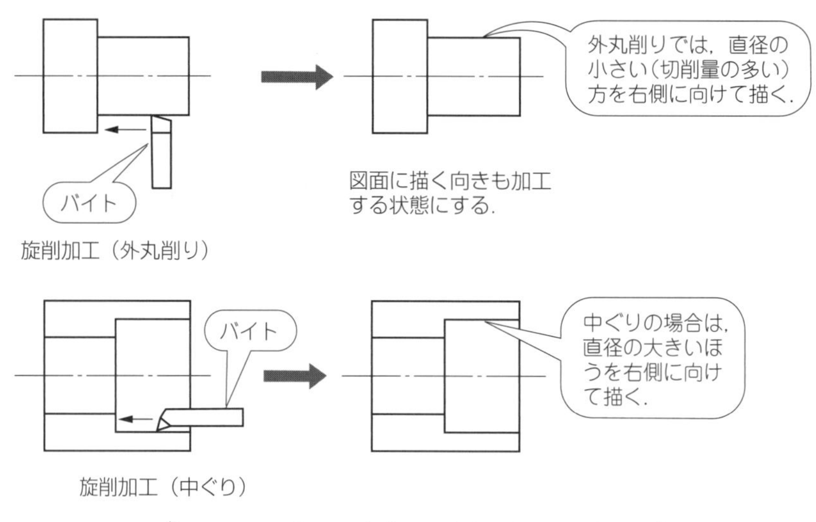

図 3-4　加工を考慮した主投影図の選び方

4　他の投影図の描き方

投影法による図形の表し方だけでは細部を表すことができない場合，補助的な図を用いて描くことができる．

1　補助投影図

投影面に対して斜面をもつ対象物の場合，主投影面に現れる形状は実形ではなくなる．このような傾斜した面の実形を表す必要がある場合には，主投影面のほかに斜面に並行する別の投影面を設け，これに投影することで斜面部の実形を表すことができる．これを**補助投影図**という．

このように補助投影図は，斜面に対して垂直に見た形状を描くものであるが，形状のすべてを描かないで関係する部分だけを**部分投影図**や**局部投影図**で描くこともできる．

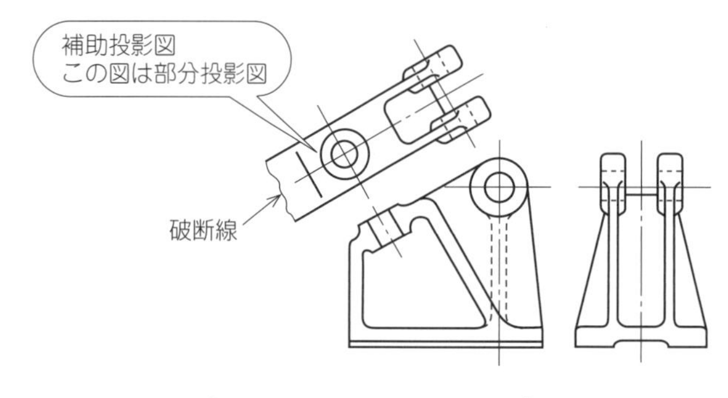

図 3-5　補助投影図

補助投影図を斜面に対向する位置に配置できないような場合には，**矢示法**（やしほう）を用いることができる．また，折り曲げた中心線などを用いて対応する投影関係を示してもよい．

補助投影図の配置関係がわかりにくい場合には，相手位置の図面区域の**区分記号**（**格子参照方式による参照文字を組み合わせた区分記号**）を付記して表すことができる．

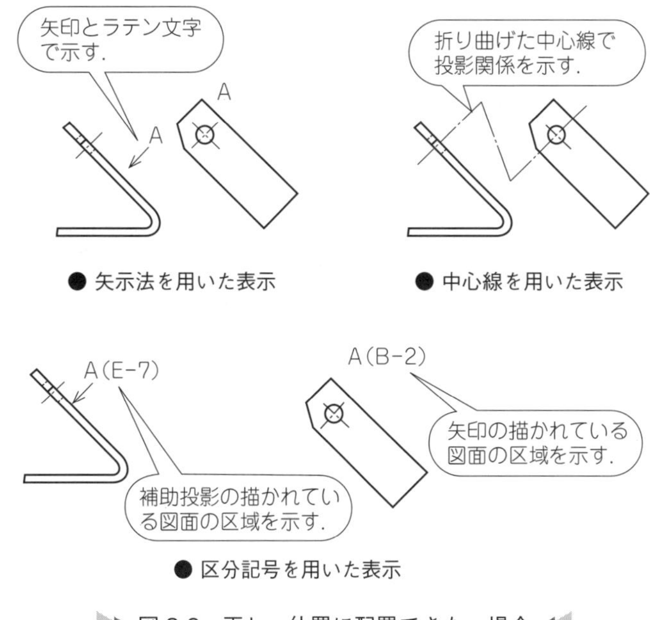

図 3-6 正しい位置に配置できない場合

2 回転投影図

ハンドルのアームのように，ある角度をもっている場合など，対象物の一部が投影面に対してある角度をもっていたり，その実形が直接表れない場合は，その部分を水平や垂直の中心線上まで回転させて図示させることができる．これを**回転投影図**という．見誤るおそれがある場合には作図線を残してもよい．

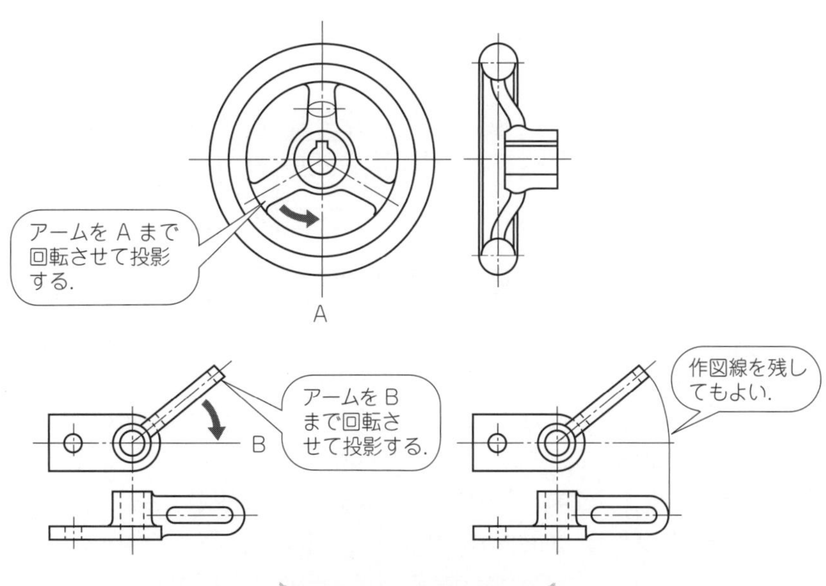

図 3-7 回転投影図

3　部分投影図

補足する投影図をすべて描くと図面が見にくくなったり，図の一部を図示すれば足りるような場合には図の一部を図示する．これを**部分投影図**という．この場合，省いた部分との境界を**破断線**で示すが，明らかな場合には破断線を省略してもよい．

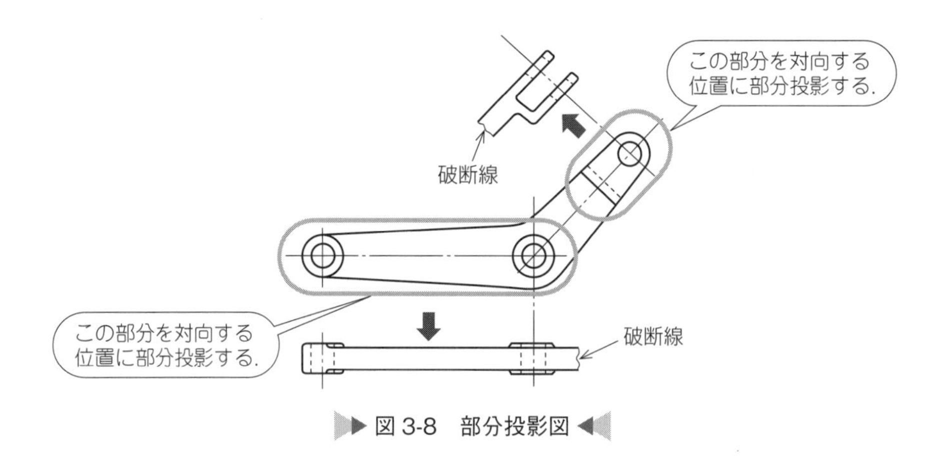

図 3-8　部分投影図

4　局部投影図

対象物の穴や溝など，必要な部分だけを垂直な方向から見て図示することができる．これを**局部投影図**という．この場合には必要な部分以外は描かない．また，投影の関係を明らかにするため，主となる図と**中心線**，**基準線**，**寸法補助線**などで結ぶ．

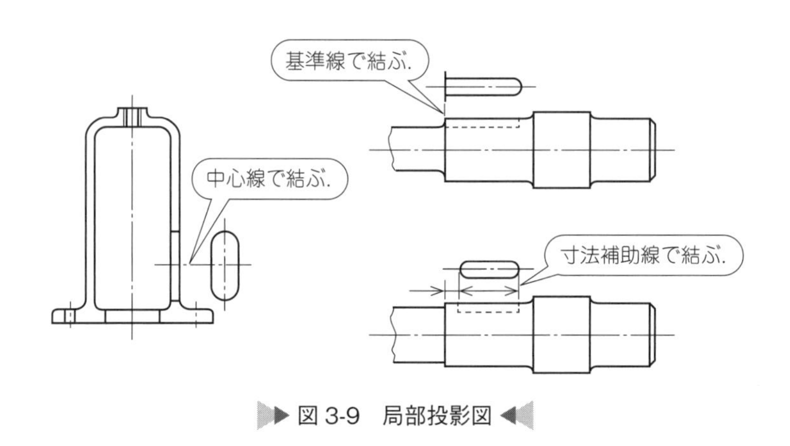

図 3-9　局部投影図

5　部分拡大図

対象物の特定部分の図形が小さいために，詳細な図示や寸法記入が困難な場合がある．そのような場合には該当部分を**細い実線**で囲み，その部分を別の場所に拡大して描くことができる．これを**部分拡大図**という．この場合，**ラテン文字**（**大文字**）と**尺度**を記入して表示するが，図の尺度を示す必要がない場合には，“**拡大図**”または“DETAIL”と記入してもよい．

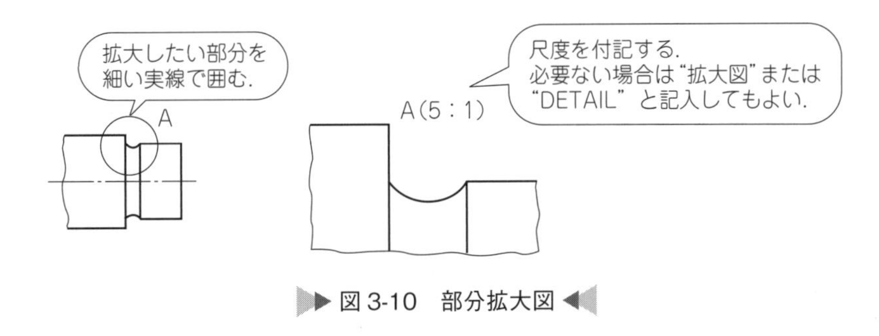

図 3-10　部分拡大図

透明な対象物の描き方

透明な材料（ガラス，プラスチック，液体など）は，投影図ではすべて不透明なものとして描く．そのため，透明な対象物の向こう側にある形状を表す場合には**かくれ線**を用いることに注意してほしい．

3-2　いろいろな図示の工夫

1　断面図の種類と描き方

対象物の内部を詳細にわかりやすく図示する必要がある場合には，対象物を切り取って**断面図**として表すことができる．

断面図は，対象物内部の見えない部分の形を見えたように外形線で表す．切断面を表示するには，その**両端部および切断方向の変わる部分を太く示す**．投影方向を示す場合には，**細い一点鎖線**の両端部に矢印を用いて投影方向を示し，**ラテン文字**（**大文字**）を用いて表示する．

この場合，断面の切り口に**ハッチング**を施してもよい．

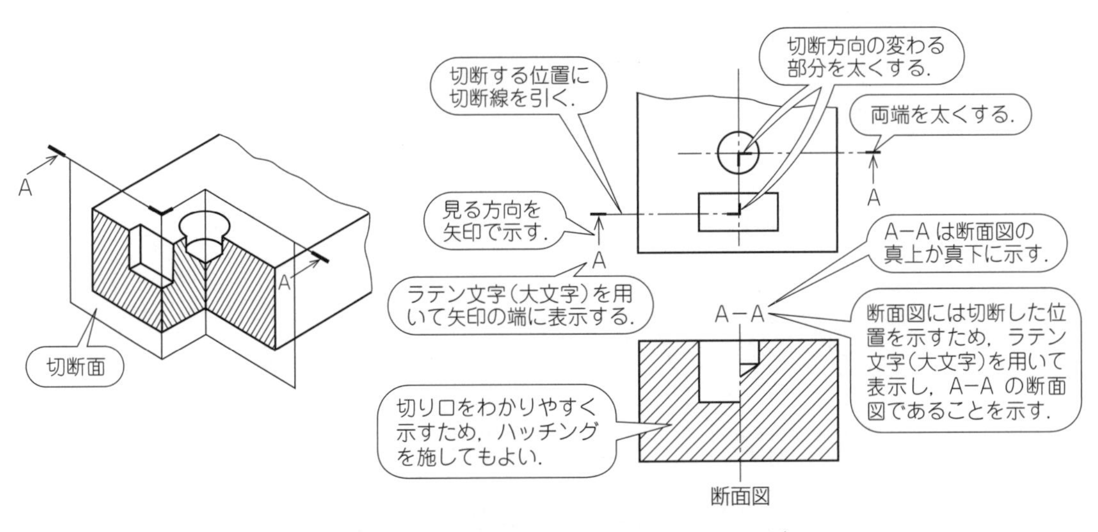

図 3-11　切断の位置と断面図の表示法

1　全断面図

対象物を切断し，その切断面に垂直な方向から見たときの形状をすべて描いた図を**全断面図**という．上下・左右に対称な図形や回転体などの対称図形を全断面にする場合には，軸線を含む平面で切断した図が全断面となる．この場合には切断面の位置が明らかなため，切断線は記入しない．

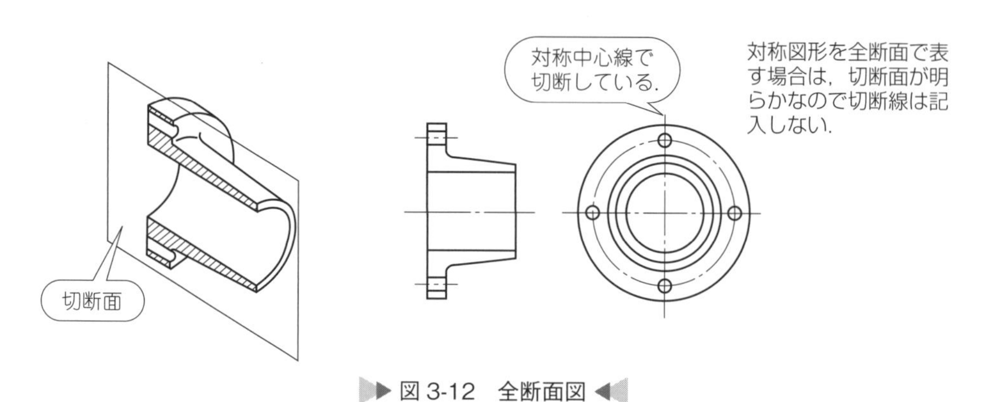

▶▶ 図 3-12　全断面図 ◀◀

特定部分の形を表すために切断面を決める場合は，切断線を用いて切断の位置を示す．この場合，一つの図面に対して切断面が1箇所しかなく，投影関係が明らかで投影方向の矢印がなくても理解できるようであれば，矢印を省略してもよい．

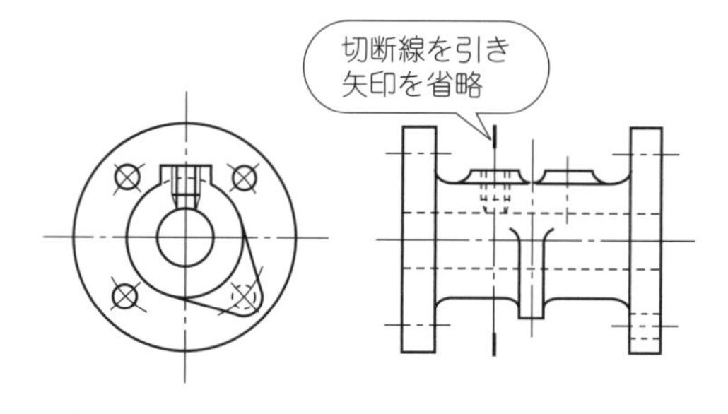

▶▶ 図 3-13　矢印を省略してもよい例 ◀◀

2　片側断面図

外形図の半分と全断面図の半分とを組み合わせた断面図を**片側断面図**といい，一つの図で内部と外部の形状を図示することができる．

対象物が対称形状の場合，水平または垂直な中心線に対して片側だけを断面図とし，他は外形図のままで表す．一般に，**上下対称の図では上側**を断面にし，**左右対称の図では右側**を断面にする．

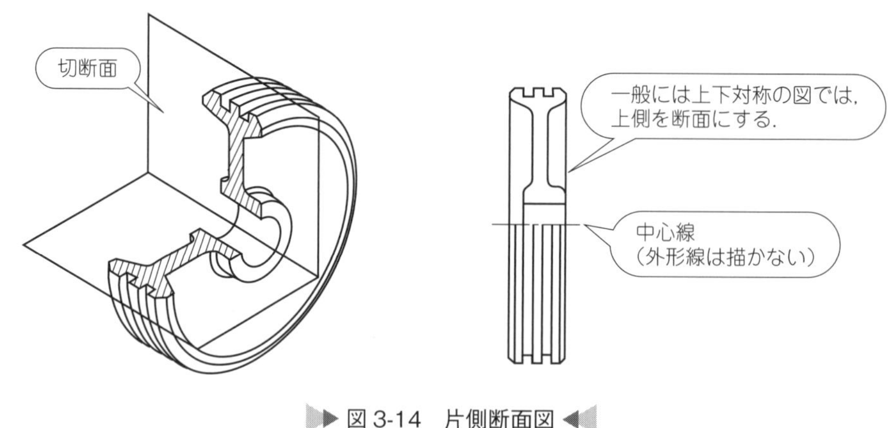

▶▶ 図 3-14　片側断面図 ◀◀

3 部分断面図

特定部分の内部を図示する必要がある場合には，その部分を破断して図示することができる．これを**部分断面図**という．破断した箇所は**破断線**（**細い実線**）を用いてその境界を示す．この場合，破断線は**フリーハンド**で描く．部分断面図の破断線が，外形線やかくれ線と重なる場合には，外形線やかくれ線が優先されてしまい，破断線が見えなくなるので**破断線は外形線やかくれ線に重ならないように描く**必要がある．

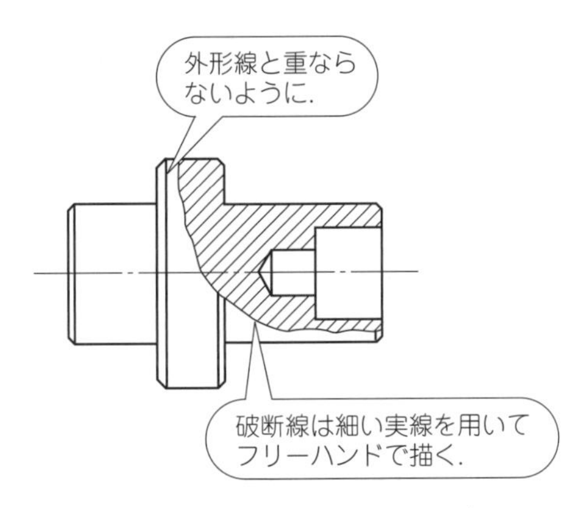

▶ 図 3-15 部分断面図 ◀

4 回転図示断面図

ハンドルや車輪などのアームやリム，リブ，フック，軸，構造物の部材などの切り口は，それぞれの箇所で 90° 回転して図示してもよい．図示した断面図を**回転図示断面図**という．

破断線で中間を切断できない場合などは切断線の延長線上に描くか，図形内の切断箇所に重ねて描くことができる．

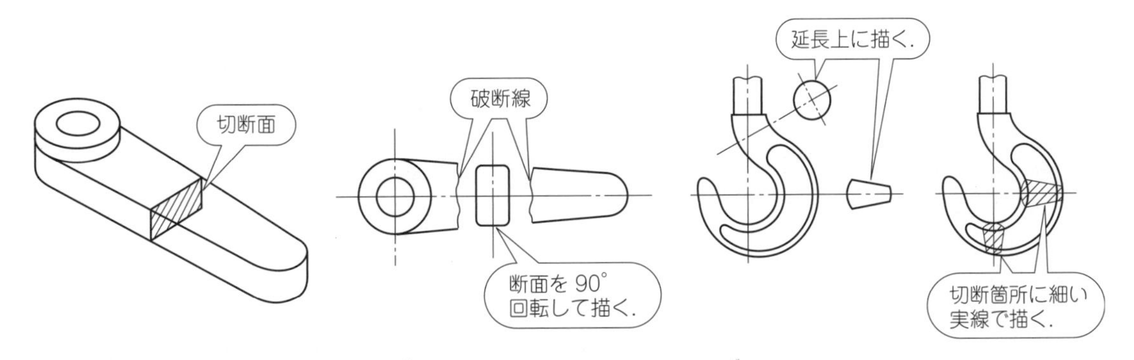

▶ 図 3-16 回転図示断面図 ◀

5 組合せによる断面図

二つ以上の切断面による断面図は組み合わせて断面図示することができる．

交わる二平面で切断する場合，対象物が対称形状かまたはこれに近い形の場合には，対称図形の中心線を境にして片側を投影面に平行に切断し，他の側を投影面に対してある角度をもった切断面で切断した切り口を投影面まで回転して図示する．また，必要に応じて断面を見る方向を示す矢印およびラテン文字（大文字）の文字記号を付ける（図 3-17 参照）．

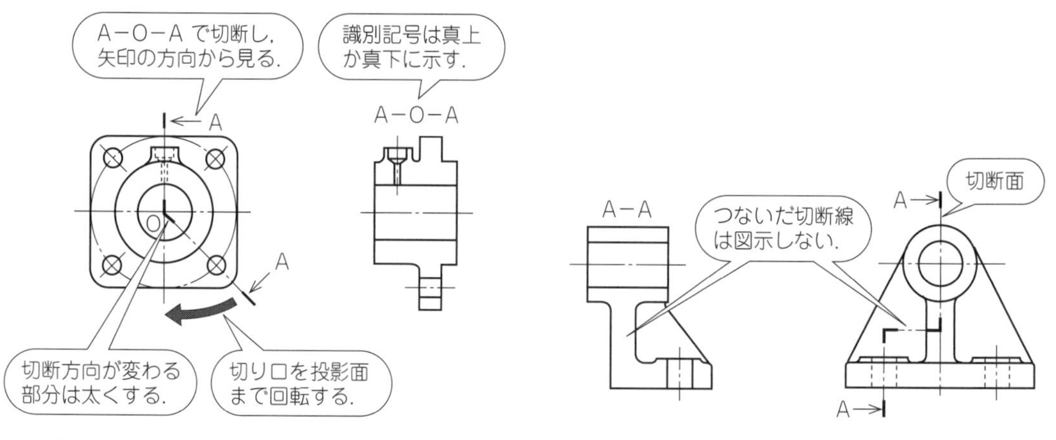

▶▶ 図 3-17　回転移動した断面図示 ◀◀　　▶▶ 図 3-18　必要部分を合成した断面図示 ◀◀

平行な二つ以上の平面で切断した断面図の必要部分だけを合成して図示することができる．この場合，切断線を用いて切断の位置を明確に示す．切断線を任意の位置でつなぐが，**つないだ線は図示しない**（図 3-18 参照）．

平行な二平面以上を階段状に切断して表す場合，断面は必要に応じて任意に組み合わせてもよく，必要なら断面の数を増やすこともできる．

また，断面図では，いろいろな断面を組み合せて図示することもできる．

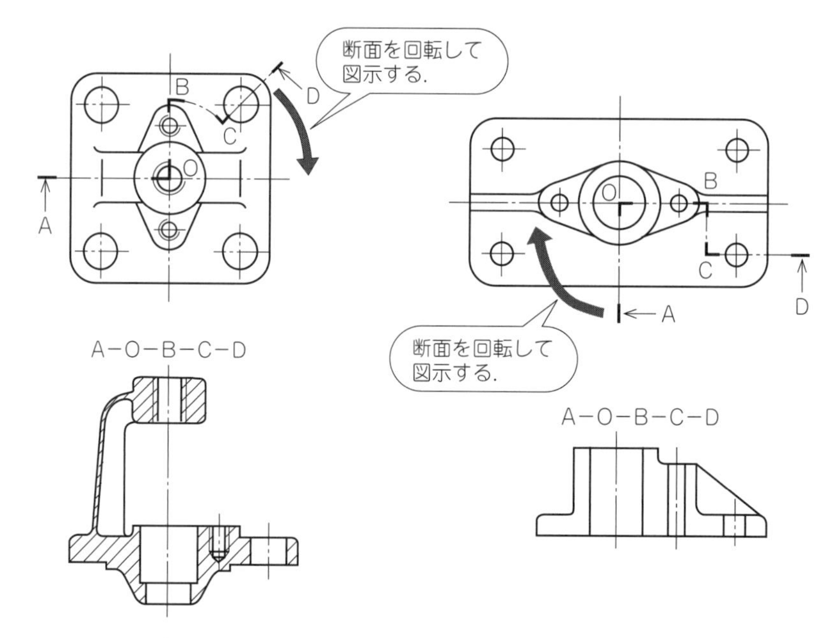

▶▶ 図 3-19　複数の方法を組み合わせた断面図 ◀◀

6　その他の断面図

ⓐ 曲がりに沿った中心面で切断する断面図

曲管などの断面を示す場合，その曲がりの中心を含む平面によって切断して図示することができる（図 3-20 参照）．

図示する場合には，断面に沿った切断面の全長で表さないで，曲面で切り取った断面の向きに関係なく，**対象物の投影面に垂直に投影**して表す．

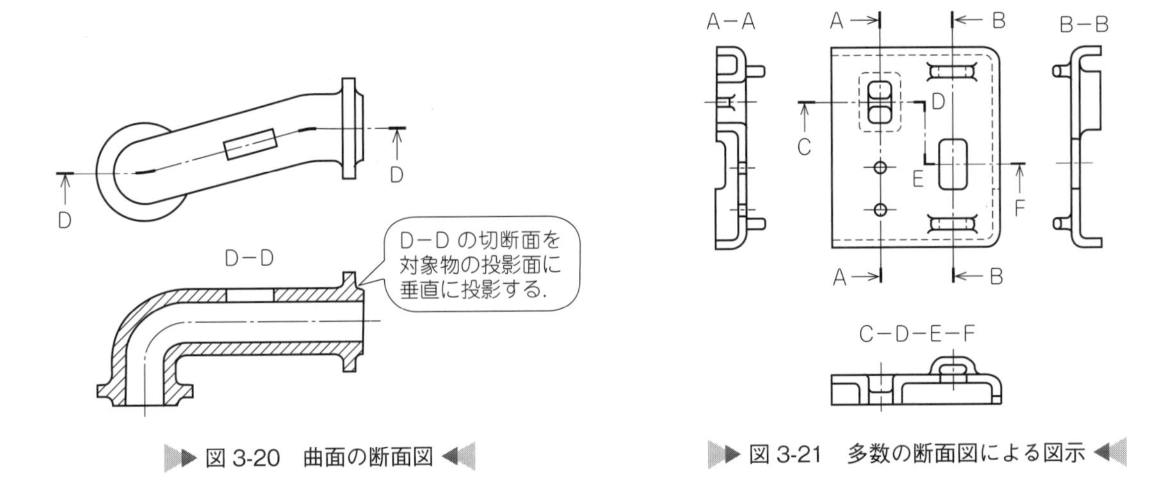

図 3-20　曲面の断面図

図 3-21　多数の断面図による図示

ⓑ 多数の断面図による図示

複雑な形状の対象物を表す場合には，必要に応じて多数の断面図を描いてもよい（図 3-21 参照）．

ⓒ 複雑な切断面の断面図

形状の複雑な軸などの断面では一連の多数の断面図を描いてもよく，断面図には寸法の記入と投影の向きを合わせて配置する．この場合，切断線の**延長線上**または**主中心線上**に配置する（図 3-22 参照）．

また，形状が徐々に変化するような対象物の場合，多数の断面によって図示することができる（図 3-23 参照）．

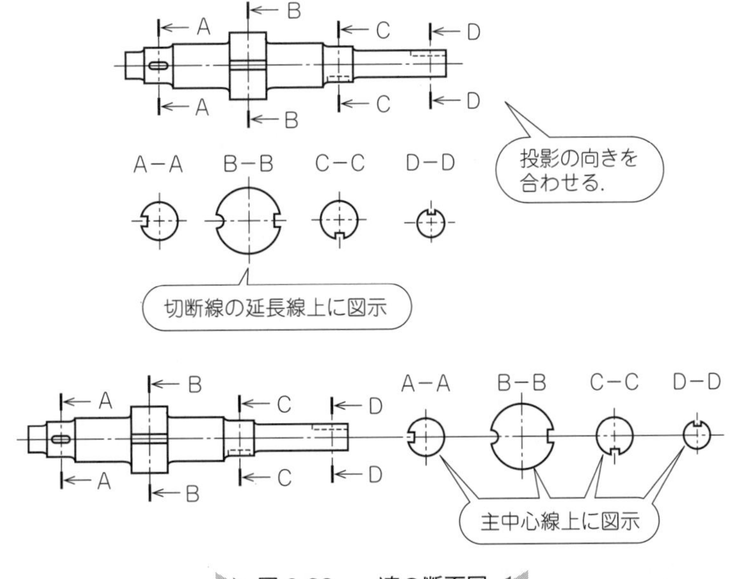

図 3-22　一連の断面図

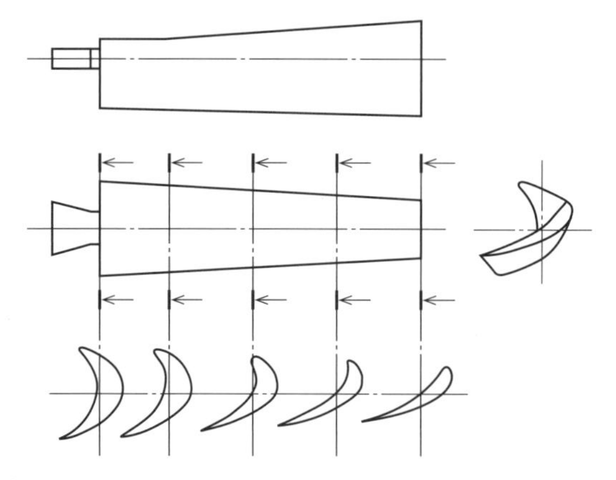

図 3-23　形状が徐々に変化する場合の断面図

ⓓ 薄肉部の断面図

切り口が薄い板やガスケット，形鋼などでは，断面の切り口を**黒く塗りつぶして**表すか，実際の寸法によらず，**1 本の極太の実線**で表し，切り口が隣接している場合には，わずかな**すきま（0.7 mm 以上）**をあける．

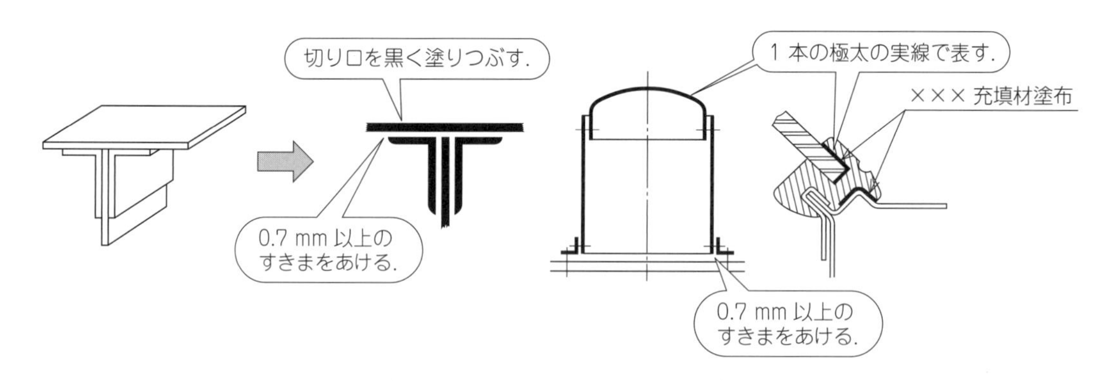

図 3-24　薄肉部の断面図

ⓔ 切断しないもの

リブ，アーム，歯車の歯，軸，キー，ピン，ボルト，小ねじ，ナット，座金，リベット，玉（鋼球，セラミック球など**）**，**ころ（円筒ころ，円すいころ**など）など，切断しても意味がなく，また，切断したために理解しにくくなるものは，長手方向に切断しない（図 3-25 参照）．

7　断面図におけるハッチングの施し方

断面図に現れる切り口に**ハッチング**を施して，より明確な断面図とすることができる．

切り口にハッチングを施す場合には，断面図の**主となる中心線**または**主となる外形線**に対して **45° の細い実線**で等間隔に施す．ハッチングの間隔は切り口の大きさに応じて決めてもよいが，一般には **2 ～ 3 mm の等間隔で 45° の線**で図示する．ハッチング角度を 45° で描くと外形線や主となる中心線に平行になったり，垂直になったりして見にくくなる場合には，任意の角度で描いてもよい．

同一断面上に現れる同一部品の切り口には，同一のハッチングを施す．ただし，階段状の断面の各

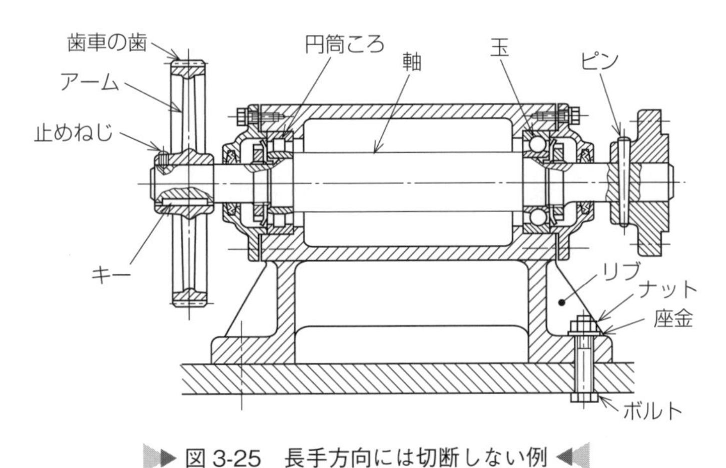

図 3-25　長手方向には切断しない例

段に現れる部分を区別する必要がある場合には，ハッチングをずらすことができる．また，隣り合う部品間の切断面にハッチングを施す場合には，線の角度や向き，間隔を変えて区別する（図 3-27 参照）．

切断面が広く，ハッチングを施すと図が見にくくなるような場合には，その外形線に沿って適当な範囲でハッチングを施すことができる（図 3-28 参照）．

また，ハッチングを施した部分に文字や記号などを記入する場合には，ハッチングを中断する（図 3-29 参照）．

断面図に材料などの表示をする場合には，その意味を図中に指示するか，該当規格を引用して示す（図 3-30 参照）．

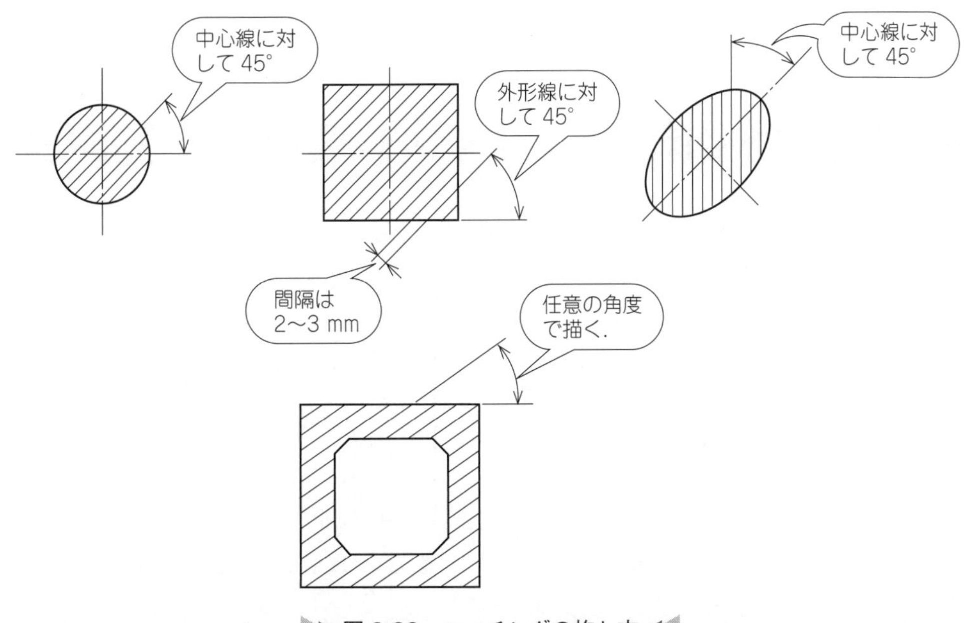

図 3-26　ハッチングの施し方

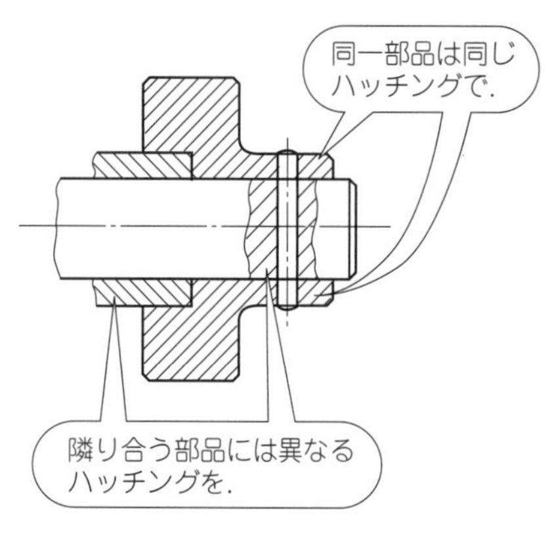

図 3-27　隣り合う切り口のハッチングの施し方

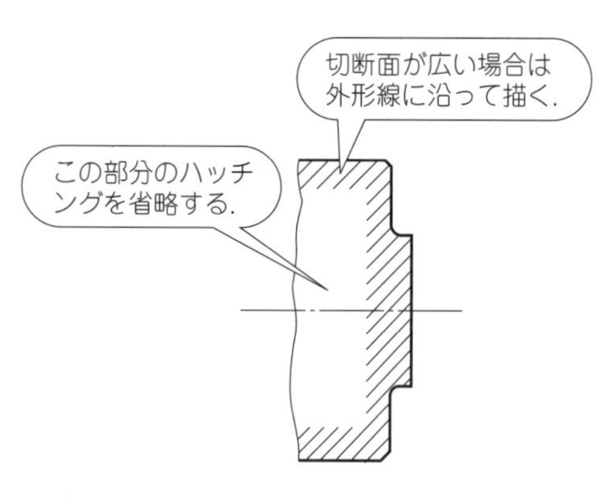

図 3-28　切断面が広い場合のハッチングの施し方

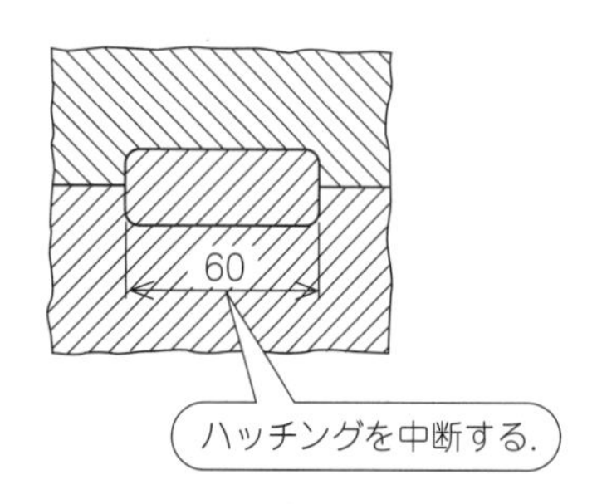

図 3-29　ハッチング中の文字や記号の記入の仕方

材　料	表　示
ガラス	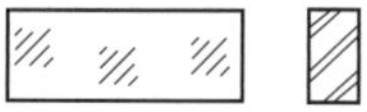
保温吸音材	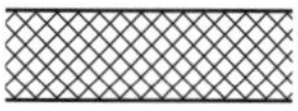
木材	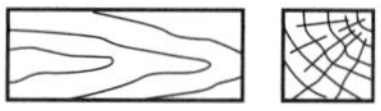
コンクリート	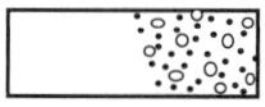
液体	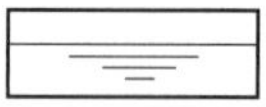

図 3-30　材料の表示

2　図形の省略の仕方

1　かくれ線の省略

対象物の内部やかくれて見えない部分は**かくれ線**で示すが，かくれ線がなくても図形の理解ができる場合には省略することができる.

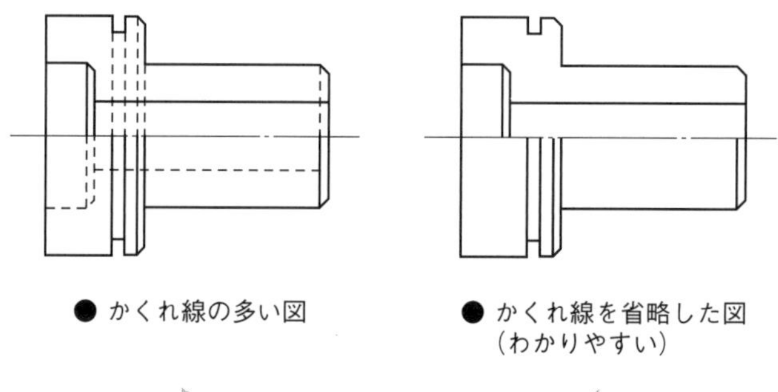

図 3-31　かくれ線の省略

2 切断面の先方に見える線の省略

円筒形に設けられた穴などを断面図示すると，円筒の上下面に曲線（相貫線）が現れるが，形状の理解を妨げない範囲で省略することができる．

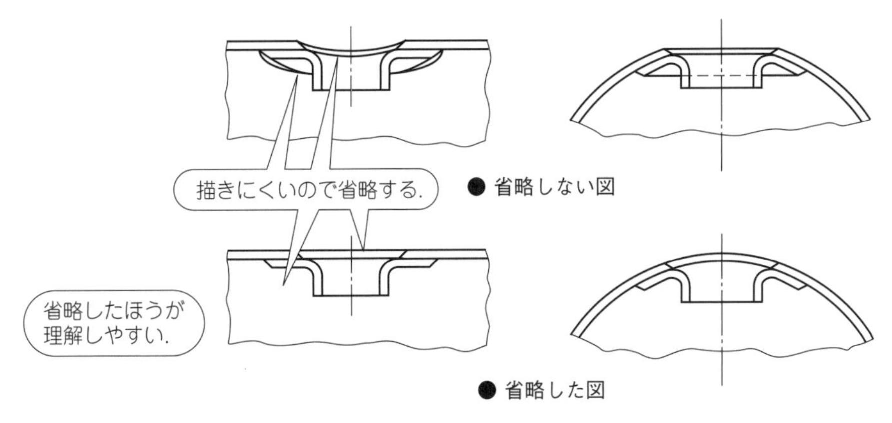

▶▶ 図 3-32 切断面の先方に見える線の省略 ◀◀

3 対称図形の省略

車輪，ベルト車，歯車などのように，円盤状で図形が対称形式の場合，対称中心線の片側の図形を省略することができる．その場合，対称中心線の上下または左右の両端部に**短い 2 本の平行細線**を記入し，この線を**対称図示記号**と呼ぶ．

対称な図形で，対称中心線の近くにある穴やキー溝などの形状を正確に示したい場合，対称中心線の片側の図形を，**対称中心線を少し越えて描く**．この場合には，**対称図示記号を省略することができる．**

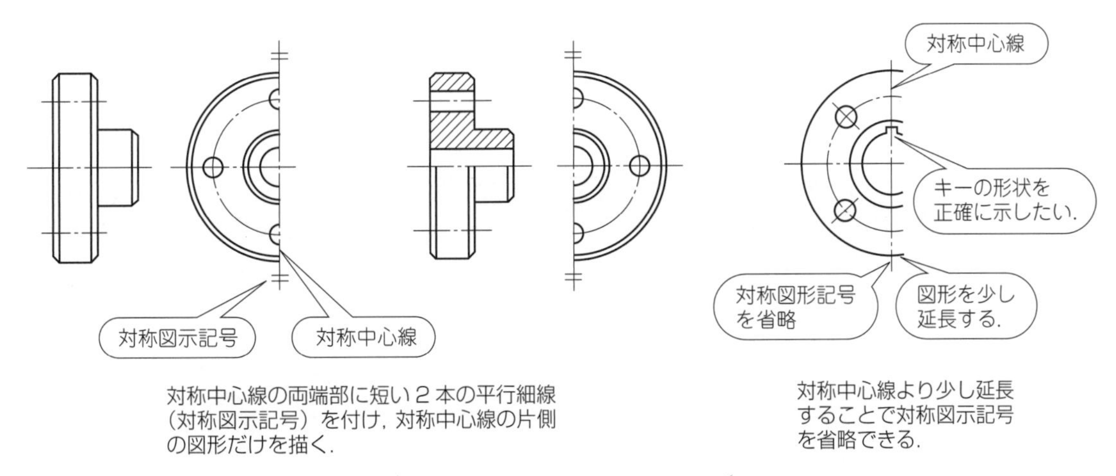

▶▶ 図 3-33 対称図形の省略 ◀◀

4 中間部分の省略

軸，管，形鋼（かたこう）のような同一断面形状や，はしごなどのように長く規則正しく並んでいるもの，長いテーパ軸，長い勾配部分などは，その中間部分を切り取って，肝要な部分だけを近づけて図示することができる．

このとき，切り取った端部は**破断線（細い実線）**を**フリーハンド**で示す．ただし，まぎらわしくない場合には破断線を省略してもよい．また，長いテーパや勾配部分を切り取った場合，傾斜が緩いものについては実際の角度で図示しなくてもよい．

破断線は**細い実線をフリーハンド**で図示する場合と，**細い実線のジグザグ線**を用いる場合とがあるが，どちらを用いてもよい．

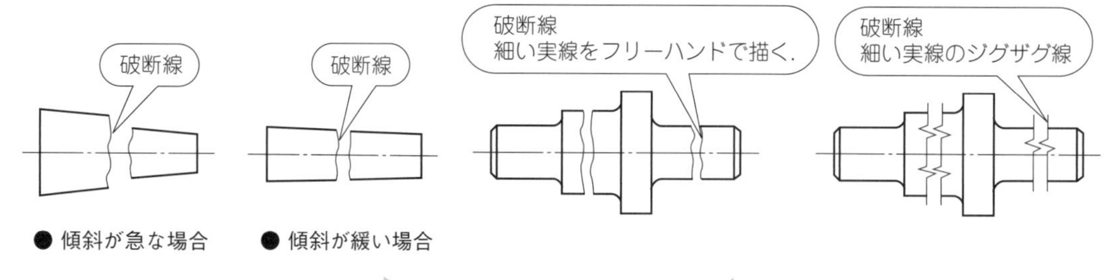

図 3-34　中間部分の省略

5　繰返し図形の省略

多数の穴や溝など，同じ形状の部分が繰り返して並ぶ場合には，両端部または主要な部分だけを実形または図記号で示し，その他は中心位置を示した図記号を用いて図形を省略することができる．た

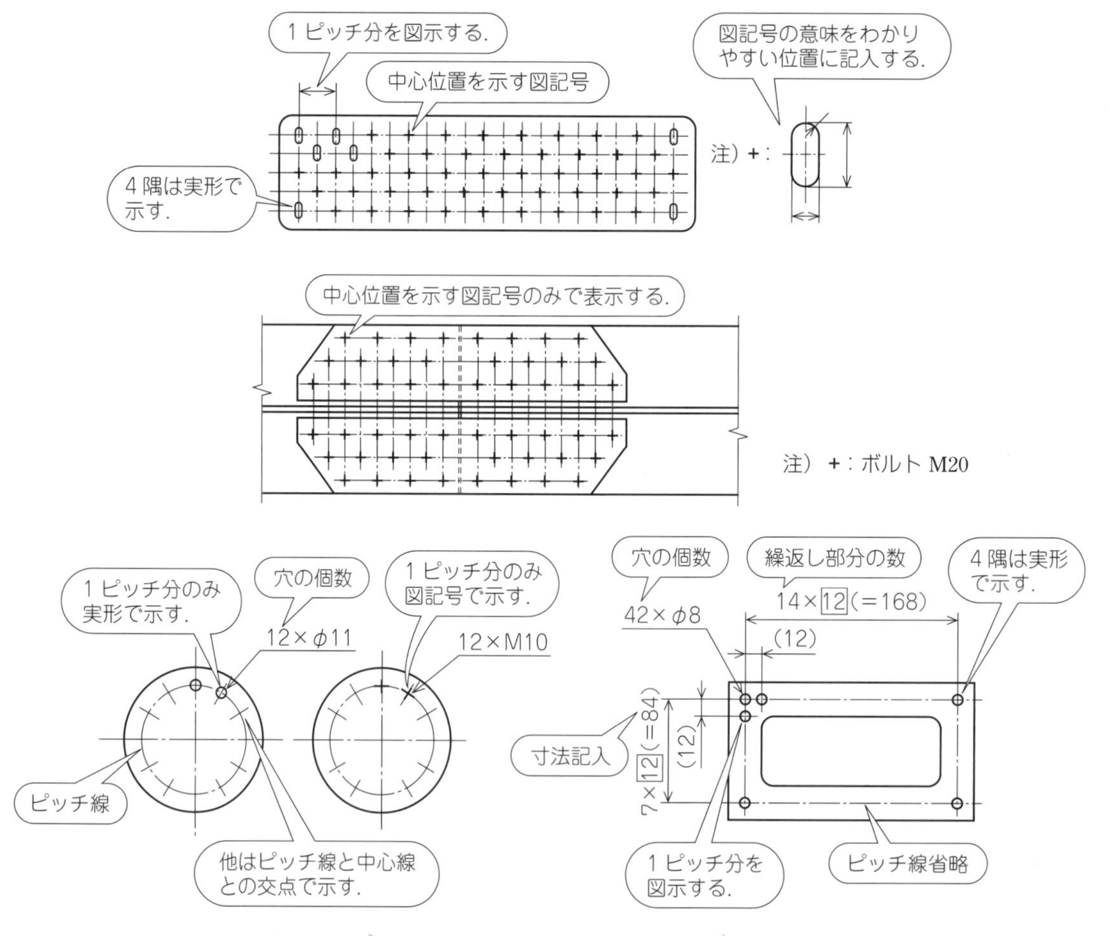

図 3-35　繰返し図形の省略

だし，図記号を用いて省略する場合には，引出線を用いてその意味を記入するか，わかりやすい位置に記入する．

3　特殊な図示法

1　展開図

板を曲げる板金加工や面で構成されている対象物などで，展開した状態を示すには**展開図**を用いる．この場合，展開図の上または下側に“展開図”と記入するのがよい．

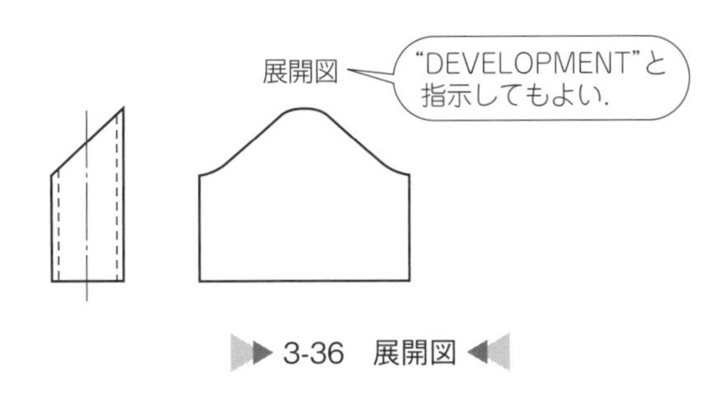

▶ 3-36　展開図 ◀

2　平面部の図示

図形の一部が平面であることを示す場合には，**細い実線の対角線**を用いて図示する．また，かくれた部分の平面でも**細い実線の対角線**を用いて示す．

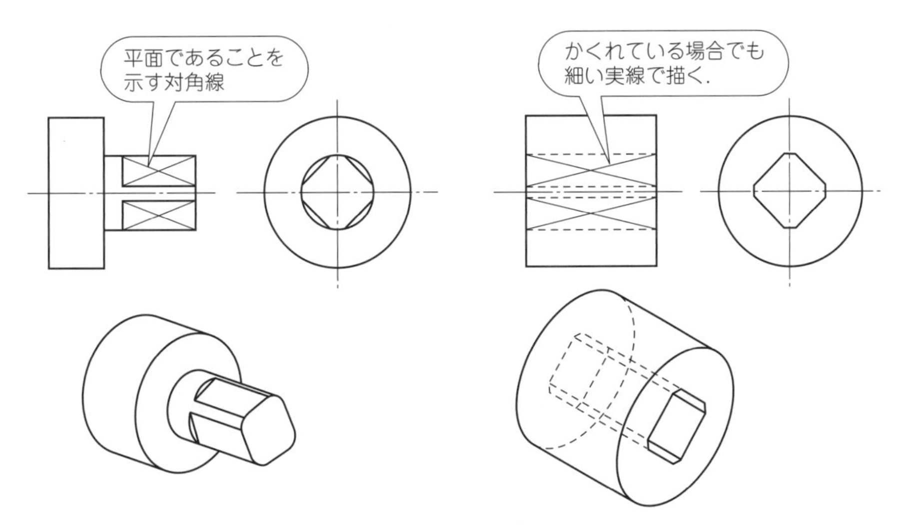

▶ 図 3-37　平面部の表示の仕方 ◀

3　二つの面の交わり部の図示

角や隅など，二つの面の交わった部分（相貫部分）に丸みがあり，この丸み部分を図示する場合には，二つの面を延長し，交わった部分を**太い実線**で表す（図 3-38 参照）．

リブなどの端末を表す線は，接する部分の丸み半径の大きさにより，**直線のまま止める場合**，**内側に曲げて止める場合**，**外側に曲げて止める場合**などがある（図 3-39 参照）．

円柱と円柱，円柱と角柱などの交わり部の線（相貫線）は，正しい投影法で描いてもそれほど意味がない場合には直線や円弧で描いてもよい（図 3-40 参照）．

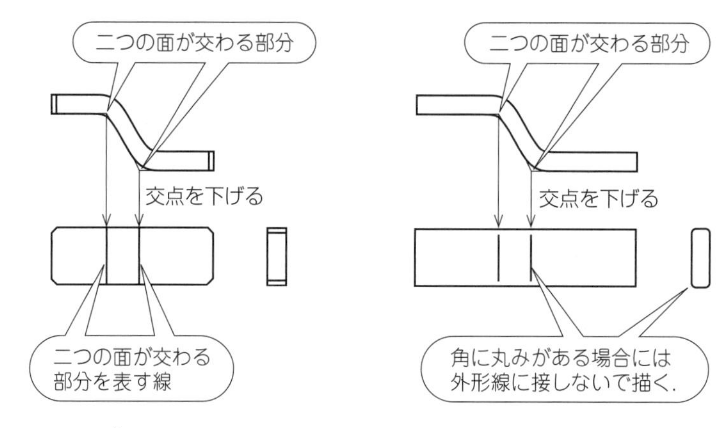

図 3-38　二つの面の交わり部の表示の仕方

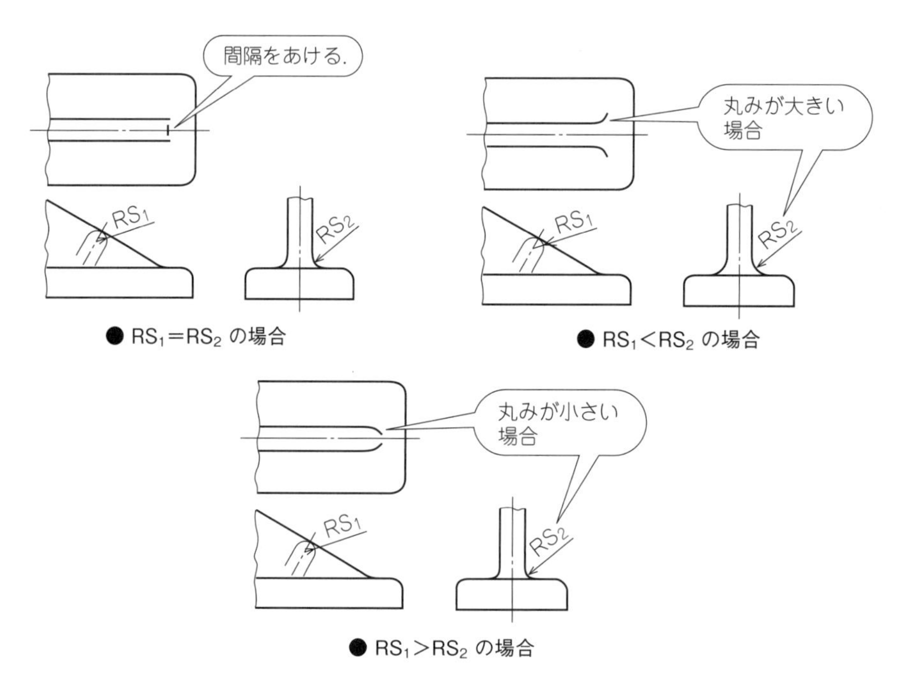

図 3-39　リブなどの端末を表す線の表示の仕方

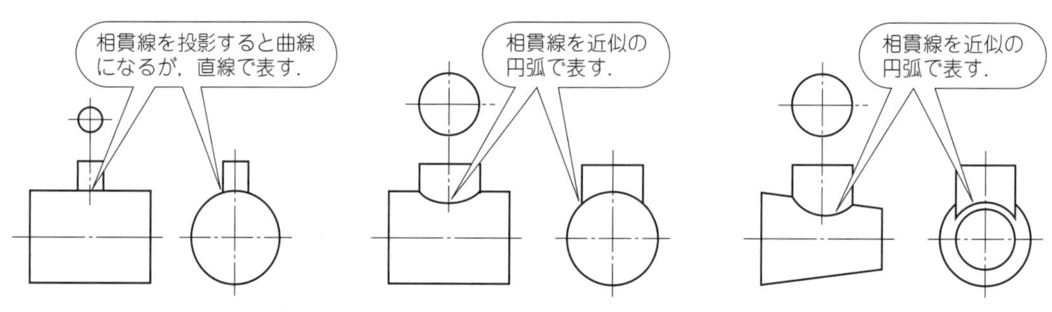

図 3-40　相貫線の交わり部の表示の仕方

4　正接エッジ

曲面相互または曲面と平面とが正接する部分の線を正接エッジという．正接エッジは細い実線で表してもよい．ただし，相貫線と併用してはならない．

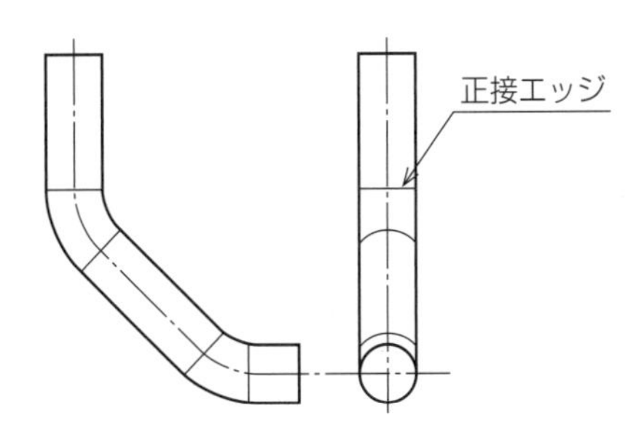

▶▶ 図 3-41　正接エッジの図示例 ◀◀

5　模様などの表示

ローレット加工や金網，しま鋼板などのように品物に模様があり，これを表示するような場合には，その模様の特徴を一部描いて表示することができる．

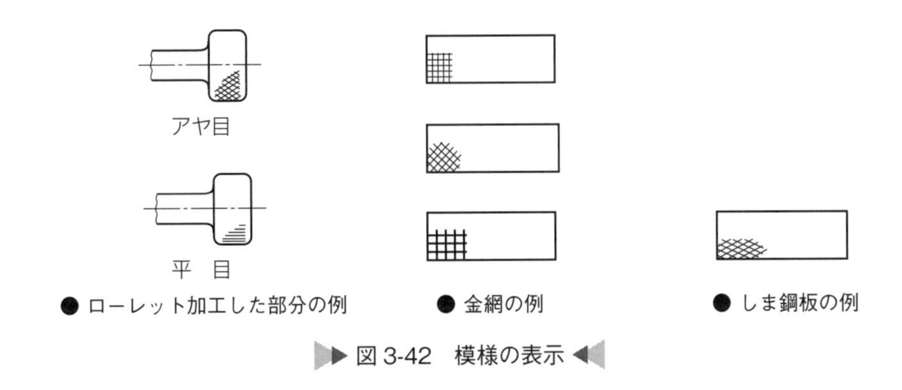

▶▶ 図 3-42　模様の表示 ◀◀

3-3　寸法の記入法

図面では読図者に対して設計者の意図を確実に伝える必要がある．そのため，図面は投影法によって正確に描き，寸法・注記・説明などの情報を入れて完成する．特に寸法は読図者や作業者にとって正確で読みやすく，読み誤りがないように記入することが必要である．

1　寸法の種類

寸法には，大きさと位置の寸法がある．**大きさ寸法**は対象物の大きさを示し，**位置寸法**は対象物の位置関係を示す寸法である．これらの寸法を指示する方法が**寸法の記入方法**である．

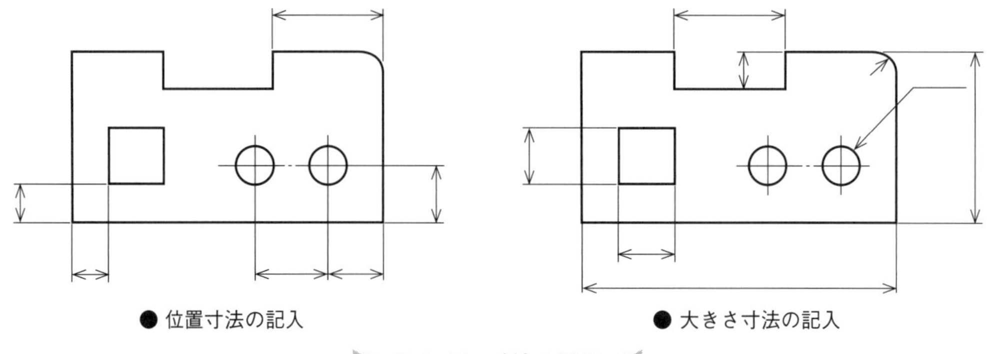

図 3-43　寸法の種類

2　寸法記入の原則

寸法を記入する場合，以下の点に注意する．

① 図面に示す寸法値は，特に指示がない限り**対象物の仕上り寸法**とする．

② 対象物の機能，製作，組立などを考えて，図面に必要不可欠な寸法を明瞭に指示する．

③ 寸法数値の単位は，特別な単位記号を用いなければならない場合を除いて，すべての寸法に対して**同一の単位**（**一般にはミリメートル**）で記入し，**単位記号は付けない**．必要な場合には，図面に用いる主要な単位記号を注記してもよい．また，他の単位を明示する場合には，その単位記号を数値に付加する．

④ 寸法はできるだけ主投影図に集中して記入し，記入できない場合にだけ他の投影図に記入する．

⑤ 寸法は，対象物の大きさ・姿勢・位置を表すために必要なものを記入し，不必要な寸法は記入しない．

⑥ 同一部分の重複寸法は避ける．また，なるべく計算して求める必要がないようにする．

⑦ 寸法はなるべく工程ごとに分けて記入し，関連する寸法はなるべくまとめて記入する．

⑧ 寸法のうち，理論的に正確な寸法については寸法数値を長方形の枠で囲む．また，参考寸法については寸法数値に括弧を付ける（p.115 コラム参照）．

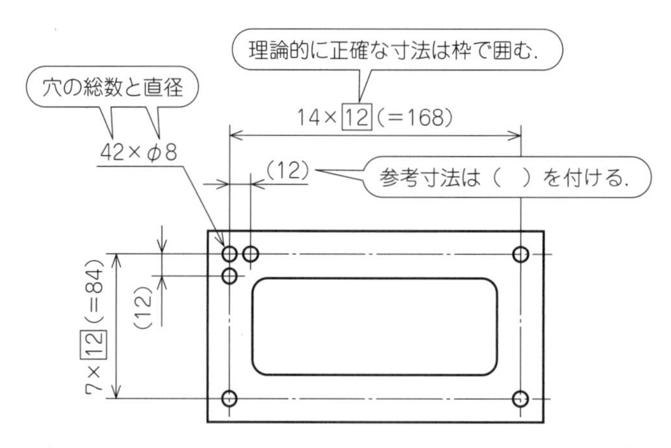

図 3-44　理論的に正確な寸法と参考寸法の示し方

3　寸法の記入要素

寸法は**寸法線**，**寸法補助線**，**端末記号**，**引出線**（**参照線を含む**），**起点記号**などを用い，寸法数値によって指示する．

4　寸法記入の仕方

1　寸法線

寸法線は**細い実線**を用い，指示する長さや角度を測定する方向に平行に引き，**端末記号**を付けて指示する．また，寸法線は原則として寸法補助線を用いて記入し，**中心線や外形線を寸法線としない**．また，寸法線はほかの寸法線や寸法補助線，外形線などとなるべく交差しないように引くのがよい．角度を記入する場合の寸法線は，角度を示す 2 辺またはその延長線の交点を中心とした**円弧**で示す．

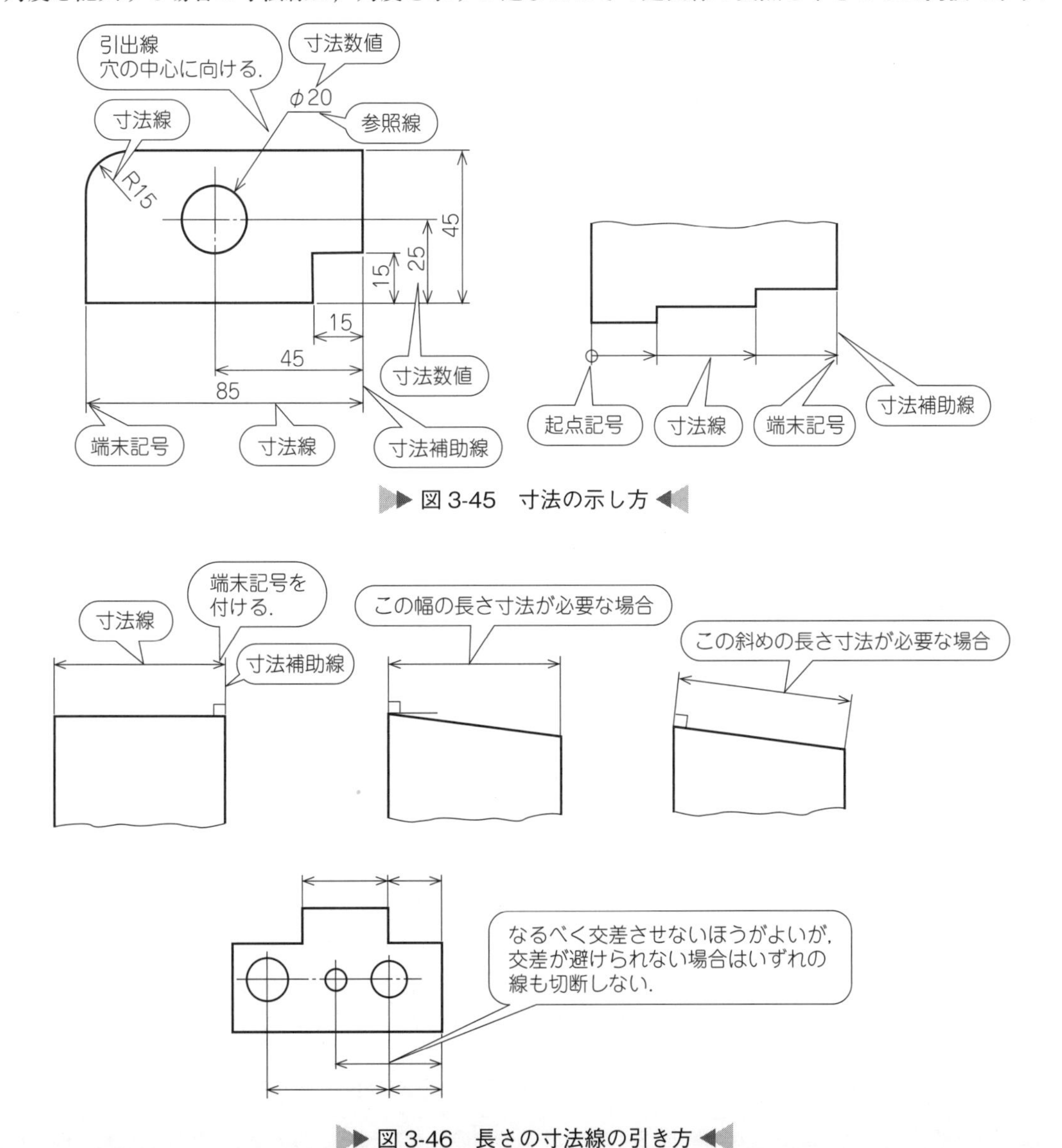

図 3-45　寸法の示し方

図 3-46　長さの寸法線の引き方

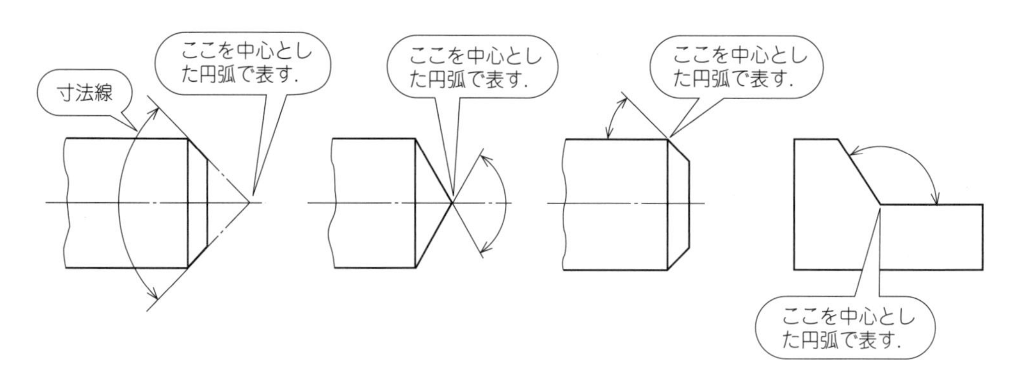

図 3-47　角度の寸法線の引き方

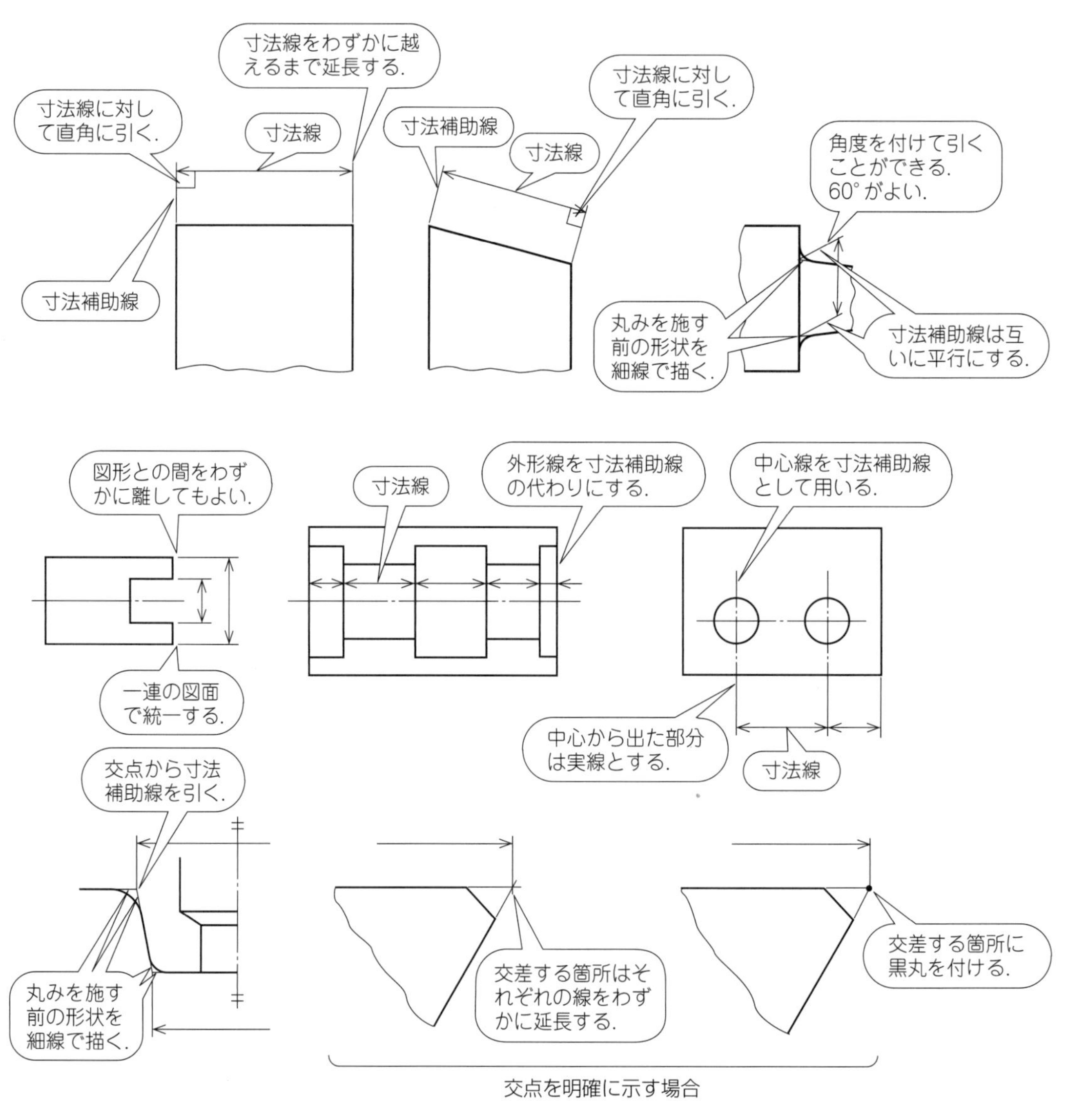

図 3-48　寸法補助線の引き方

2　寸法補助線

寸法補助線は**細い実線**を用い，指示する寸法の端に当たる図形上の点や線の中心を通り，寸法線に対して**直角**に引く．寸法を指示する点や線を明確にする場合には，寸法線に対して角度を付けて引き出すことができる．この場合，**寸法補助線は互いに平行に引く**．また，寸法補助線を引く際，寸法線をわずかに越えるまで延長する．

中心線や外形線を寸法補助線の代わりに用いることができる．中心距離を示す場合などのように，中心線を寸法補助線として用いる場合には，**中心線から出た部分は実線**とする．

角に面取りや丸みなどがあり，二つの面が交わる位置を明確に示したい場合には，それぞれの線が交差する点よりわずかに延長するか，交点に**黒丸**を付けて示す（図 3-48 参照）．

3　端末記号と起点記号

寸法線の両端や，その延長端には寸法の範囲を示すために**矢印**，**斜線**または**黒丸**を付け，これを**端末記号**という．端末記号は一連の図面では同種類のものを使用するが，矢印を記入する間隔が狭い場合には斜線または黒丸を用いてもよい．

矢印には端が開いたもの，閉じたもの，塗りつぶしたものがある．矢印の開き角度は 15° から 90° で示すが，機械図面では一般に**開いた矢で 30° 開き**のものが多く用いられている．**斜線は 45° の短い線**で示し，**起点記号は直径約 3 mm** の白抜きの円で示す．

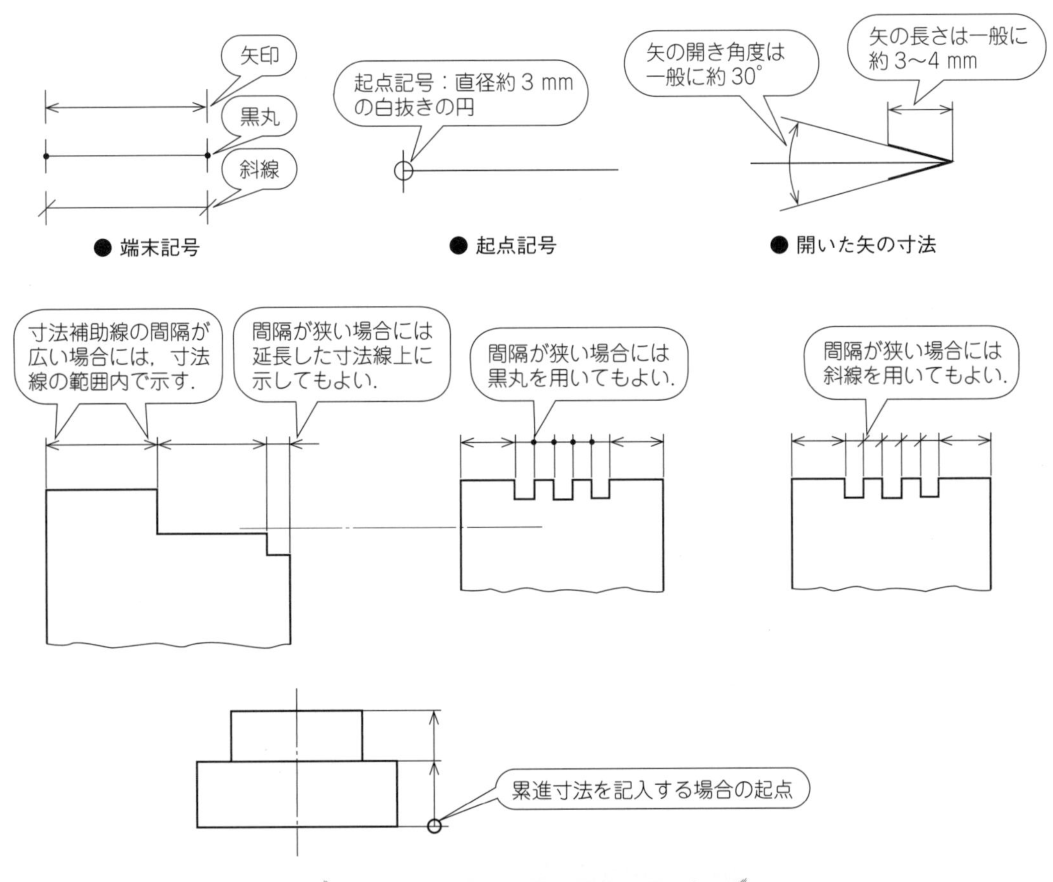

図 3-49　端末記号の種類と用い方

矢印は，寸法補助線の間が広い場合には寸法補助線の内側で示すが，間隔が狭い場合には延長した寸法線上に示してもよい（図 3-49 参照）.

4　引出線（参照線を含む）

狭い場所などの寸法指示や，加工方法，注記，部品番号などを記入するには**引出線**を用いる.

狭い場所に寸法を記入する場合，部分的に拡大（部分拡大図）して示す方法もあるが，引出線を用いる場合には斜めの方向に引き出し，**引き出す側の端には何も付けない**で寸法数値を記入する.

部品番号などを記入する場合には斜めの方向に引き出し，**外形線と結び付ける場合には矢印**を，**外形線の内側と結び付ける場合には黒丸**を引き出した箇所に付ける.

加工方法や注記などを記入する場合には，斜めの方向に引き出し，端を折り曲げてその上に記入する（図 3-50 参照）.

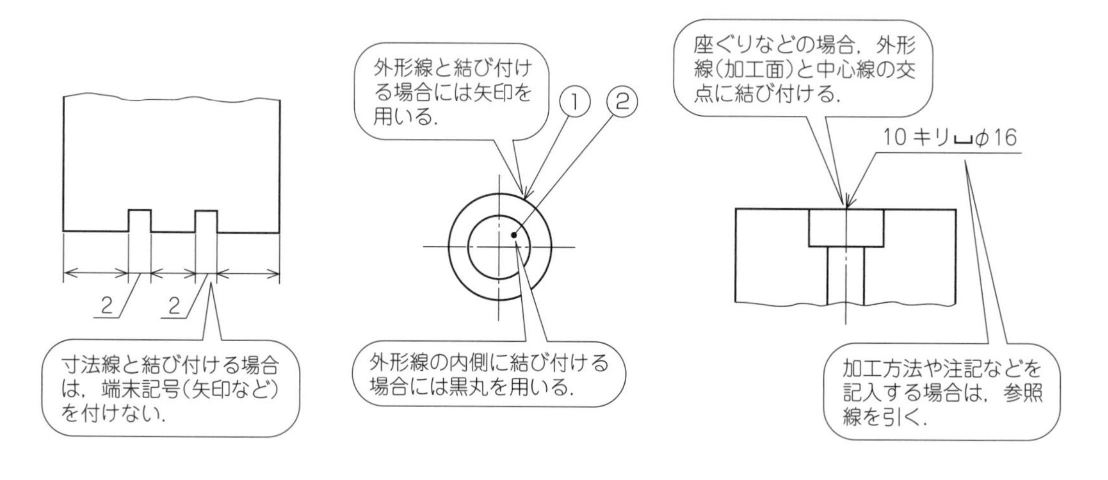

図 3-50　引出線の用い方

5　寸法数値の記入の仕方

寸法数値は図面上の線で分割されない位置に記入し，線に重ならないようにする．やむを得ない場合には**引出線**を用いて記入する．また，寸法線の交わらない位置に記入する.

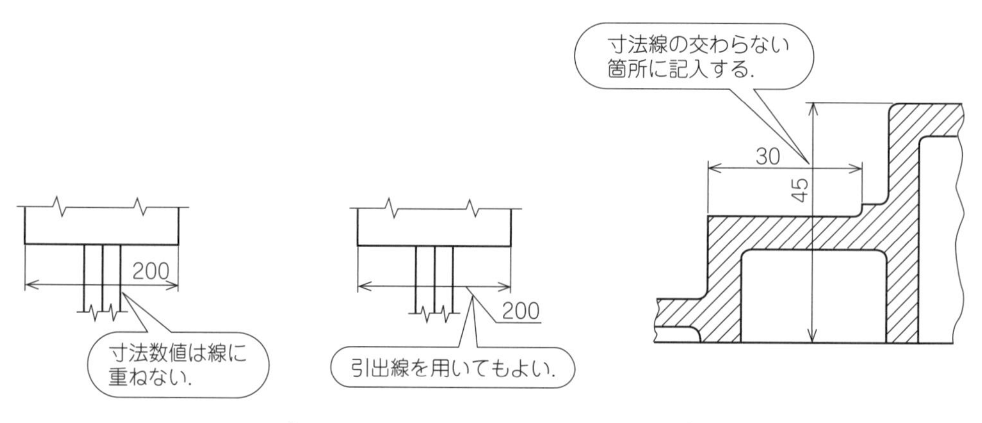

図 3-51　寸法数値の記入の仕方

寸法数値を記入する位置や向きは，累進寸法記入法を除き次の方法がある．

【方法（図 3-52 参照）**】**

寸法数値は寸法線を**中断しないで，寸法線に平行に，上側にわずかに離して記入**する．この場合，**寸法数値は寸法線のほぼ中央**に記入するのがよい．寸法数値は**水平方向の寸法線に対しては図面の下側**から，**垂直方向の寸法線に対しては図面の右側**から読めるように記入する．

長さ寸法や角度寸法の数値を記入する場合には，斜めの寸法数値の向きに注意する．

特に，垂直方向に対し左上から右下に向かい，約 30° 以下の角度をなす方向には，寸法線の記入を避ける．記入しなければならない場合には，引出線などを用いる．

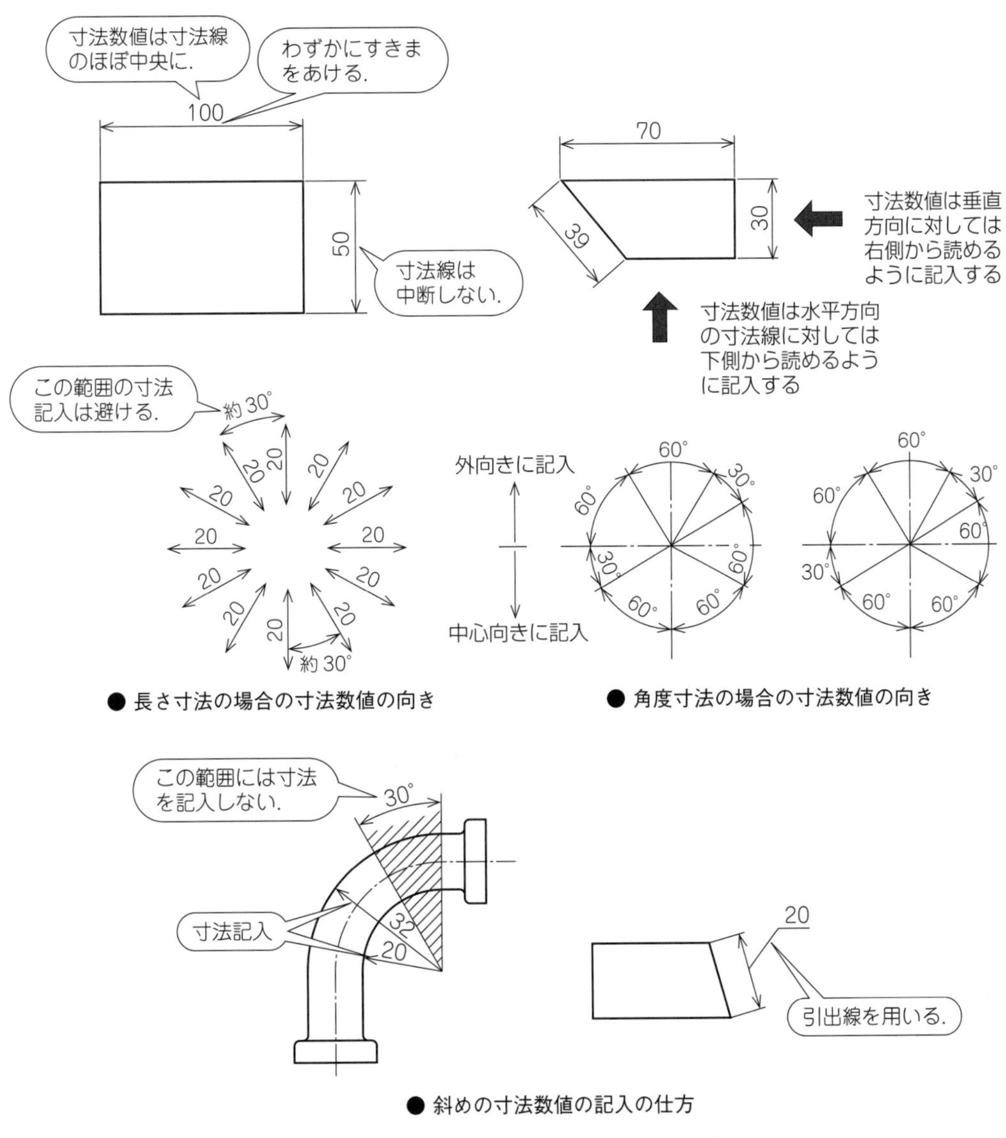

図 3-52　寸法数値の位置・向き

6　寸法記入におけるその他の事項

寸法線が連続したり，関連する部分の寸法では，寸法線は一直線上にそろえて示すのがよい．

また，寸法線は外形線や他の寸法線から近づきすぎると読みにくくなるので，一般に外形線から**10〜15 mm 以上離す**．寸法線が増えた場合には**8〜10 mm の等間隔**で引くとよい（図 3-53 参照）．

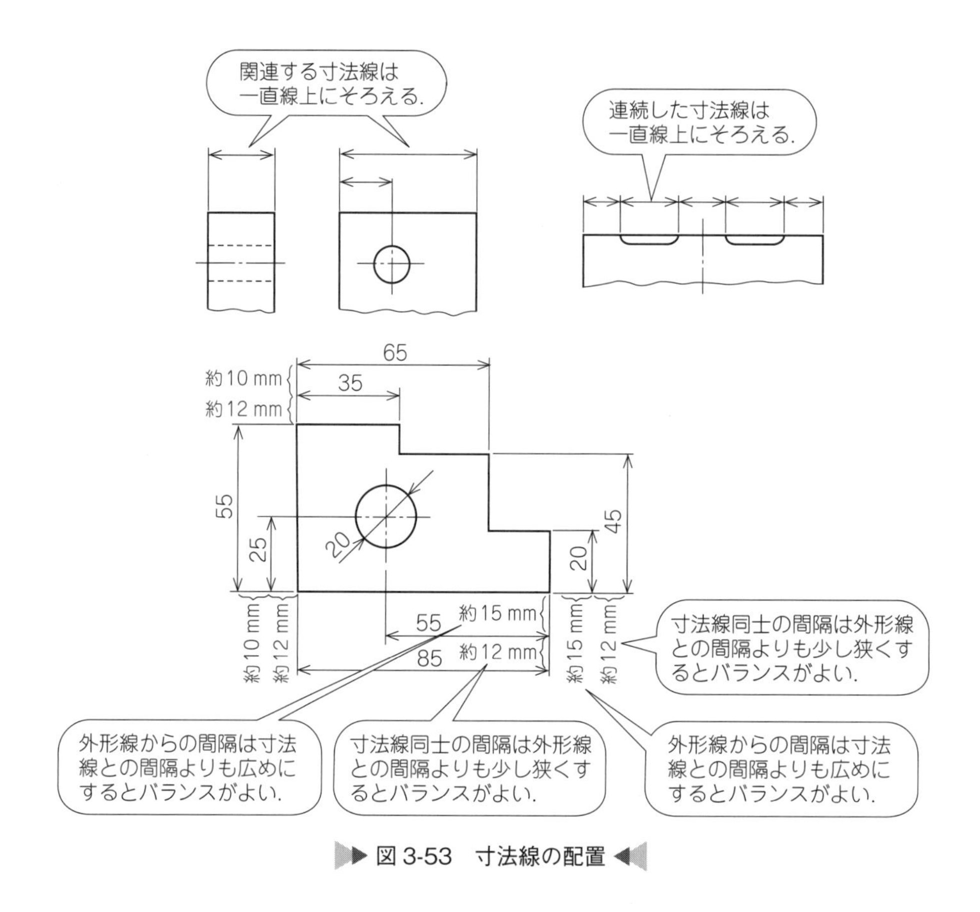

図 3-53　寸法線の配置

直径寸法が対称中心線の方向に並ぶ場合には，**小さい寸法は内側**に，**大きい寸法は外側**に寸法数値をそろえて記入する．寸法線の間隔が狭くなる場合には，対称中心線の両側に**交互に記入**してもよい．

寸法線が長い場合には，寸法数値をどちらかの端末記号の近くに片寄せて記入することができる（図 3-54 参照）．

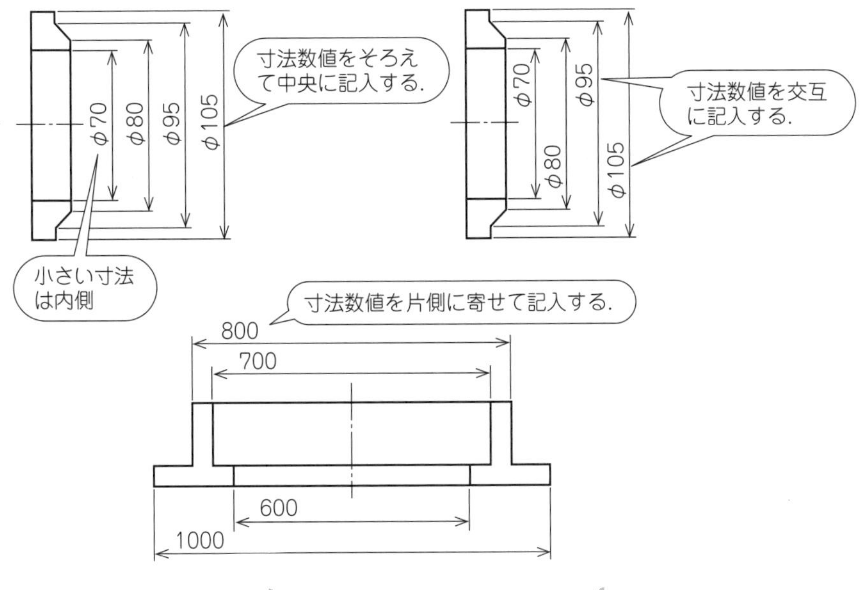

▶▶ 図 3-54　寸法数値の配置 ◀◀

寸法数値の代わりに**文字記号**を用いてもよい．その場合は数値を別に表示する．

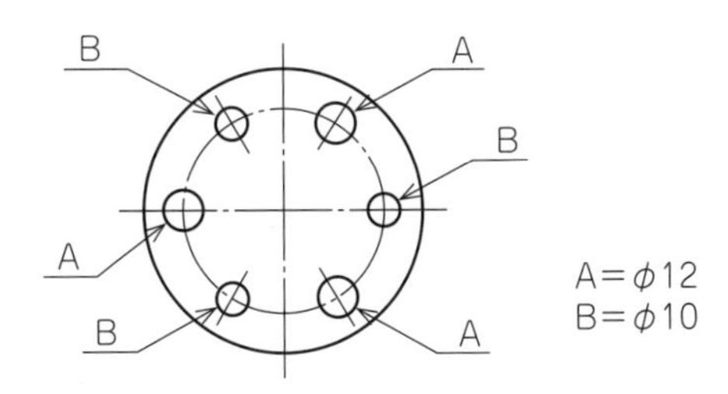

▶▶ 図 3-55　文字記号による表示 ◀◀

7　寸法の配置方法

寸法の配置方法には，一方向に連なる寸法を順に記入していく**直列寸法記入法**，共通な位置から別々に寸法を記入していく**並列寸法記入法**，並列寸法記入法を簡略化した**累進寸法記入法**がある．

ⓐ 直列寸法記入法

一連の寸法を連ねて記入するとき，個々の寸法に与えられた**公差**が累積してもよい場合に用いられる．全長寸法には（　）を付けて**参考寸法**とする．

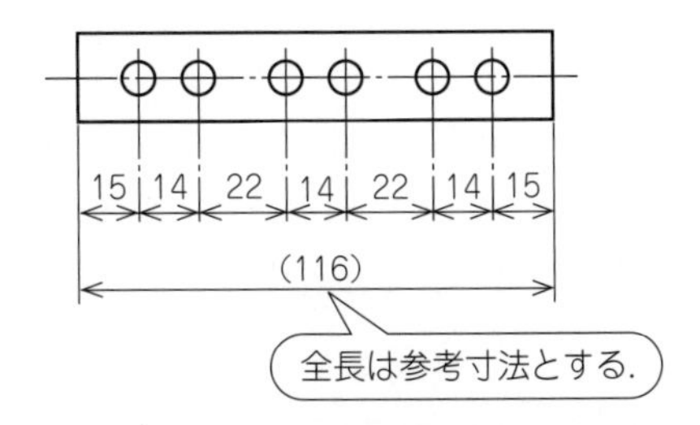

▶▶ 図 3-56　直列寸法記入法の考え方 ◀◀

公差が累積してもよい場合とは

一連の寸法に個々の公差がある場合，それぞれの寸法が正（+）の公差で仕上がった場合と，負（−）の公差で仕上がった場合とでは，仕上がった品物の全長には差が生じる．このように公差が累積してもよいような場合，直列寸法記入法を用いる．

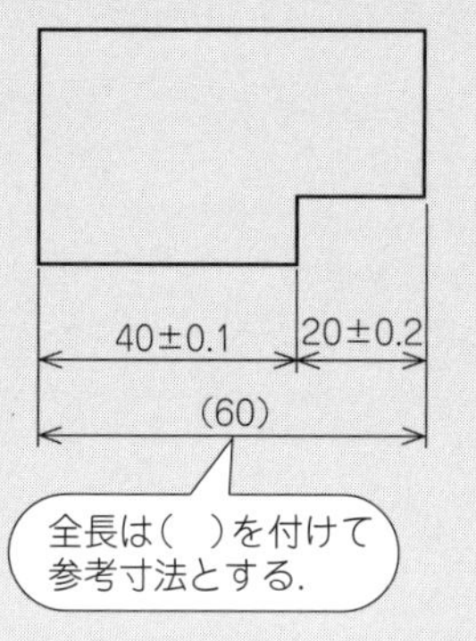

1）大きく仕上がった場合　40.1+20.2=60.3

2）小さく仕上がった場合　39.9+19.8=59.7

3）大きく仕上がった場合と
小さく仕上がった場合とでは　60.3−59.7=0.6

全長 60 mm に対して 0.6 mm の差ができる.

公差が累積してもよい場合の考え方

ⓑ 並列寸法記入法

一連の寸法で，それぞれに公差があり，他の寸法の公差に影響されないようにするためには**並列寸法記入法**を用いる．この場合，それぞれの記入寸法については，その寸法に許される公差の範囲内でのばらつきだけが許され，他の寸法の公差には影響されない．

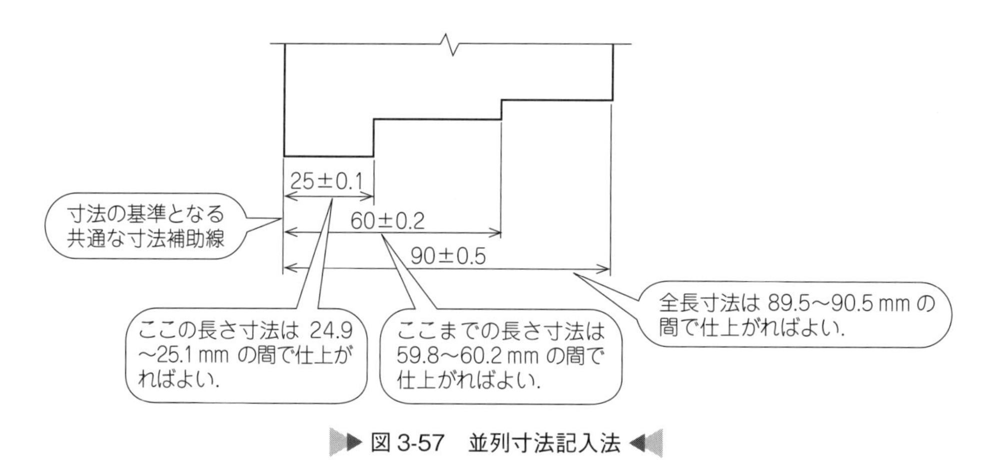

図 3-57　並列寸法記入法

ⓒ 累進寸法記入法

累進寸法記入法では，公差に関しては並列寸法記入法と同じ意味をもちながら，**1 本の連続した寸法線**で表すことができる．この場合，起点位置は**起点記号である小さな円**で示し，他端は**矢印**で示す．寸法数値は，寸法補助線に沿って並べるか，矢印の近くの寸法線の上側に沿って記入する方法がある．

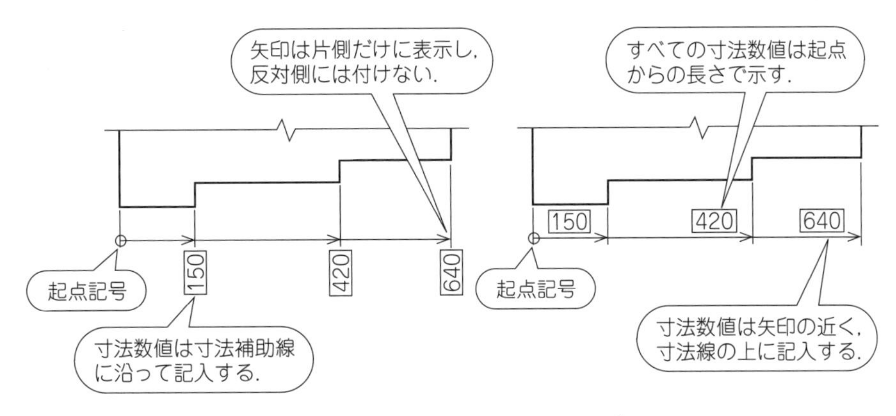

図 3-58　累進寸法記入法

座標寸法記入法

穴の位置や大きさなどの寸法表示に座標を用いて表す方法があり，これを**座標寸法記入法**と呼ぶ．この場合には座標の原点を起点とし，起点からの距離をまとめて表にする．

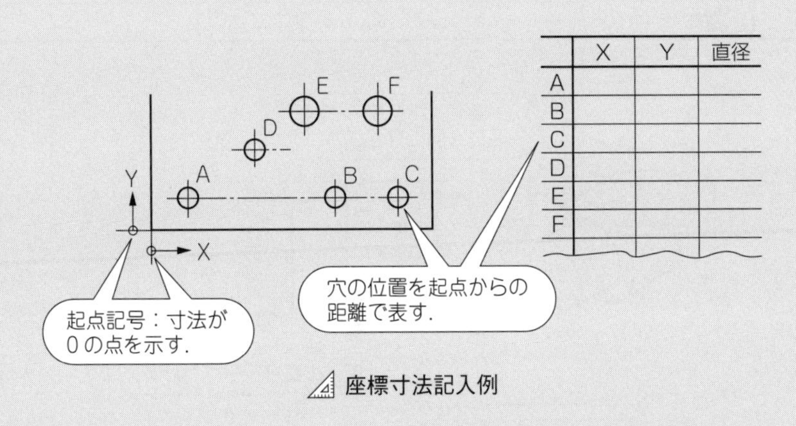

	X	Y	直径
A			
B			
C			
D			
E			
F			

座標寸法記入例

5　寸法補助記号の使い方

寸法数値と併用して，その寸法の意味を明確に示すために用いる記号を**寸法補助記号**という．

1　直径寸法の記入の仕方

断面が円形であるが，この円形を図に表さないような場合には**直径記号** ϕ を寸法数値の前に，**数字と同じ大きさ**で記入して表す．

明らかに円形である直径寸法の記入において，寸法線の両端に端末記号が付く場合には**直径記号** ϕ **は記入しないが**，引出線を用いて記入する場合には**直径記号** ϕ **を記入する**（図 3-59 参照）．

表 3-1　寸法補助記号

記　号	意　味	呼び方
ϕ	180°を超える円弧の直径または円の直径	“まる”または“ふぁい”
Sϕ	180°を超える球の円弧の直径または球の直径	“えすまる”または“えすふぁい”
□	正方形の辺	“かく”
R	半径	“あーる”
CR	コントロール半径	“しーあーる”
SR	球半径	“えすあーる”
⌒	円弧の長さ	“えんこ”
C	45°の面取り	“しー”
＾	円すい（台）状の面取り	“えんすい”
t	厚さ	“てぃー”
⊔	ざぐり 深ざぐり	“ざぐり” “ふかざぐり” 注記　ざぐりは，黒皮を少し削り取るものも含む.
∨	皿ざぐり	“さらざぐり”
↧	穴深さ	“あなふかさ”

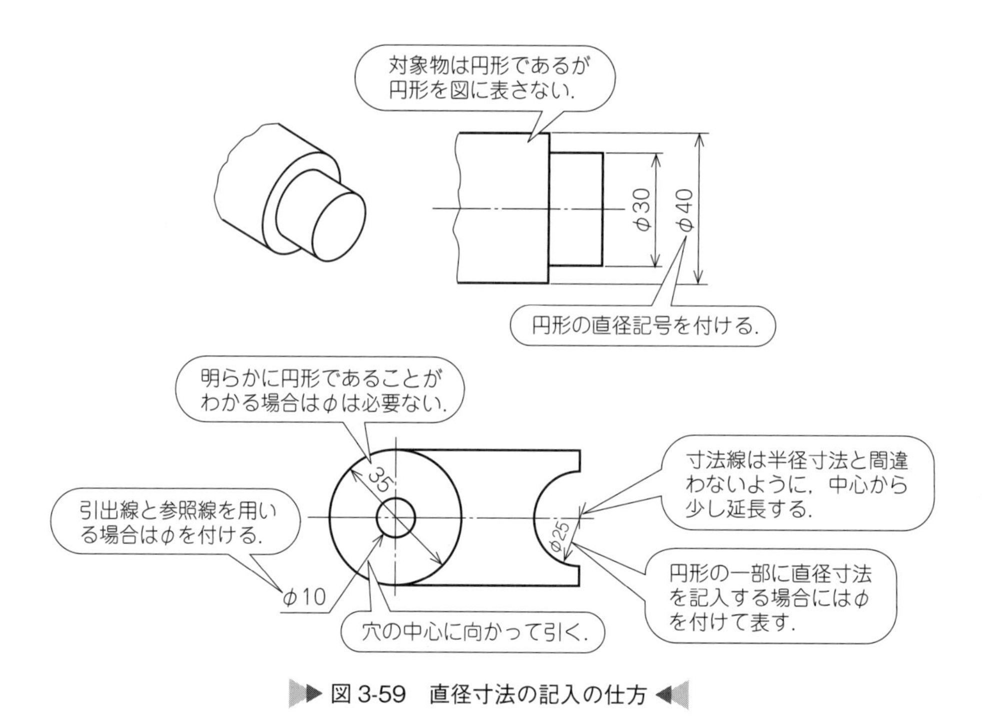

図 3-59　直径寸法の記入の仕方

円形の一部が欠けた図形で端末記号が片側のみの場合には，半径寸法と間違わないように直径記号ϕを記入する.

引出線を用いて寸法数値の後に円形になる加工方法を指示する場合には，**直径記号ϕは付けない.**

複数の異なる円筒が連続し，寸法数値を記入できないような場合には片側に寸法線を引き，矢印と直径記号ϕを付けて表す.

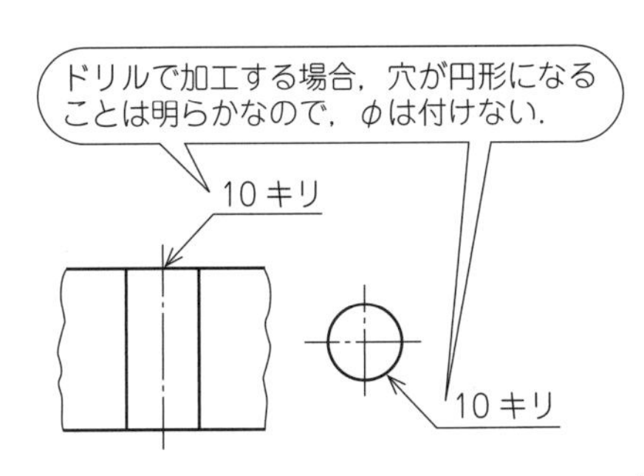

図 3-60　加工方法を指示する場合

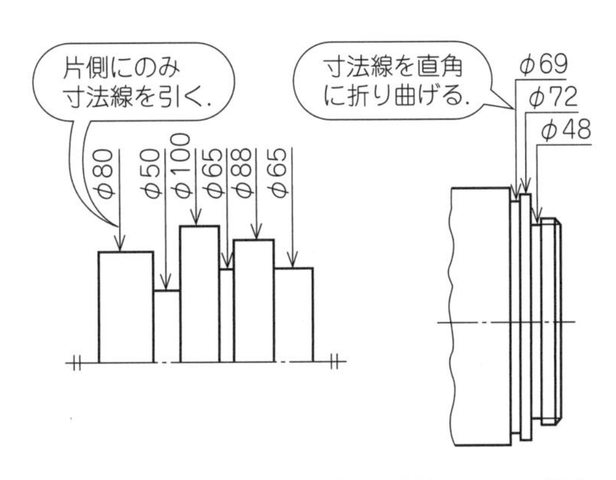

図 3-61　直径の異なる円筒が連続している場合

2　半径寸法の記入の仕方

半径寸法には**半径記号 R** を，寸法数値の前に**数値と同じ文字高さ**で記入する．ただし，半径を示す寸法線を円弧の中心まで引いた場合には**半径記号 R を省略**することができる．

円弧の半径を示す寸法線には円弧の側にだけ矢印を付け，中心側には付けない．

円弧の中心の位置を明確に示す必要がある場合には，**十字**または**黒丸**でその位置を示す．

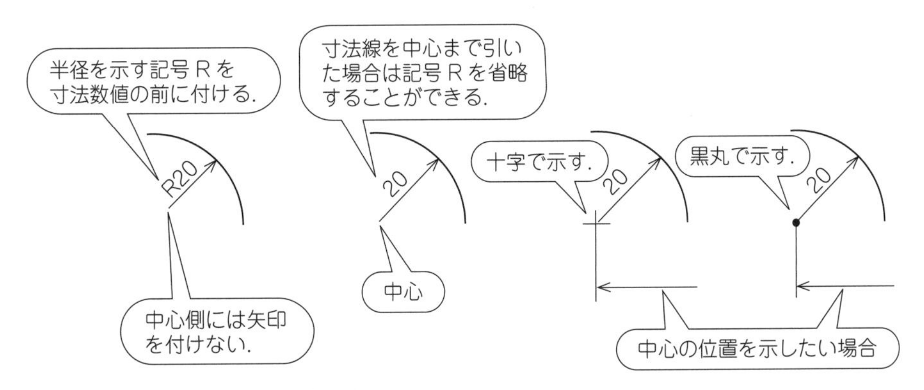

図 3-62　半径寸法の記入の仕方

円弧の半径が小さく，矢印や寸法数値を記入できない場合には以下の方法で記入する．

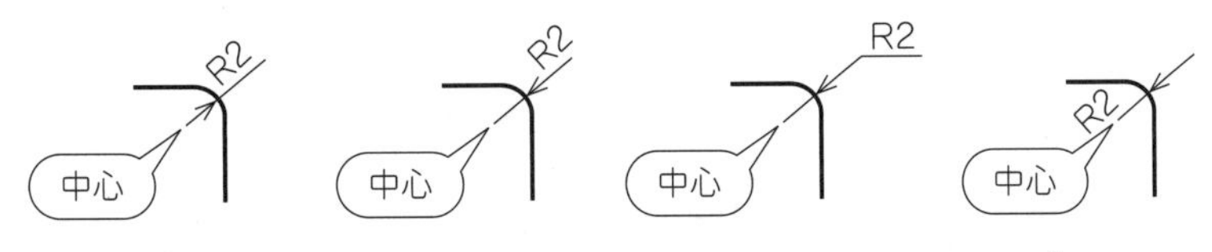

図 3-63　円弧の半径が小さい場合の記入の仕方

円弧の半径が大きく中心が遠くにあり，その中心位置を示す必要がある場合には，その半径の寸法線を折り曲げて示すことができる．この場合，**矢印側の寸法線は円弧の中心に正しく向いていなければならない．**

同一の中心をもつ半径寸法の記入では，長さ寸法の場合と同様に累進寸法記入法で表示できる．

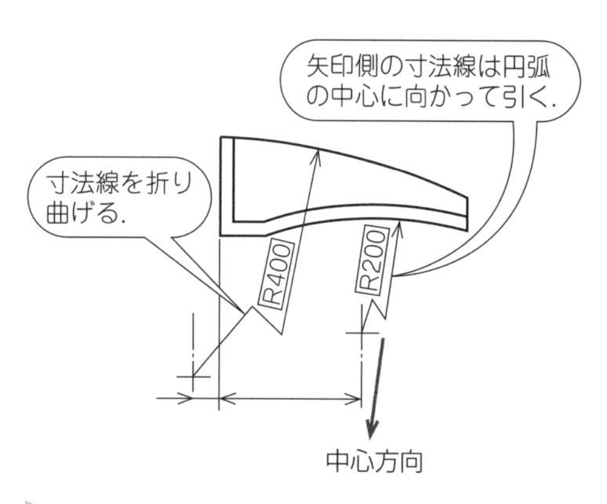

▶▶ 図 3-64　円弧の半径が大きい場合の記入の仕方 ◀◀

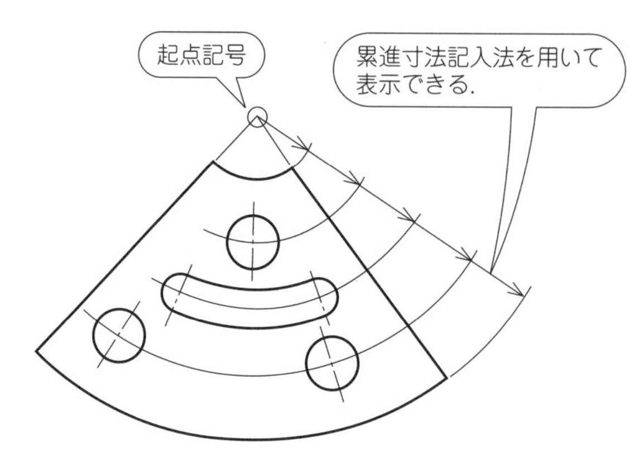

▶▶ 図 3-65　同一中心をもつ半径の記入の仕方 ◀◀

実形を示していない図形に実際の半径寸法を指示する場合には，数値の前に文字記号で**実 R** と付ける．また，展開した状態の半径を指示する場合には，数値の前に文字記号で**展開 R** と付けて表示する（図 3-66 参照）.

半径の寸法が他の寸法（幅）によって自然に決まるような場合，半径を示す矢印と**数値なしの記号(R)** で示す．ただしこの場合，数値で表しても同じ意味になる（図 3-67 参照）.

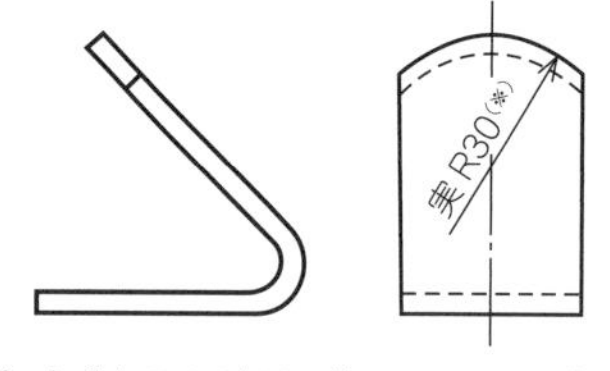

（※）"実 R30"は，"TRUE R30"と指示してもよい.

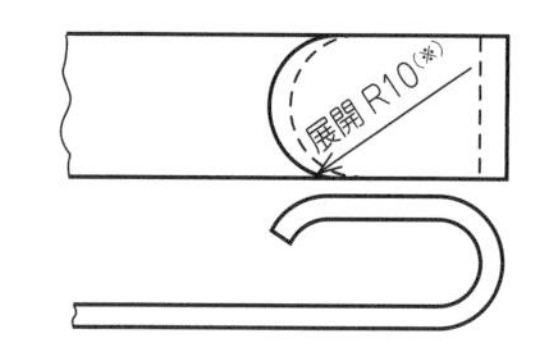

（※）"展開 R10"は，"DEVELOPED R10"と指示してもよい.

▶▶ 図 3-66　実形を示していない場合の半径寸法の記入の仕方 ◀◀

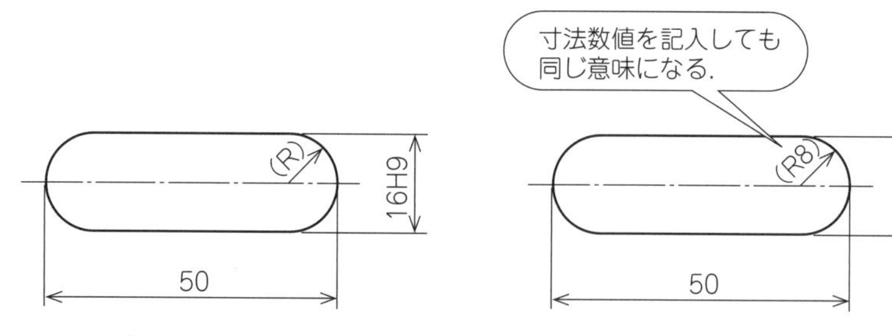

▶▶ 図 3-67　半径寸法が他の寸法によって決まる場合 ◀◀

3　コントロール半径の記入の仕方

コントロール半径とは，直線部と半径曲線部との接続部が滑らかにつながり，**最大許容半径と最小許容半径との間**（二つの曲面に接する公差域）に存在するように規制する半径のことである．角の丸み，隅の丸みなどにコントロール半径を要求する場合には，半径数値の前に**コントロール半径を表す記号 CR** を入れる.

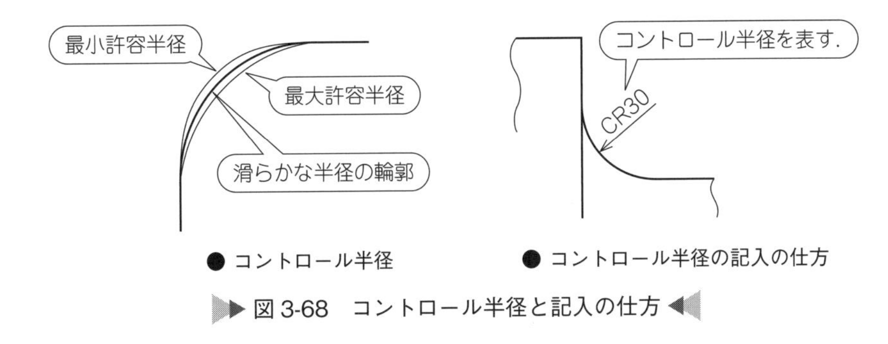

図 3-68　コントロール半径と記入の仕方

半径とコントロール半径の違い

通常の半径記号 R を使用した場合，通常許容差により大きくできても小さく仕上がってもよいとされる．そのため，工作時に直線部と半径の交わり部に段差ができたり，円弧部に普通許容差範囲内の凹凸ができても許されている．

CR で指示すると接続部の段差や表面の凹凸が規制され，接続部が滑らかな仕上りを指定できる．

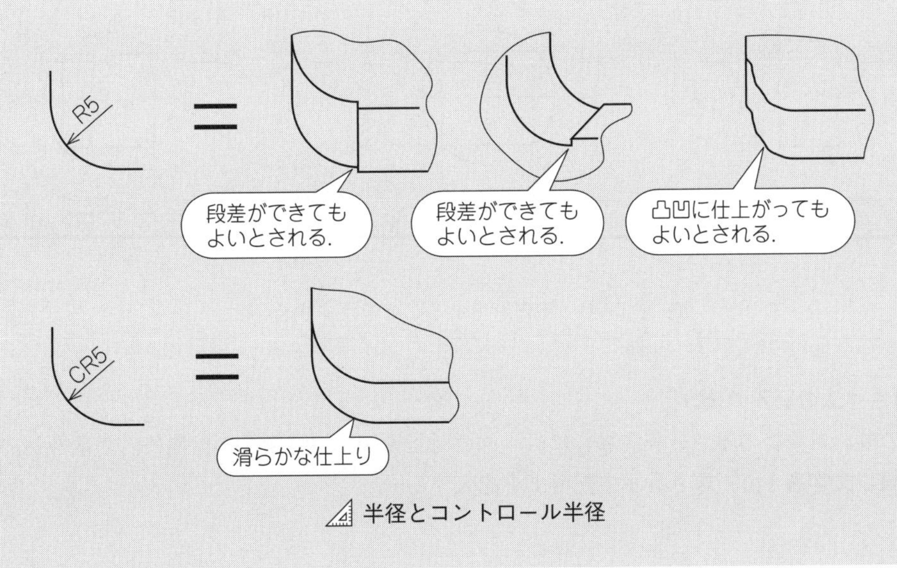

半径とコントロール半径

4　球の直径・半径の寸法記入の仕方

球の直径や半径を表す場合には，寸法数値の前に寸法数値と同じ文字高さで**球の直径記号 Sϕ**，または**球の半径記号 SR** を記入して表す．

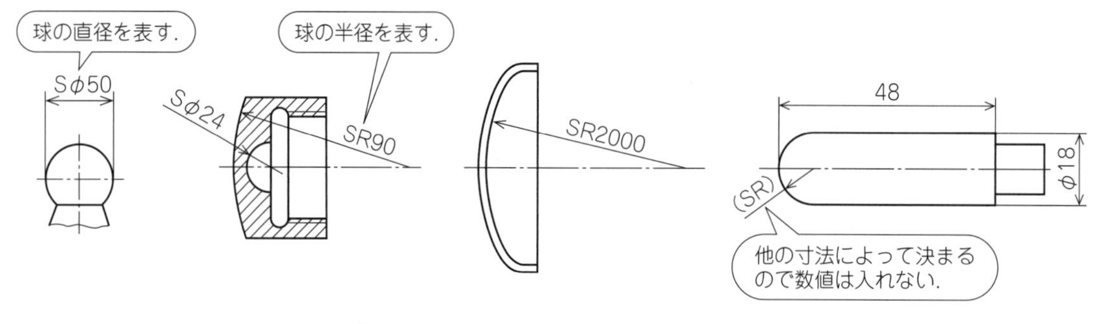

▶▶ 図 3-69　球記号の記入の仕方 ◀◀

5　正方形の辺の寸法記入の仕方

対象物の断面が正方形であり，その形を図示しない場合，その辺の長さを表す寸法数値の前に，**記号□を記入して正方形であることを示すことができる**．また，正方形の形状が表されている場合には，隣り合う2辺に同じ寸法数値を記入するか，1辺の寸法数値の前に記号□を記入する．

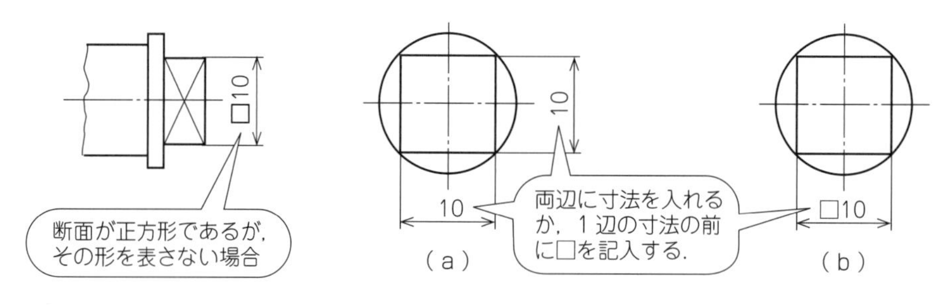

▶▶ 図 3-70　正方形であることを示す場合 ◀◀

6　厚さ寸法の記入の仕方

板などの薄い対象物の厚さを表す場合には，図の付近や図中の見やすい位置に，寸法数値の前に**寸法数値と同じ文字高さで，厚さを示す記号 t** を記入する．

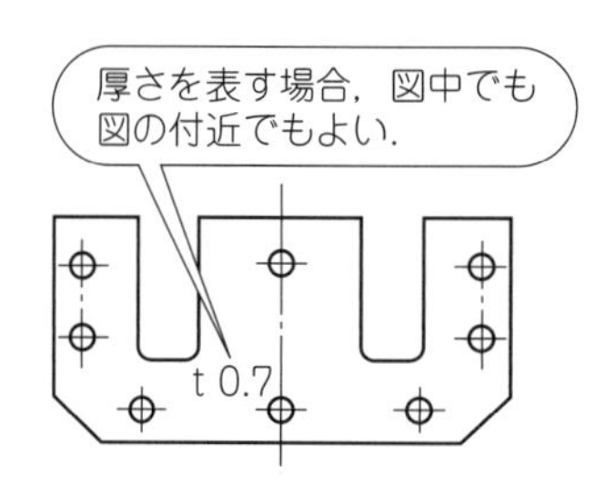

▶▶ 図 3-71　板の厚さを表す場合 ◀◀

7　穴寸法の記入の仕方

穴加工を行うにもさまざまな加工方法があるが，キリやリーマ，打ち抜き，鋳抜きなどの穴加工を指示する場合には，工具の呼び寸法または基準寸法の後に加工方法を記入する．加工方法の表記はそれぞれ簡略表示で指示できる．

表 3-2　穴加工の簡略表示

加工方法	簡略表示	簡略表示（加工方法記号）[a]
鋳放し	イヌキ	−
プレス抜き	打ヌキ	PPB
きりもみ	キリ	D
リーマ仕上げ	リーマ	DR

注　a）はJIS B 0122による記号.

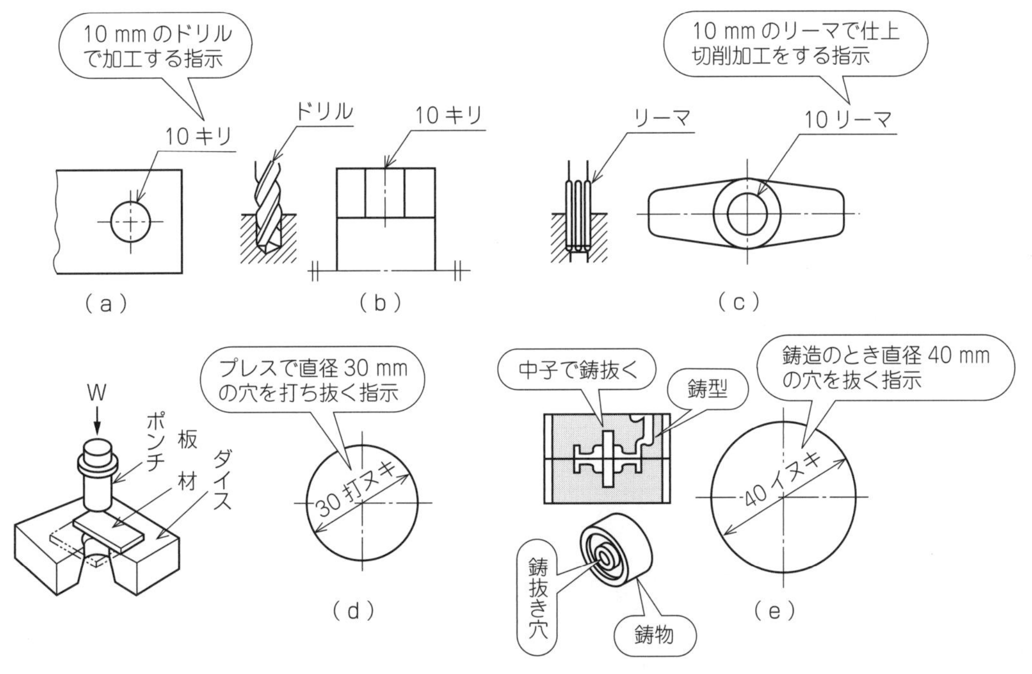

出典　小町弘：絵とき機械図面のよみ方・かき方，オーム社（1991）

図 3-72　穴の寸法の表し方

穴が等間隔で連続して並んでいるような場合の寸法表示では，穴から**引出線**を引き，参照線の上側にその総数を示す**数字の後に×**を入れ，穴の寸法を記入する．

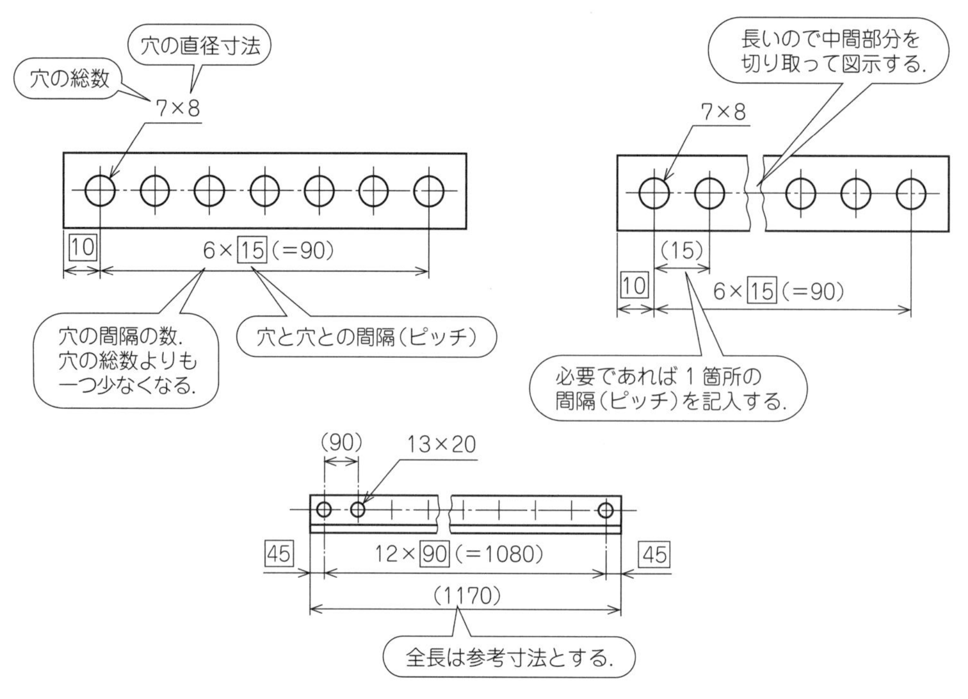

図 3-73　連続する穴の寸法記入の仕方

穴の深さを指示する場合は，引出線を用いて穴の直径を示す寸法の後に**穴の深さを示す記号**↧を記入し，その後に**深さの数値**を記入する．この場合，ドリル先端の円すい部，リーマ先端の面取り部などは含まない数値で記入する．また，貫通している穴では深さは記入しない．

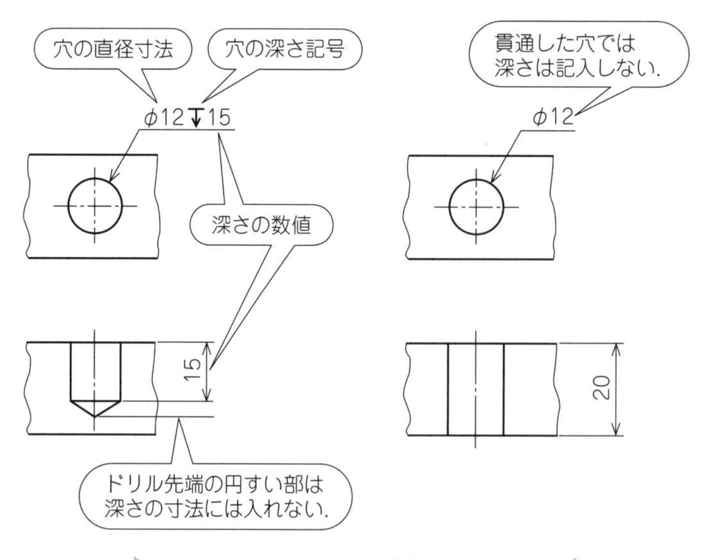

図 3-74　穴の深さの寸法記入の仕方

ざぐりは，ざぐりの直径を示す寸法の前に**ざぐりを示す記号⌴**を記入し，その後に**ざぐりの数値**を記入する．黒皮などの表面を削り取る程度の場合でも，深さを指示する．この場合（ざぐり深さが浅いとき）には，そのざぐり形状の図示は省略してもよい．

ボルトの頭を沈めるための**深ざぐり**も，ざぐりの直径を示す寸法の前に**深ざぐり深さを示す記号⌴**を記入し，続けてその数値を記入する．ざぐりの底面の位置を他の面からの寸法で指示する必要があるときは，寸法線を用いて示す．

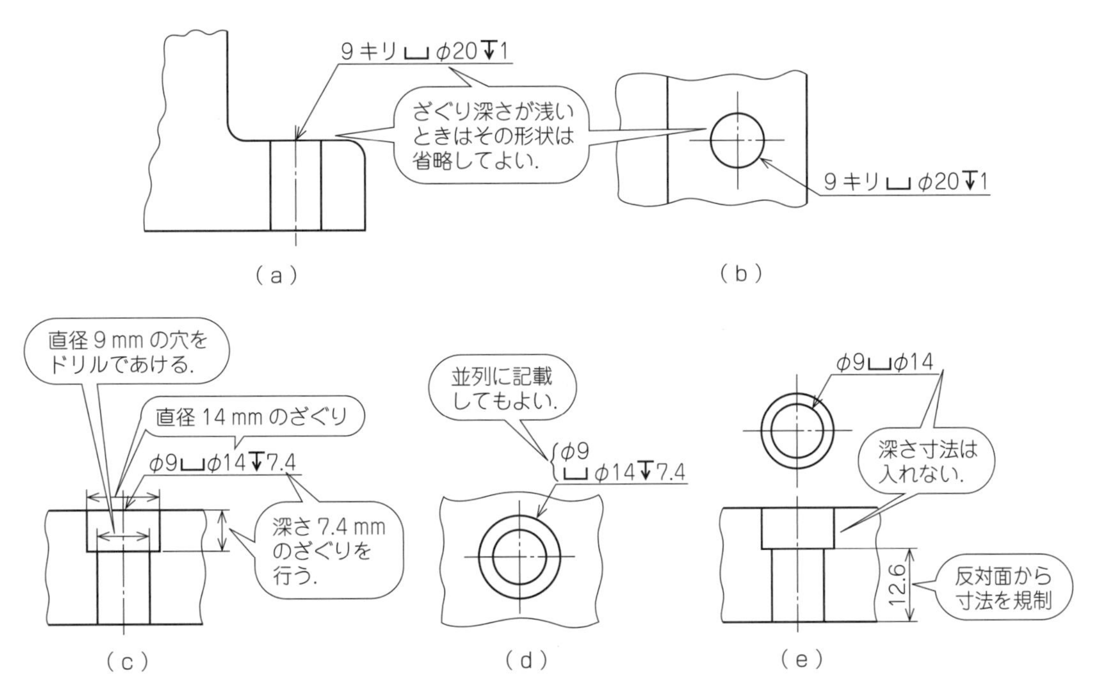

注記　穴とざぐり穴とを，直列［(c)］または並列［(d)］に記載することが可能である．

図3-75　ざぐりの寸法記入の仕方

皿ざぐり穴は，皿穴の直径を示す寸法の後に**皿ざぐり穴を示す記号⌵**を記入し，その後に**皿ざぐり穴の入り口の直径の数値**を記入する．皿ざぐり穴の深さを規制する場合は，**皿ざぐり穴の開き角と深さの数値**を記入する．

皿ざぐり穴が円形形状で描かれている図に皿ざぐり穴を指示する場合には，内側または外側の円形形状から引出線を引き出し，参照線の上に皿ざぐり穴を示す記号⌵の後に，**皿穴の入り口の直径の数値**を記入する（図3-76参照）．

長円の穴では，端部のRと幅寸法の関係を機能または加工方法によって指示する（図3-77参照）．

傾斜した面や曲がった面などの穴加工を指示する場合や，加工する刃物の送り量で示したい場合には，穴の**中心線上の深さ**で指示する．それができない場合や，残す材料部分の寸法が必要な場合には，寸法線を用いて指示する（図3-78参照）．

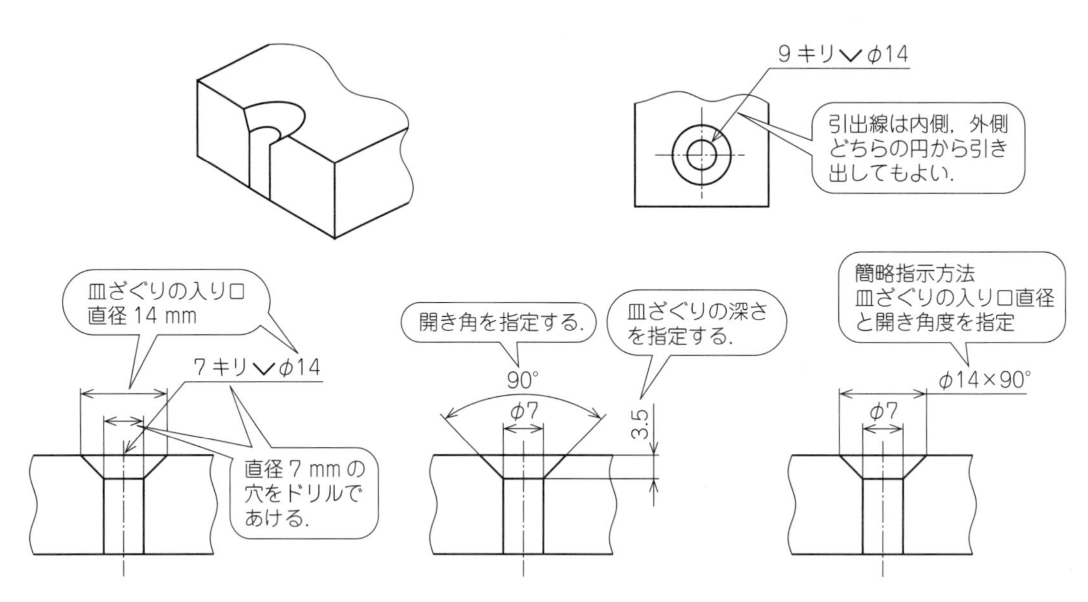

▶ 図3-76　皿ざぐりの寸法記入の仕方 ◀

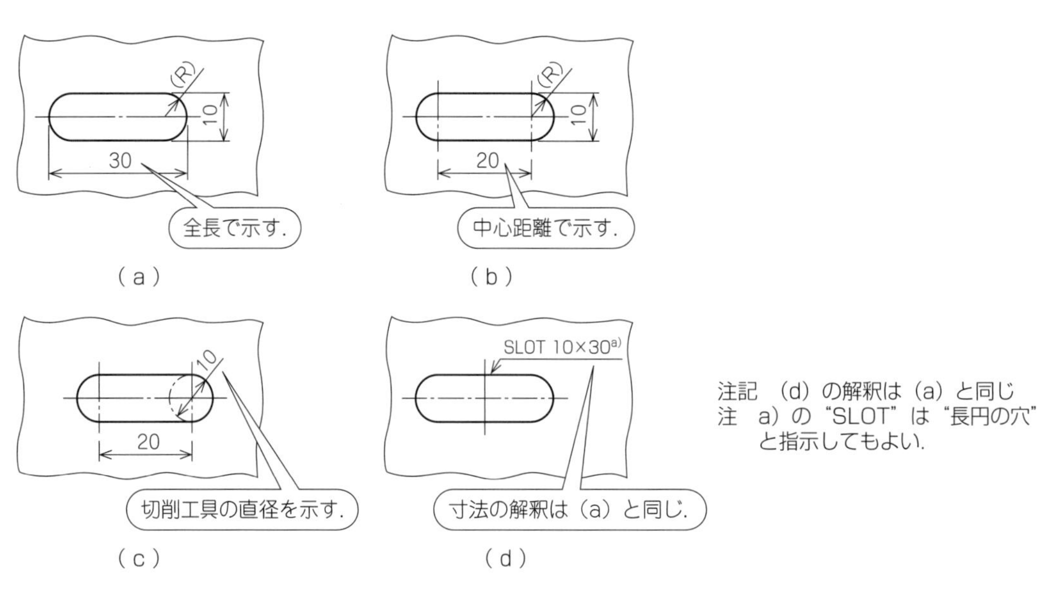

▶ 図3-77　長円の穴の寸法記入の仕方 ◀

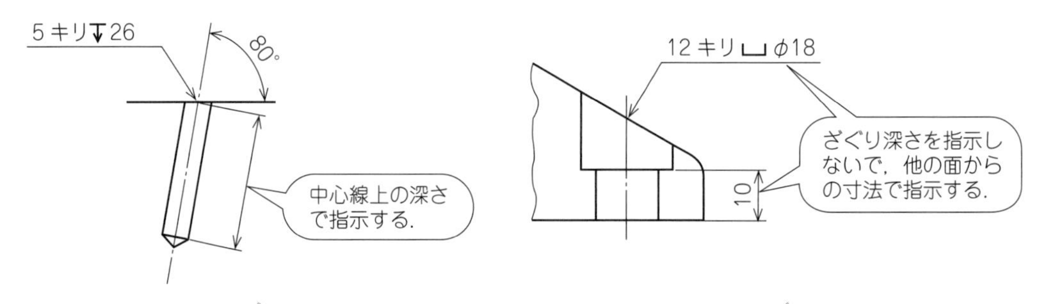

▶ 図3-78　傾斜した穴の深さ寸法の記入の仕方 ◀

6　特殊な形状の寸法記入の仕方

1　曲線寸法の記入の仕方

円弧で構成された曲線では，円弧の半径とその中心または円弧の接線の位置で示す．また，円弧で構成されない曲線の場合には，曲線上の任意の点の座標寸法で指示する．

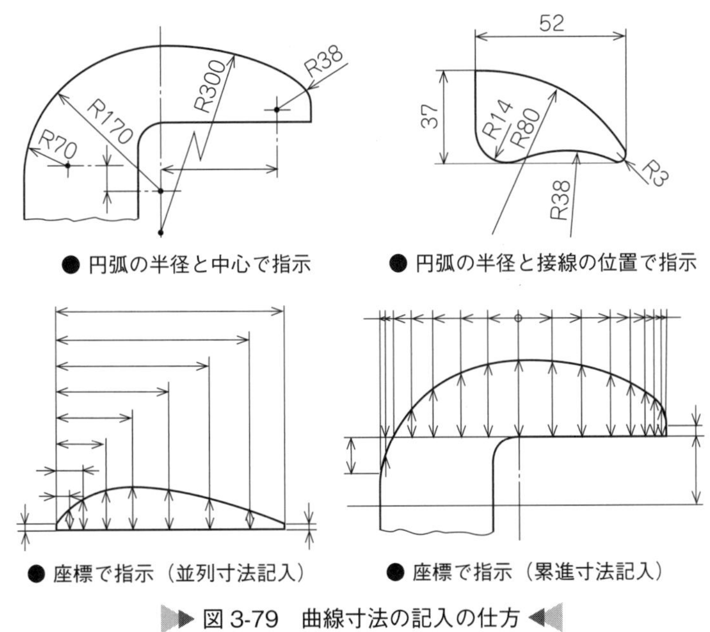

図 3-79　曲線寸法の記入の仕方

2　弦・円弧の長さ寸法の記入の仕方

弦の長さは，弧の2点間を結んだ弦に対して直角に寸法補助線を引き，弦に平行な寸法線を用いて示す．

円弧の長さは，寸法補助線を弦に対して直角に引き，その**円弧と同心の円弧**を寸法線として引き，寸法数値の前または上に**円弧の長さを表す記号**⌒を記入する．

円弧の角度を記入するには，構成する2辺またはその延長上の交点を中心として，その間に描いた円弧を寸法線として表す．

円弧の角度が大きい場合や，連続して円弧の寸法を記入するような場合は，円弧の中心から放射状に引いた寸法補助線に寸法線をあてて指示する．

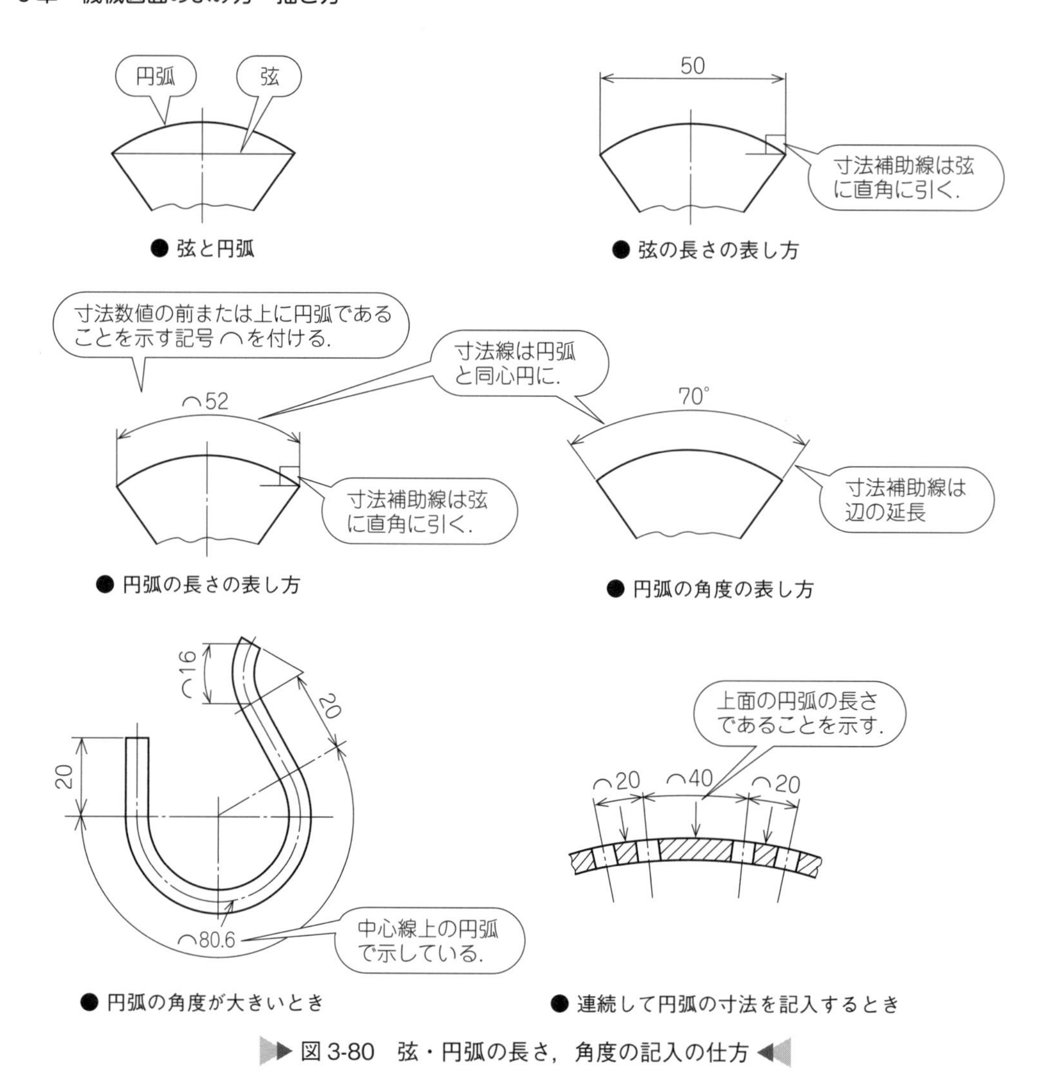

図 3-80　弦・円弧の長さ，角度の記入の仕方

円弧が**180°までは半径寸法**で表し，**180°を超える場合は直径で表す**．ただし，180°以内であっても必要なものに対しては，直径寸法を記入することができる．

図 3-81　円弧部の寸法表示の仕方

3　面取り・テーパ・勾配の寸法記入の仕方

ⓐ 面取り寸法記入の仕方

面取りとは，二平面の交わり部の角を削り取るものである．面取りには，**寸法数値およびその角度**で寸法を表示する方法と，**二方向の寸法数値**で表示する方法がある．

一般には45°の面取りが多く用いられている．45°面取りの場合，面取りの**寸法数値×45°**と記入する方法と，**面取り記号C**を寸法数値の前に同じ文字高さで表す方法とがある．

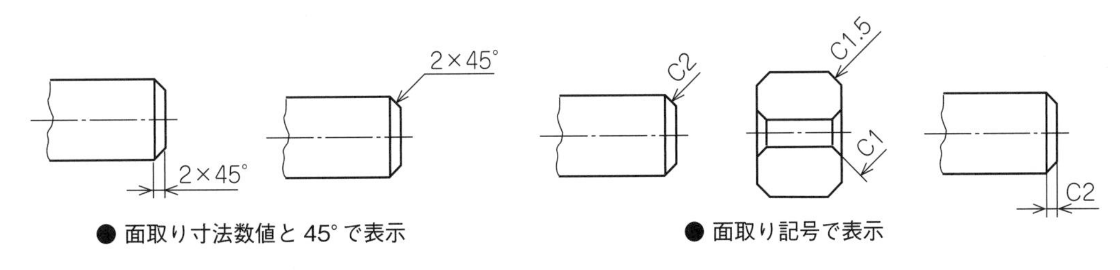

図 3-82　面取り寸法の表示の仕方

ⓑ テーパ寸法記入の仕方

テーパを指示するにはテーパ部分から**引出線**を引き，中心線と平行に引いた参照線の上にテーパの向きを示す図記号および**テーパ比**を記入する．この場合，テーパの向きを示す必要があれば，図記号をテーパの向きと一致させて描く．図記号は参照線上または上側に配置する．

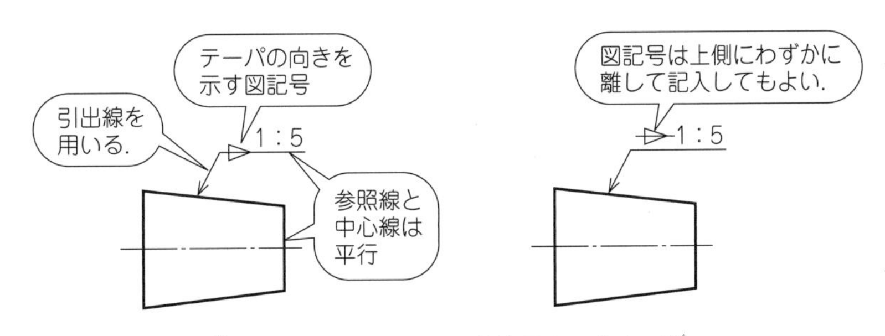

図 3-83　テーパの寸法記入の仕方

ⓒ 勾配寸法記入の仕方

勾配は，直線または面がある基準に対して傾斜する度合いをいう．勾配を表すには，勾配部分から**引出線**を引き，水平に引いた参照線の上に勾配の向きを示す図記号および**勾配比**を記入する．この場合，勾配の向きを示す必要があれば，勾配の向きを示す図記号を勾配の方向と一致させて描く．図記号は参照線上または上側に配置する．

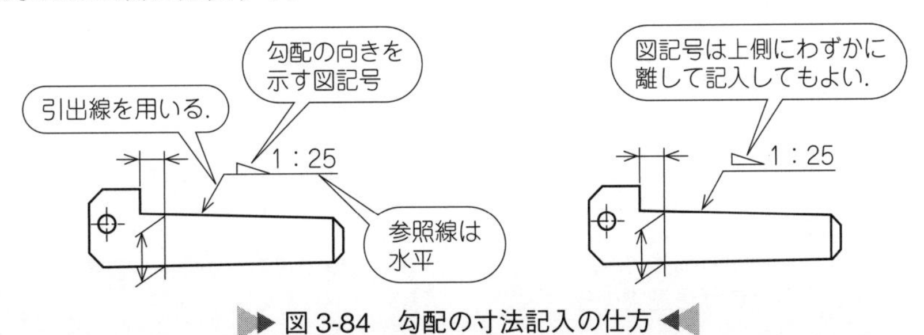

図 3-84　勾配の寸法記入の仕方

4　キー溝の寸法記入の仕方

キー溝の部分は**上側に向けて**描き，幅，深さ，長さ，位置および端部の寸法を記入する．

キー溝の深さを記入する場合，実測しやすいように**キー溝と反対側の軸径面からキー溝の底までの寸法**で表示する．加工方法によって切込み深さを記入する場合には，加工する前の軸径面からキー溝の底までの寸法を記入する．

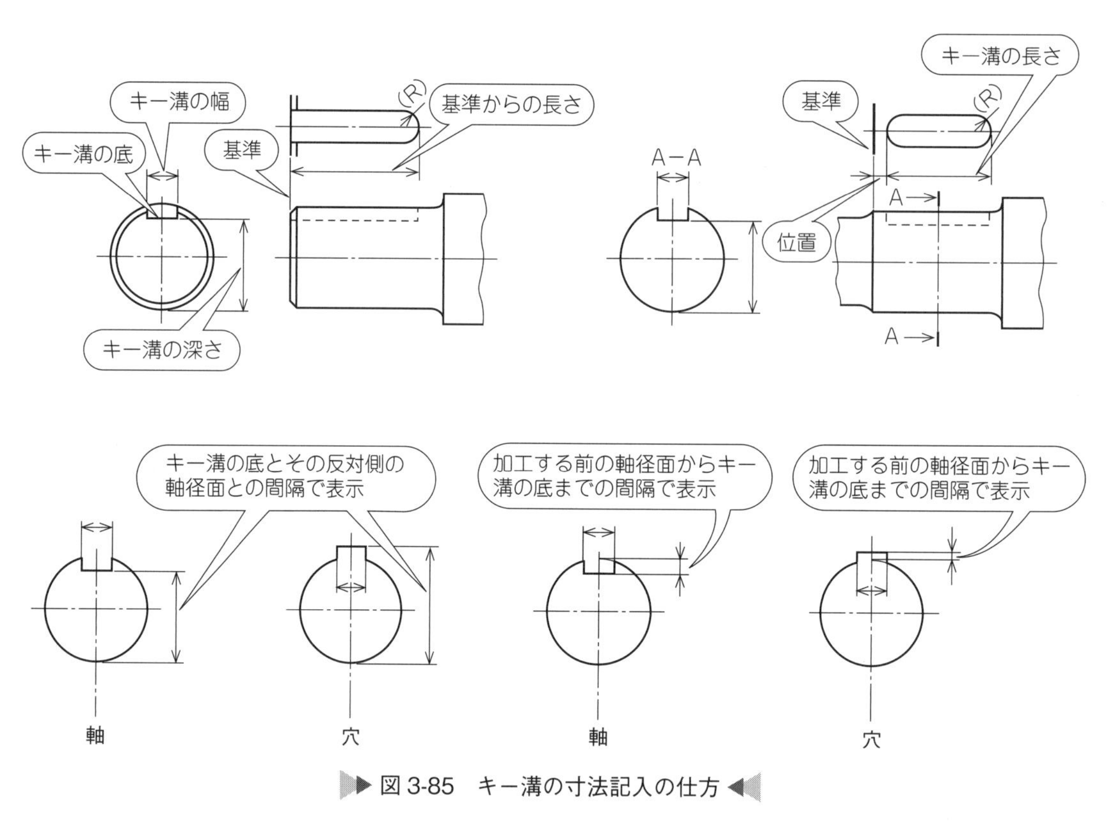

図 3-85　キー溝の寸法記入の仕方

キー溝をフライスなどで切削加工する場合は，基準の位置から工具の中心までの距離と工具の直径を記入する．

勾配キーを用いる場合のキー溝では，深さはキー溝の深い側を記入する．

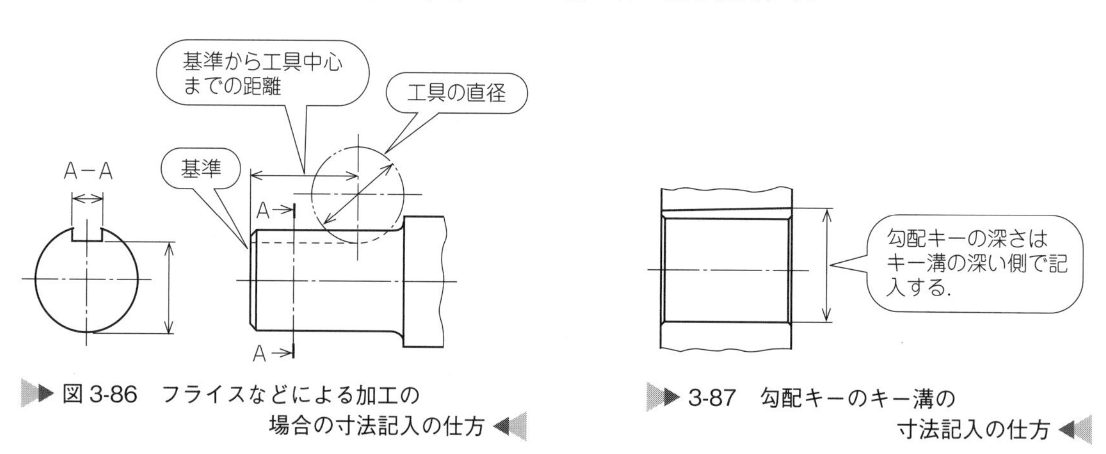

図 3-86　フライスなどによる加工の場合の寸法記入の仕方

3-87　勾配キーのキー溝の寸法記入の仕方

5　薄肉部寸法の記入の仕方

薄板部品の断面を極太線で描いた図形では，板の外側の寸法か内側の寸法かを明確にする必要がある．この場合には，断面を表す極太線に沿って寸法を指示する側に**細く短い実線**を引き，端末記号を用いて寸法線や寸法補助線を引き出す．この場合の寸法は，細い実線を沿わせた側の面の寸法を表す．

6　徐変寸法の記入の仕方

寸法が徐々に変化するような図形の寸法記入では，徐変の始まる点の寸法と途中の必要な箇所の寸法，徐変が終わる点の寸法を記入する．この場合，端末記号，引出線を用いて参照線の上に**徐変する寸法**または“GRADUALLY-CHANGED DIMENSION”と記入する．

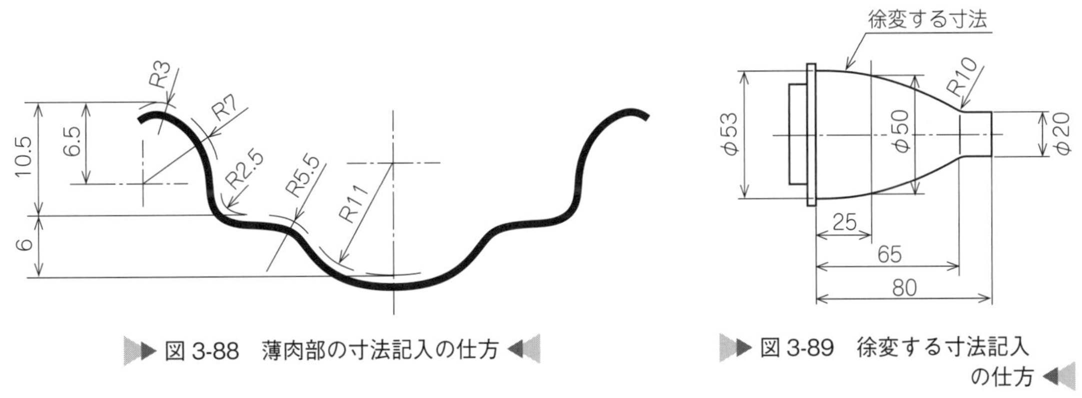

図 3-88　薄肉部の寸法記入の仕方

図 3-89　徐変する寸法記入の仕方

7　非比例寸法の記入の仕方

図形の一部がその寸法数値に比例しない場合には，寸法数値の下に**太い実線**を引き，寸法と図形が比例しないことを示す（図 3-90 参照）．

8　鋼構造物の寸法の記入法

形鋼，**丸鋼**，**鋼管**，**角鋼**，**平鋼**などの寸法記入では，図形に沿って記入する．長さの寸法は必要がなければ省略してもよい．なお，**不等辺山形鋼**などで，辺の位置をはっきりさせるためには図に表れている辺の寸法を記入する．

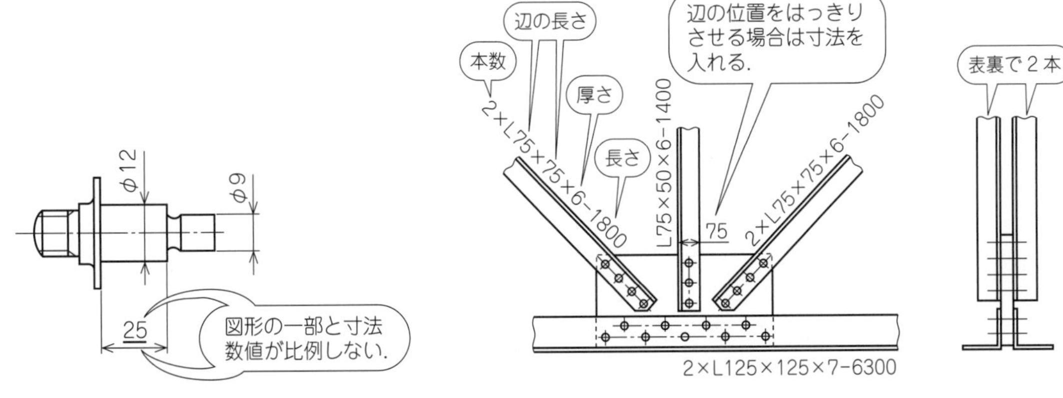

図 3-90　寸法と図形が比例しない場合の寸法記入の仕方

図 3-91　鋼材の寸法表示の仕方

7　寸法記入における一般的注意事項

これまで述べてきた寸法記入のほかにも，実際に図面を描くうえで必要な注意事項がある．

① 寸法はなるべく主投影図に集中して記入し，主投影図と他の投影図がある場合には，関連する**寸法は両図形の間**に配置する．また，各工程で必要な寸法は**工程別に分けて記入**するのがよい．

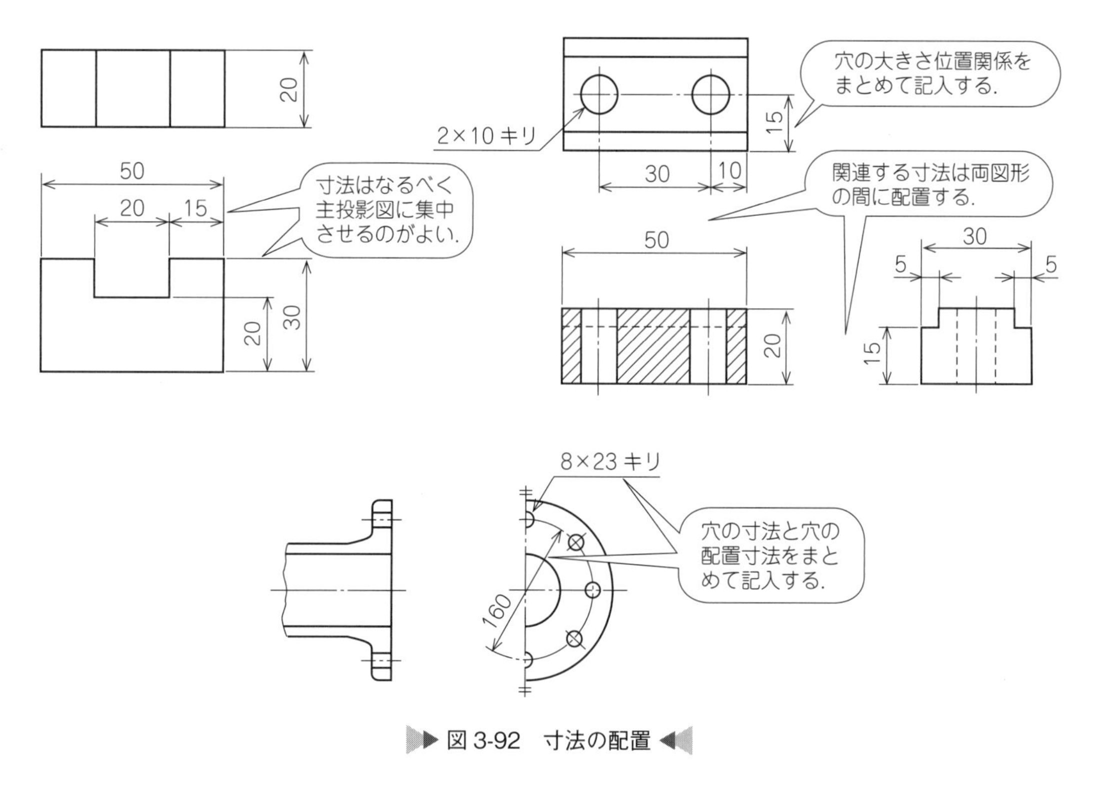

▶▶ 図 3-92　寸法の配置 ◀◀

② 対称図形における寸法表示では，寸法線は**対称中心線や中心線を越えるまで延長**し，端部には矢印を付けない．ただし，読み誤りがないような場合には，寸法線は中心線を越えなくてもよい．

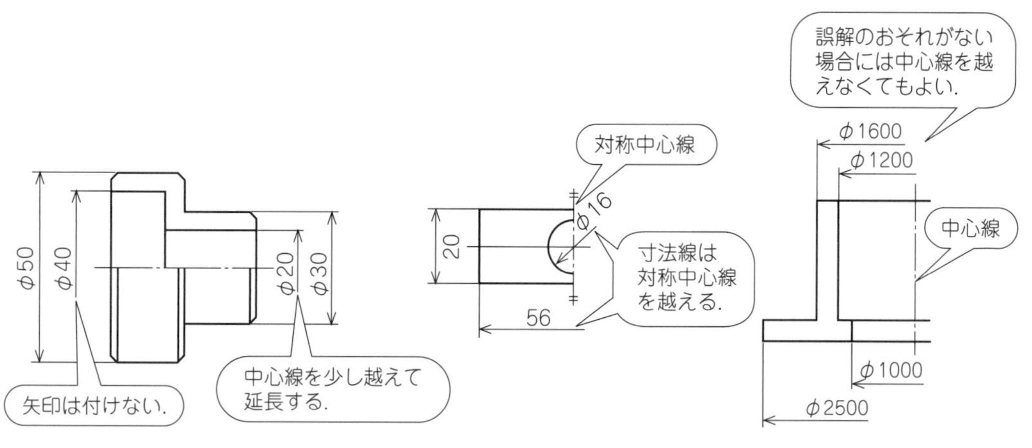

▶▶ 図 3-93　対称図形の場合の寸法記入の仕方 ◀◀

③ 加工や組立に必要な基準となる箇所がある場合には，基準からの寸法を記入する．必要がある場合には基準を明記する．

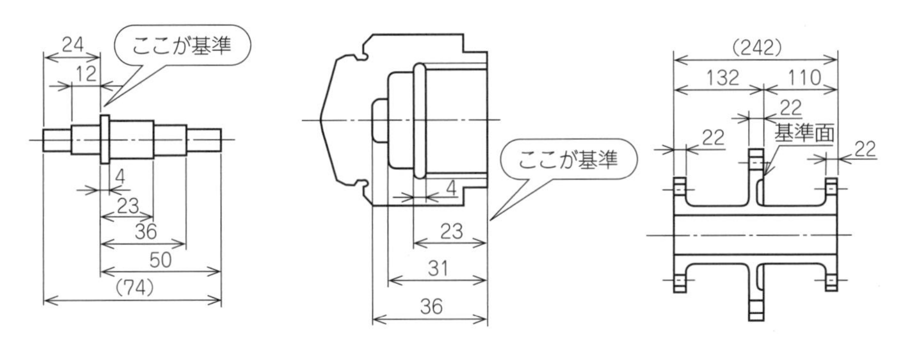

▶▶ 図 3-94 基準からの寸法記入の仕方 ◀◀

④ 異なった投影図に同じ箇所の寸法を**重複記入することは避ける**．ただし，**重複寸法**を記入したほうが理解しやすい場合には，寸法を重複記入してもよい．この場合は重複するいくつかの**寸法数値の前に黒丸**を付け，重複寸法を意味する記号について図面に注記する．

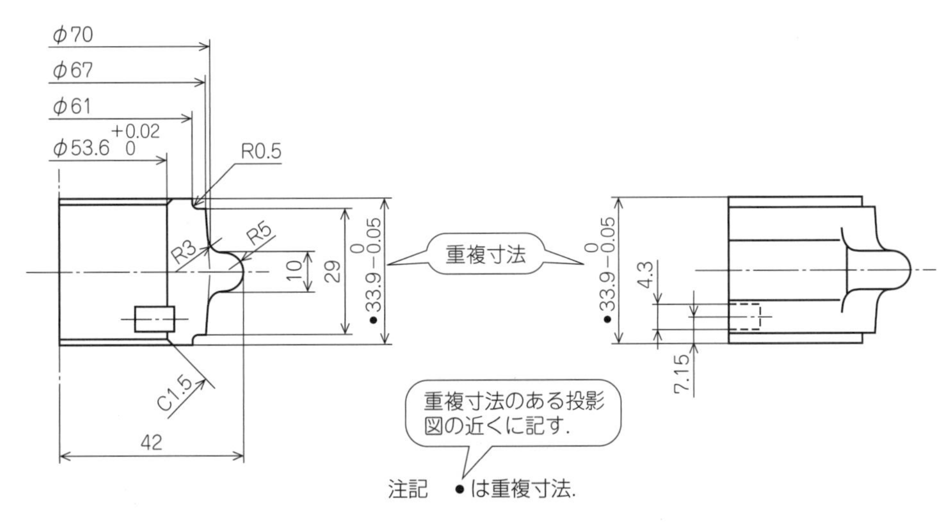

▶▶ 図 3-95 重複寸法の記入の仕方 ◀◀

3-4 表面粗さ

機械部品の表面は，鋳肌のままや切削加工，研削加工など，用途に応じてさまざまな加工が施される．削り取って加工することを**除去加工**という．表面を表面粗さ測定機で測定し，フィルタ処理によって，加工表面から形状偏差やうねり成分を除去したものを**粗さ曲線**という．この粗さ曲線に基づいて算出された微細な凹凸を**表面粗さ**と呼ぶ．また，加工の方向によって筋目模様がつくが，これを**筋目方向**という．これらの状態を図面に示す方法として，面の指示記号に表面粗さなどを付加した**表面性状の図示方法**がある．

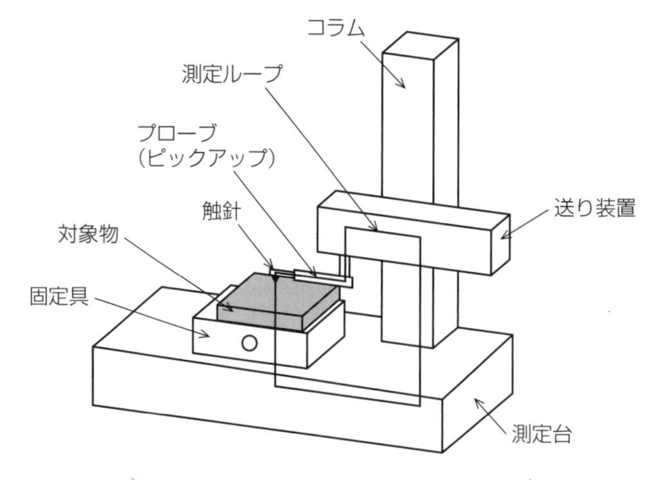

図 3-96　触針式表面粗さ測定機

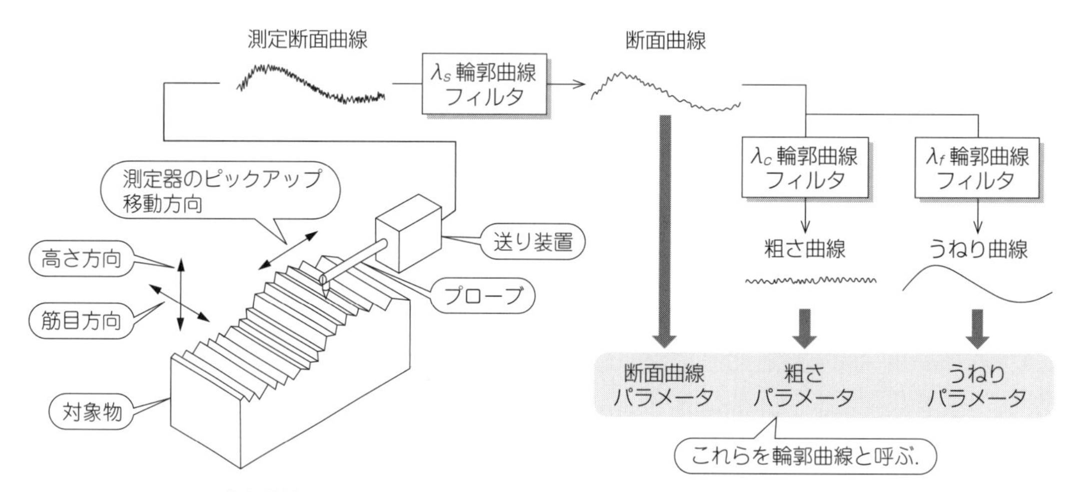

λ_s 輪郭曲線フィルタ：粗さ成分とそれよりも短い波長成分との境界を定義するフィルタ.

λ_c 輪郭曲線フィルタ：粗さ成分とうねり成分との境界を定義するフィルタ.

λ_f 輪郭曲線フィルタ：うねり成分とそれよりも長い波長成分との境界を定義するフィルタ.

図 3-97　表面粗さの測定

1　粗さのパラメータと記号

粗さのパラメータを求める際のもととなる曲線を**粗さ曲線**という．この粗さ曲線は測定断面曲線から所定の波長より長い表面うねり成分をフィルタで除去した曲線である．

表面の状態を表すパラメータには，凹凸の表面の高さ方向の情報を指示する**粗さのパラメータ**，**凹凸の平均間隔 *Sm***，**局部山頂の平均間隔 *S***，および**負荷長さ率 *tp*** がある．

粗さのパラメータには，**算術平均粗さ *Ra***，**最大高さ粗さ *Rz*** が規定されている．

ⓐ 算術平均粗さ Ra

粗さ曲線の抜き取り部分の平均線の下側に現れる部分を，平均線で折り返して得られる面積を，基準長さ l で除した値．

$$Ra = \frac{1}{l}\int_0^l |Z(x)|\,dx$$

算術平均粗さは，数値は小さく平均化されるため，大きな傷があっても測定値に及ぼす影響が少なく，安定した結果が得られる．

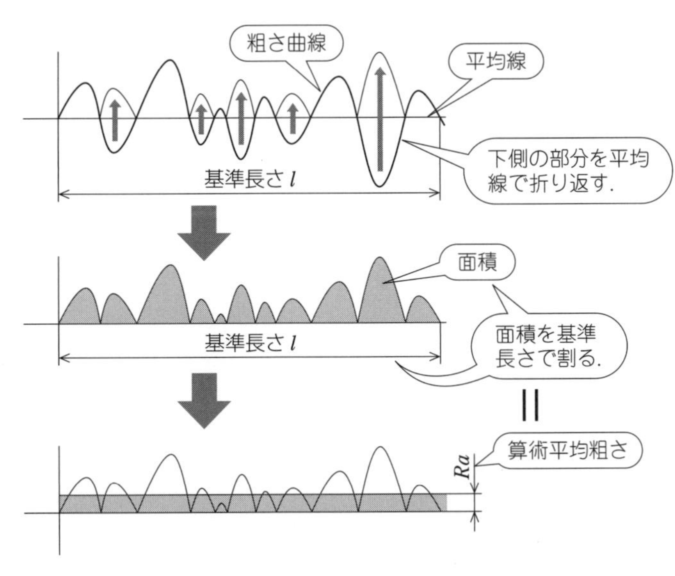

図 3-98　算術平均粗さ Ra の求め方

ⓑ 最大高さ粗さ Rz

粗さ曲線の抜き取り部分の山頂線と谷底線との間隔を，粗さ曲線の縦倍率の方向に測定し，基準長さにおける山高さの最大値と谷深さの最大値の和の値．

単位はマイクロメートル（μm）で表す．

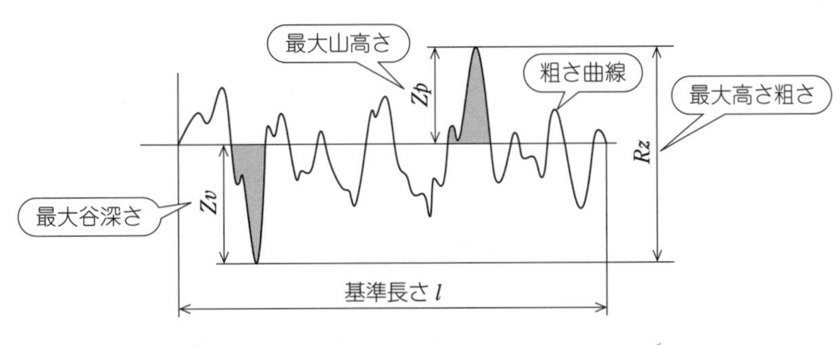

図 3-99　最大高さ粗さ Rz の求め方

十点平均粗さ Rz_{JIS}

表面粗さの規格では，平均算術粗さ（Ra），最大高さ粗さ（Rz）のほかに十点平均粗さ（Rz_{JIS}）のパラメータが定義されており，日本ではよく使われていたが廃止され，現在のJIS（2022年現在）では付属書に参考として記載されているのみである．

十点平均粗さは，カットオフ値 λ_c および λ_s の位相補償帯域通過フィルタを適用して得た基準長さの粗さ曲線における最も高い山頂（Z_{p1}）から5番目（Z_{p5}）までの山頂高さの平均値，および最も低い谷底（Z_{v1}）から5番目（Z_{v5}）までの谷底深さの平均値の和．単位はマイクロメートル（μm）で表す．

$$Rz_{\mathrm{JIS}} = \frac{|Z_{p1}+Z_{p2}+Z_{p3}+Z_{p4}+Z_{p5}|+|Z_{v1}+Z_{v2}+Z_{v3}+Z_{v4}+Z_{v5}|}{5}$$

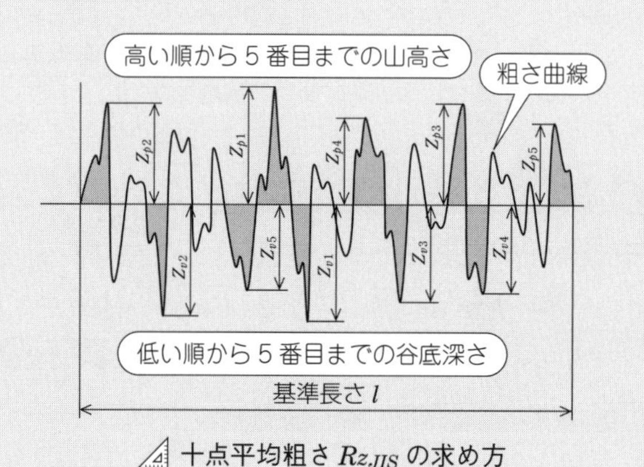

十点平均粗さ Rz_{JIS} の求め方

2　表面性状の図示の仕方

1　表面性状の図示記号

表面性状を指示するための**基本図示記号**は60°に開いた長さの異なる2本の直線（長いほうは短いほうの約2倍）を，指示する対象面を表す線の外側から接して表示する．

面に除去加工をするような場合には，記号の短いほうの脚に横線を引いて示す．また，面に除去加工をしない（してはならない）場合には，**記号に内接する円を付加**して示す．この場合，除去加工やほかの方法ですでに得られた前加工の状態をそのまま残すことを指示するために用いてもよい．

表面性状を指示するための基本図示記号

除去加工をする場合の図示記号

除去加工をしない場合の図示記号

図3-100　表面性状の基本図示記号

表面性状の要求事項を指示する場合には，基本図示記号の長いほうの斜線に直線を引く．

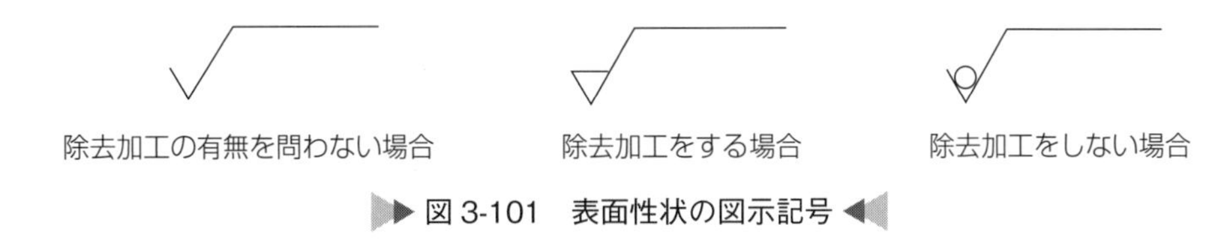

▶ 図 3-101　表面性状の図示記号 ◀

閉じた外形線一周の全表面に同一の表面性状を要求する場合，図示記号に**丸記号**を付けて表すことができる．

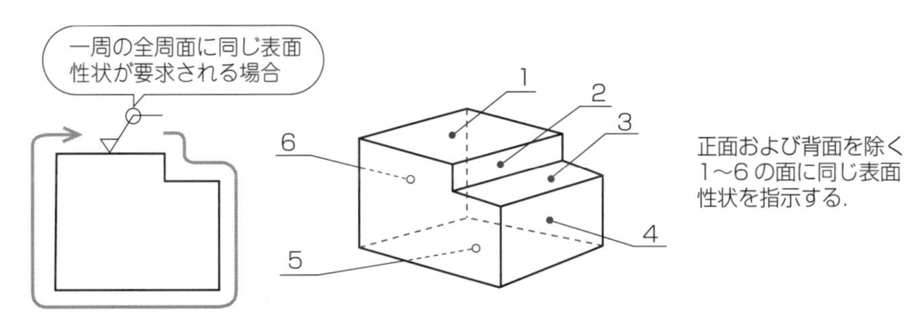

▶ 図 3-102　外形線によって表された全周面に適用する場合 ◀

2　表面性状の図示の仕方

ⓐ 表面性状の要求事項の指示方法

対象とする面に対して，**表面性状パラメータ**とその値のほかに，必要に応じてフィルタの**通過帯域**または**基準長さ**，**加工法**，**加工による筋目とその方向**，**削り代**(しろ)などを指示する．

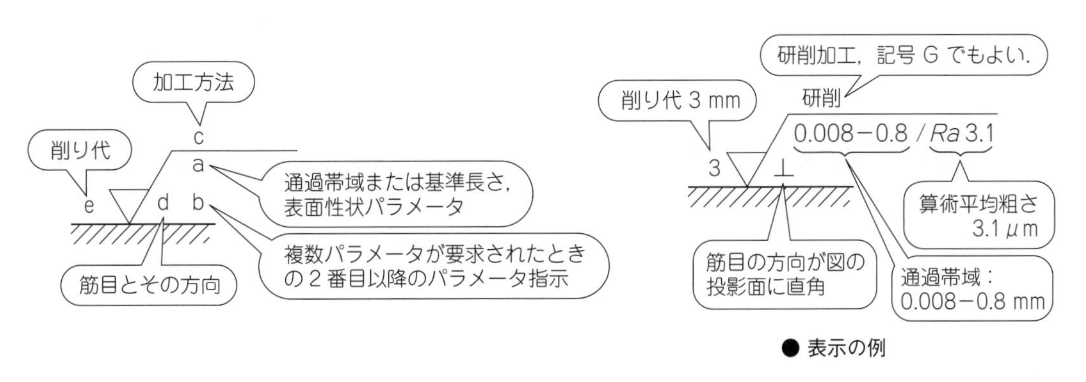

▶ 図 3-103　表面性状の指示方法 ◀

ⓑ 表面性状パラメータの指示

表面性状の要求事項を指示する場合には，表面性状パラメータ記号とその値および通過帯域または基準長さを図 3-103 の a の位置に指示する．

2 番目の表面性状の要求事項がある場合には，図 3-103 の b の位置に指示する．

ⓒ 加工方法の指示

対象面に旋削，研削やめっきなど加工を施す場合や，表面処理，塗装または加工プロセスに必要な事項は図 3-103 の c の位置に指示する．

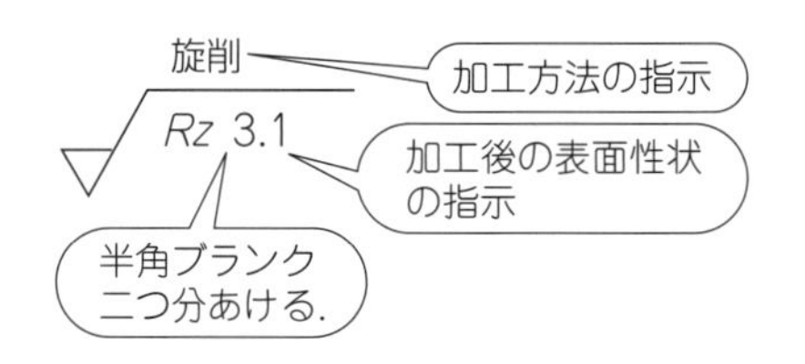

図 3-104　加工に関する事項の指示

文書表現による「表面性状」指示

報告書や契約書に用いる場合には文書表現を用いることができる．その場合には，

1. 除去加工の有無を問わない場合：APA（Any Process Allowed）
2. 除去加工をする場合　：MRR（Material Removal Required）
3. 除去加工をしない場合　：NMR（No Material Removed）

を使用して指示する．

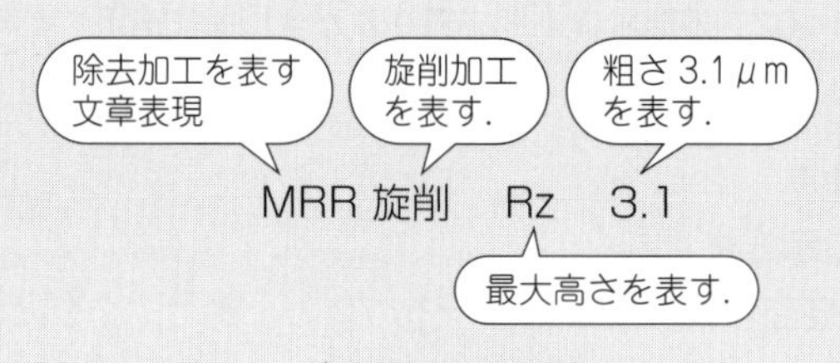

文書表現の例

加工法と記号

主に金属に対して行う加工方法を，図面上や工程表などに記号で表示する場合に用いる名称と記号が規定されている．主な加工法と記号を以下に示す．

加工方法	記　号	加工方法	記　号
砂型鋳造	CS（Sand Mold Casting）	平削り	P（Planing）
精密鋳造	CP（Precision Casting）	形削り	SH（Shaping）
プレス抜き	PP（Punching）	立削り	SL（Slotting）
曲げ	PB（Bending）	研削	G（Grinding）
プレス絞り	PD（Drawing）	やすり仕上げ	FF（Filing）
旋削	L（Lathe Turning）	リーマ仕上げ	FR（Reaming）
穴あけ（きりもみ）	D（Drilling）	塗装	SPA（Painting）
中ぐり	B（Boring）	めっき	SPL（Plating）
フライス削り	M（Milling）		

ⓓ 筋目の指示

加工によって生じる面の筋目およびその方向は，記号によって図 3-103 の d の位置に指示する．

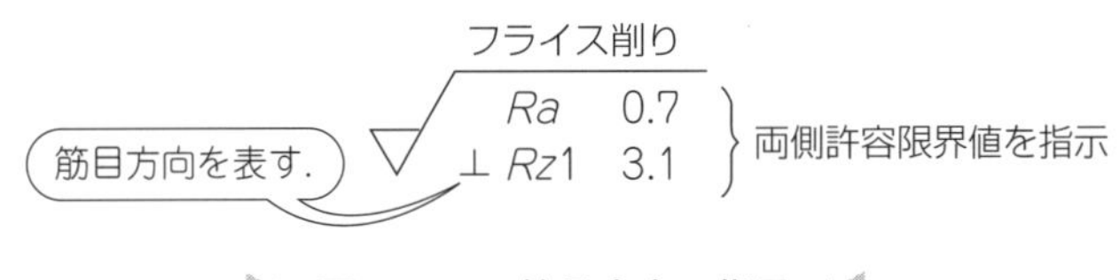

▶ 図 3-105 筋目方向の指示 ◀

● 表 3-3 筋目方向の記号 ●

記 号	説明図および解釈	
＝	筋目の方向が，記号を指示した図の投影面に平行 例 形削り面，旋削面，研削面	筋目の方向
⊥	筋目の方向が，記号を指示した図の投影面に直角 例 形削り面，旋削面，研削面	筋目の方向
X	筋目の方向が，記号を指示した図の投影面に斜めで二方向に交差 例 ホーニング面	筋目の方向
M	筋目の方向が，多方向に交差 例 正面フライス削り面，エンドミル削り面	
C	筋目の方向が，記号を指示した面の中心に対してほぼ同心円状 例 正面旋削面	
R	筋目の方向が，記号を指示した面の中心に対してほぼ放射状 例 端面研削面	
P	筋目が，粒子状のくぼみ，無方向または粒子状の突起 例 放電加工面，超仕上げ面，ブラスチング面	

備考 これらの記号によって明確に表すことのできない筋目模様が必要な場合には，図面に "注記" としてそれを指示する．

ⓔ 削り代の指示

削り代は鋳造・鍛造などの図面に用いられ，同一図面に後加工の状態が指示されている場合にだけ指示されるもので，図 3-103 の e の位置に**ミリメートル単位**で指示する．

▶ 図 3-106 削り代の指示 ◀

3　表面性状を図面に指示する方法

表面性状を図面に指示するには，図面の下辺または右辺から読めるように記入し，**対象面に接する**か，**引出線か引出補助線**で指示する．

図示記号は，端末記号を付けた引出線を，対象とする面の外形線の外側から，または外形線の延長線に接するようにして指示する．

● 引出線・引出補助線・外形線の延長線

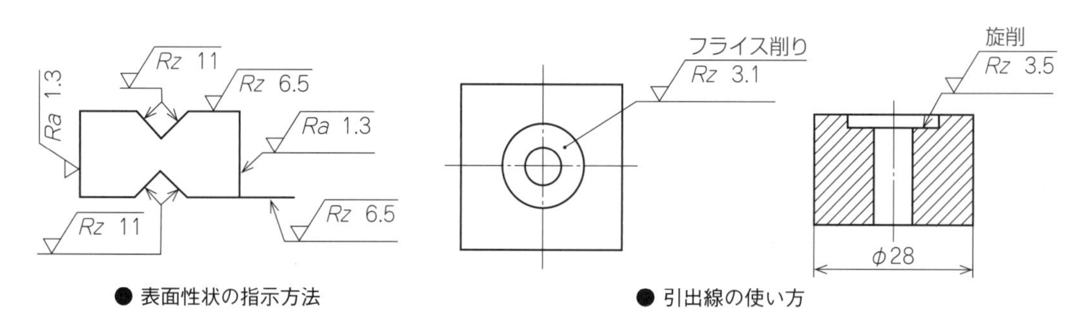

● 表面性状の指示方法

● 引出線の使い方

図 3-107　表面性状の指示の仕方

表面性状の要求事項を寸法線に指示する場合は，寸法に並べて指示してもよい．

寸法補助線に指示するには，寸法補助線に記入するか，引出線もしくは引出補助線を用いて記入してもよい．

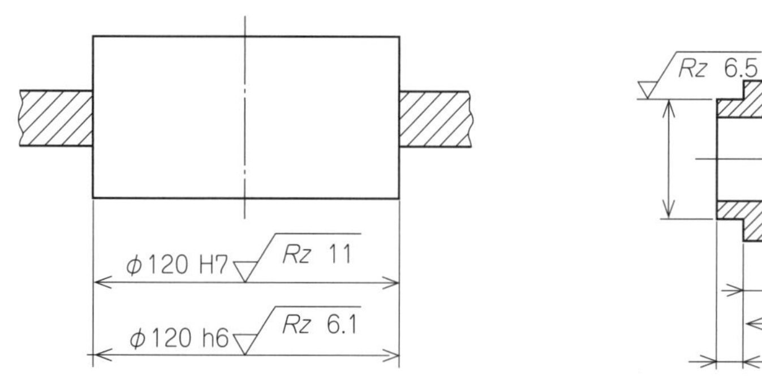

図 3-108　寸法線に指示する場合

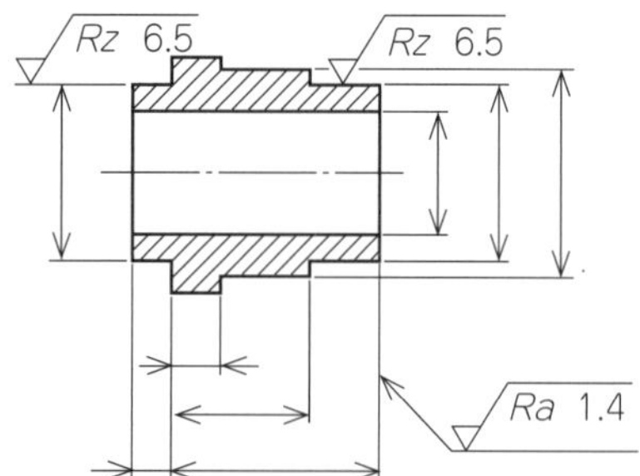

図 3-109　寸法補助線に指示する場合

部品の全面が同じ表面性状の場合には，表面性状の要求事項を表題欄や主投影図の近くまたは参照番号の近くに記入する．

一つの部品の大部分が同じ表面性状で，一部分だけ異なる場合には，共通する表面性状の要求事項の後に**基本図示記号**（これを簡略図示と呼ぶ）を付けるか，共通する表面性状の要求事項を記入した後に共通でない表面性状の要求事項を記入する．

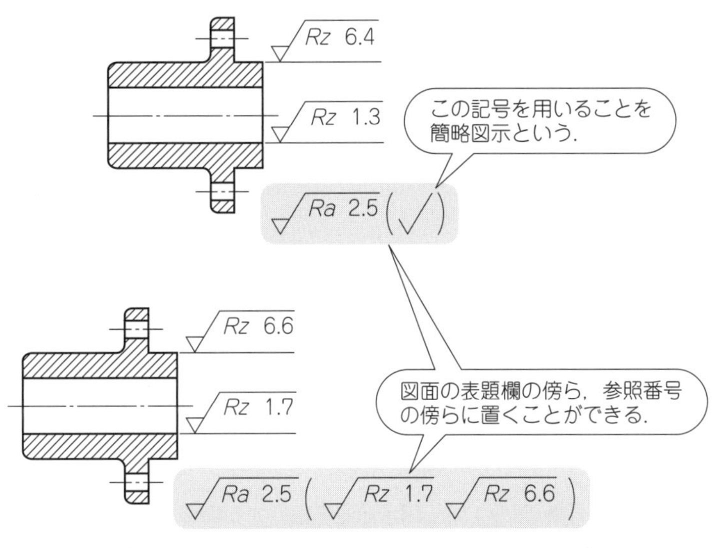

▶▶ 図 3-110　表面性状の簡略表示の仕方 ◀◀

4　文字付き図示記号による表示法

文字付きの図示記号によって表面性状を指示することができる．その場合は対象とする部品や，表題欄の近くに要求事項を指示し，**簡略参照指示**であることを示すことにより，簡略図示を対象とする面に指示してもよい．

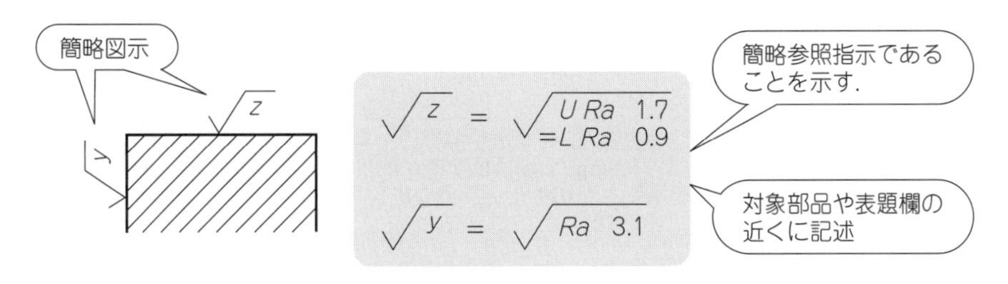

▶▶ 図 3-111　簡略参照表示で指示する場合 ◀◀

5　図示記号だけによる表示法

同一の表面性状の要求事項が大部分を占める場合には，図面に参照表示であることを示すことで，基本図示記号を対象とする面に指示してもよい．

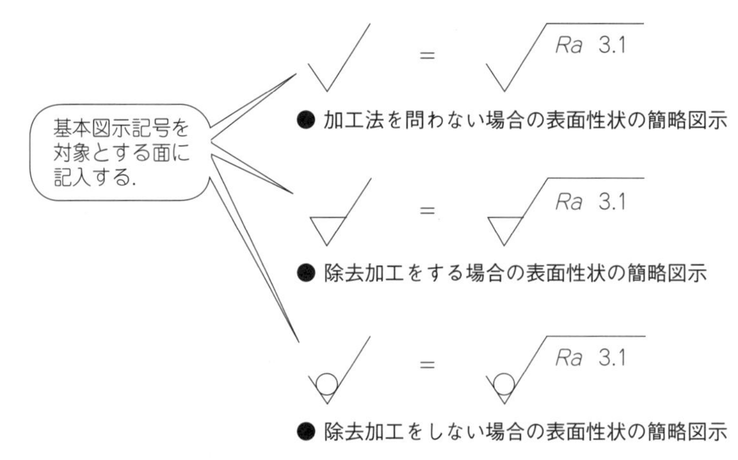

図 3-112　図示記号で指示する場合

表 3-4　図示記号の意味と解釈の例

図示記号	意味および解釈
Rz　0.5	除去加工をしない表面，片側許容限界の上限値，標準通過帯域，粗さ曲線，最大高さ，粗さ 0.5 μm，基準長さ *lr* の 5 倍の標準評価長さ，"16%ルール"（標準）（JIS B 0633 参照）
*Rz*max　0.3	除去加工面，片側許容限界の上限値，標準通過帯域，粗さ曲線，最大高さ，粗さ 0.3 μm，基準長さ *lr* の 5 倍の標準評価長さ，"最大値ルール"（JIS B 0633 参照）
0.008-0.8/*Ra*　3.1	除去加工面，片側許容限界の上限値，通過帯域は 0.008－0.8mm，粗さ曲線，算術平均粗さ 3.1 μm，基準長さ *lr* の 5 倍の標準評価長さ，"16%ルール"（標準）（JIS B 0633 参照）
-0.8/*Ra*3　3.1	除去加工面，片側許容限界の上限値，通過帯域は JIS B 0633 による基準長さ 0.8mm（λs は標準値 0.0025mm），粗さ曲線，算術平均粗さ 3.1 μm，基準長さ *lr* の 3 倍の評価長さ，"16%ルール"（標準）（JIS B 0633 参照）
U *Ra*max　3.1 L *Ra*　0.9	除去加工をしない表面，両側許容限界の上限値および下限値，標準通過帯域，粗さ曲線，上限値；算術平均粗さ 3.1 μm，基準長さ *lr* の 5 倍の評価長さ（標準），"最大値ルール"（JIS B 0633 参照），下限値；算術平均粗さ 0.9 μm，基準長さ *lr* の 5 倍の標準評価長さ，"16%ルール"（標準）（JIS B 0633 参照）
0.8-2.5/*Wz*3　10	除去加工面，片側許容限界の上限値，通過帯域は 0.8－2.5mm，うねり曲線，最大高さうねり 10 μm，基準長さ *lw* の 3 倍の評価長さ，"16%ルール"（標準）（JIS B 0633 参照）
0.008-/*Pt*max　25	除去加工面，片側許容限界の上限値，通過帯域は粗さ曲線，λs＝0.008mm で高域フィルタなし，断面曲線，断面曲線の最大断面高さ 25 μm，対象面の長さに等しい標準評価長さ，"最大値ルール"（JIS B 0633 参照）
0.0025-0.1//*Rx*　0.2	加工法を問わない表面，片側許容限界の上限値，通過帯域は λs＝0.0025mm；A＝0.1mm，標準評価長さ 3.2mm，粗さモチーフパラメータ：粗さモチーフの最大深さ 0.2 μm，"16%ルール"（標準）（JIS B 0633 参照）

3-5 サイズ公差とはめあい

1　許容限界サイズとサイズ公差

穴や軸を加工する場合，まったく同一の仕上り寸法のものを多数製作することは事実上不可能である．そこで，使用目的によってあらかじめ許される大小二つの限界となる寸法（これを**許容限界サイズ**という）を決め，その寸法の範囲内に仕上がればよいとすれば大量生産ができ，また互換性が保たれ，コストの節減にもなる．

例えば，丸棒を直径 60 mm（これを**図示サイズ**とする）に加工する場合，正確に 60 mm に仕上げることは難しく，実際にはある誤差の範囲をもって加工してもよいという場合が多い．例えば直径 60.05 ～ 59.95 mm の，誤差を含めた**許容限界サイズ**を設けて加工することにより，加工が容易になる．この丸棒は大きく加工した場合には 60.05 mm まで許容され（これを**上の許容サイズ**という），小さく加工した場合には 59.95 mm まで許容される（これを**下の許容サイズ**という）ことになる．そして，この 60.05 mm と 59.95 mm との差 0.1 mm を**サイズ公差**（単に**公差**ともいう）と呼ぶ．

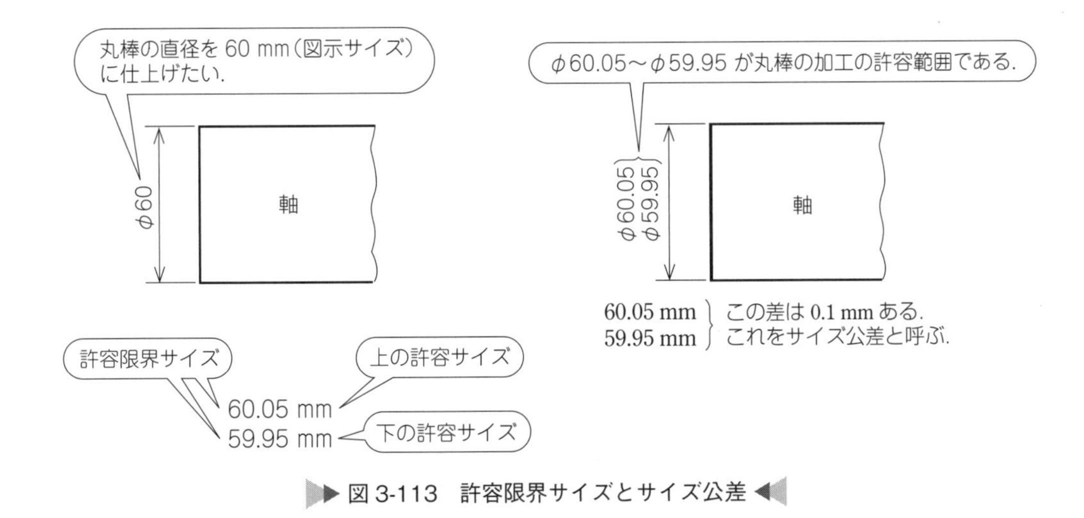

図 3-113　許容限界サイズとサイズ公差

2　許容差を表す方法

上の許容サイズから図示サイズを引いた値を**上の許容差**，下の許容サイズから図示サイズを引いた値を**下の許容差**と呼ぶ．この値には，正（＋），負（－）の記号が付くことになる．

図面内のサイズには，必ず許容差の指示が必要である．許容差を表すには，次の 3 種類がある．

① 公差値を数値で示す方法

② はめあいで示す方法

③ 普通公差で示す方法

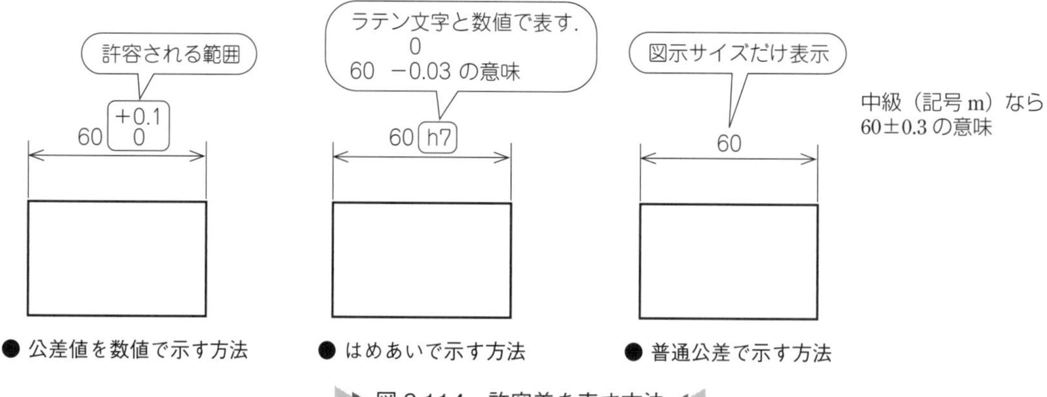

図 3-114　許容差を表す方法

3　公差値を数値で示す方法

公差値を数値によって表すには，**許容限界サイズ**を示す方法と**許容差**によって示す方法がある．

1　許容限界サイズによる記入の仕方

許容限界で示す場合には**上の許容サイズを上**に，**下の許容サイズを下**に記入する．

寸法が指定した値の大きい値（上の許容サイズ）または小さい値（下の許容サイズ）のいずれかを指す必要がある場合は，寸法数値に"max."または"min."と記入する．この記入法は，指定した一方の値を超えてはならない場合に用いる．

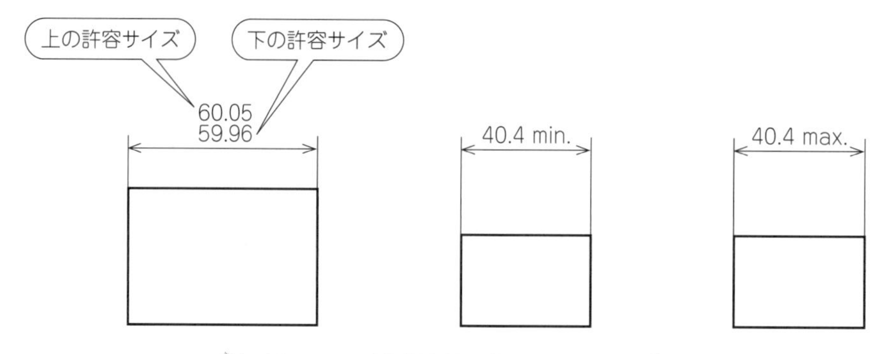

図 3-115　許容限界で指示する場合

2　許容差による記入の仕方

許容差によって記入する場合，図示サイズの後に上・下の許容差を記入する．この場合には，**小数点以下の桁数はそろえる**．

許容差のどちらか一方が零のときは 0 の数字で示し，**0 には（＋）負（－）の記号は付けない**．また，0 を記入する位置は他の許容差の一桁目にそろえる（図 3-116 参照）．

上・下の許容差が基準寸法に対して等しい場合は一つにまとめて記入し，**数値の前に±の記号**を付けて指示する．この場合，**図示サイズの数字と許容差の数字の大きさはそろえる**．

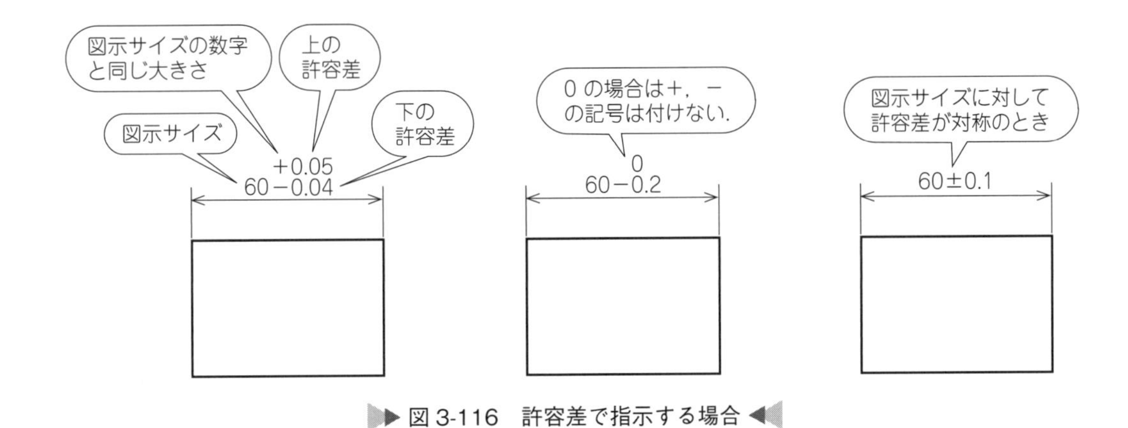

図 3-116 許容差で指示する場合

4 はめあいで指示する方法

穴と軸をはめあわせる場合，穴の仕上りサイズが軸の仕上りサイズより大きいと**すきま**ができ，穴の仕上りサイズが軸の仕上りサイズより小さいと入りにくくなる．これを**しめしろ**という．

このように，二つの部品がすきまやしめしろをもち，互いに組み合わされる関係を**はめあい**という．

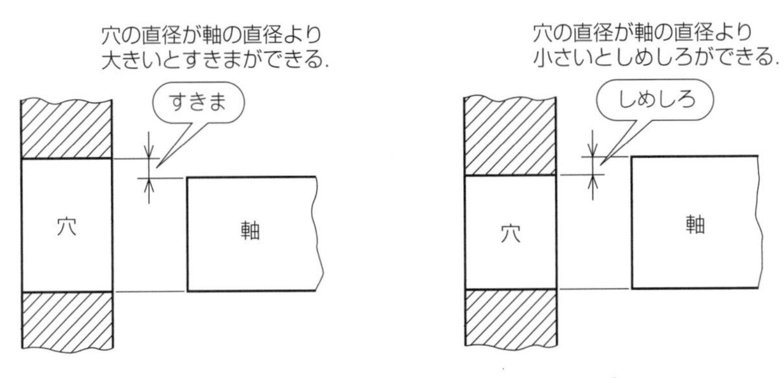

図 3-117 すきまとしめしろ

1 はめあいとは

はめあいには**すきまばめ**，**しまりばめ**，**中間ばめ**があり，軸・穴の直径の大小によって，いろいろなはめあい状態を得ることができる．また，はめあいは軸と穴のほかにも，キーとキー溝のような二平面の場合にも適用される．

ⓐ すきまばめ

軸と軸受などのように，スライドしたり回転したり，取り外したりできるはめあいで，穴と軸との間に常にすきまがあり，穴における下の許容サイズよりも軸における上の許容サイズが小さい場合のはめあいをいう．

穴における下の許容サイズと軸における上の許容サイズとの差を**最小すきま**，穴における上の許容サイズと軸における下の許容サイズとの差を**最大すきま**という．

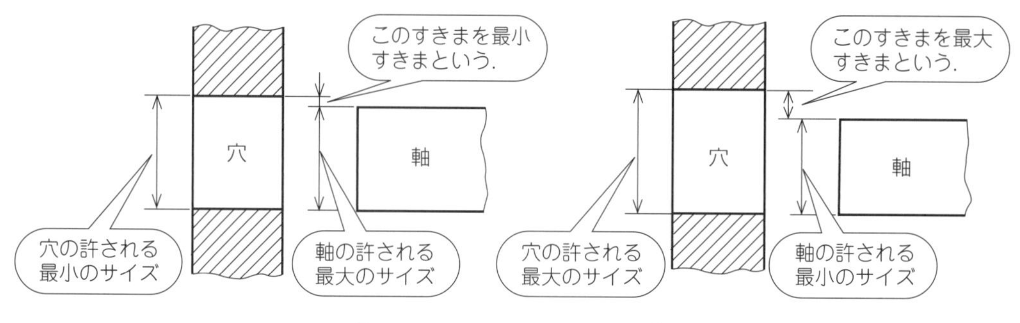

図 3-118　すきまばめ

ⓑ しまりばめ

穴における上の許容サイズより軸における下の許容サイズのほうが大きい場合，両方とも等しい場合のはめあいを**しまりばめ**という.

電車の軸と車輪や，ブシュ，スプリングピンなどのようにプレスやジャッキなどで圧入が必要な場合のはめあいであり，穴と軸との間に常に**しめしろ**ができる状態をいう.

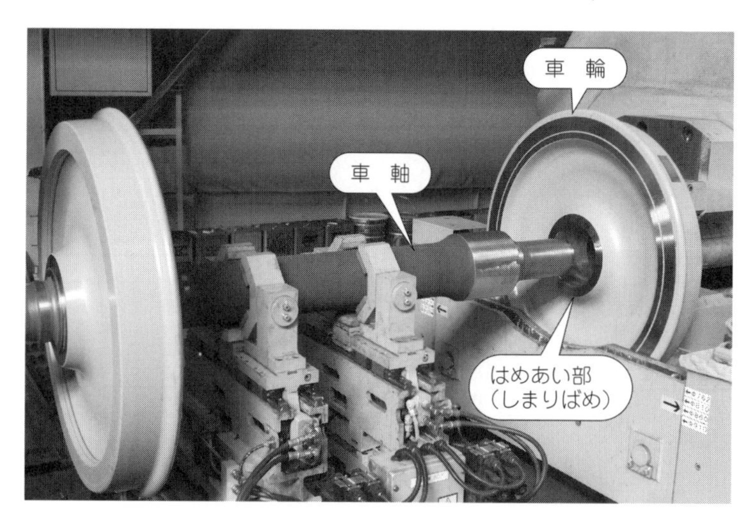

図 3-119　しまりばめの例（電車の車軸と車輪）

軸における下の許容サイズと穴における上の許容サイズとの差を**最小しめしろ**，軸における上の許容サイズと穴における下の許容サイズとの差を**最大しめしろ**という.

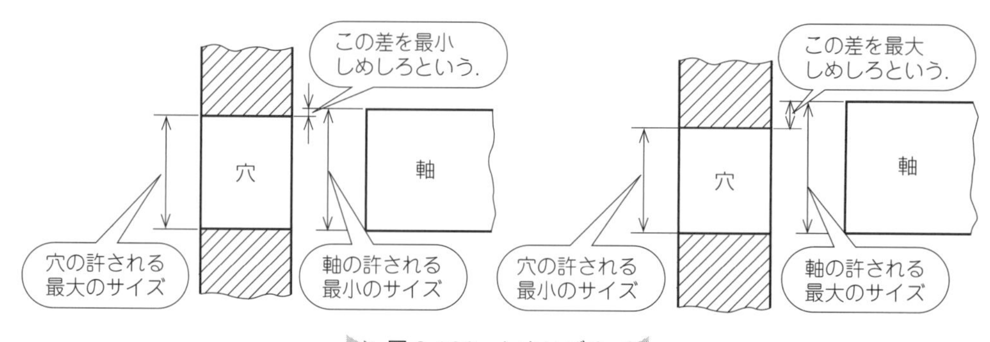

図 3-120　しまりばめ

ⓒ 中間ばめ

広い用途で使用されるはめあいで，取り外しが必要な場合に使用される．穴と軸との寸法によって**すきま**ができたり**しめしろ**ができたりするはめあいをいう．穴における上の許容サイズよりも軸における下の許容サイズが小さい場合，ともに等しい場合，穴における下の許容サイズよりも軸における上の許容サイズが大きい場合など，穴と軸のサイズによって**すきまばめ**になったり，**しまりばめ**になったりする．

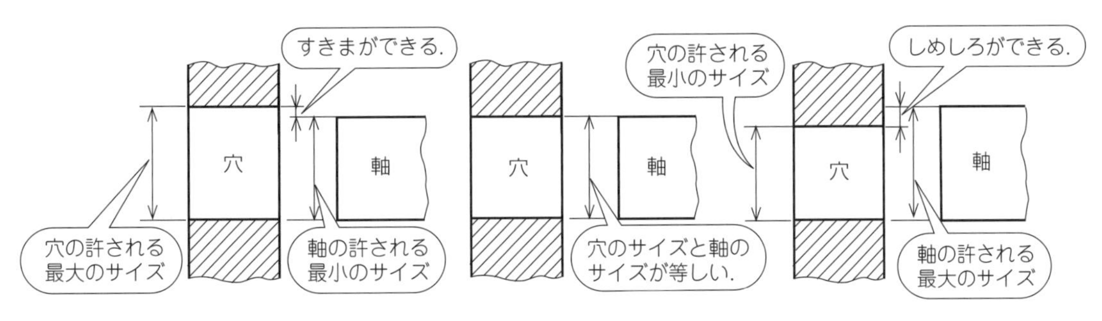

図 3-121 中間ばめ

2 ISO はめあい方式を図面に指示する方法

図示サイズの後に，許容差の記号を用いて指示する方法である．記号とは，**サイズ許容区間の位置を示す記号**および**基本サイズ公差等級**をいう．文字記号の大きさは図示サイズの数字と同じにするが，大文字と小文字が区別できるように表記する必要がある．

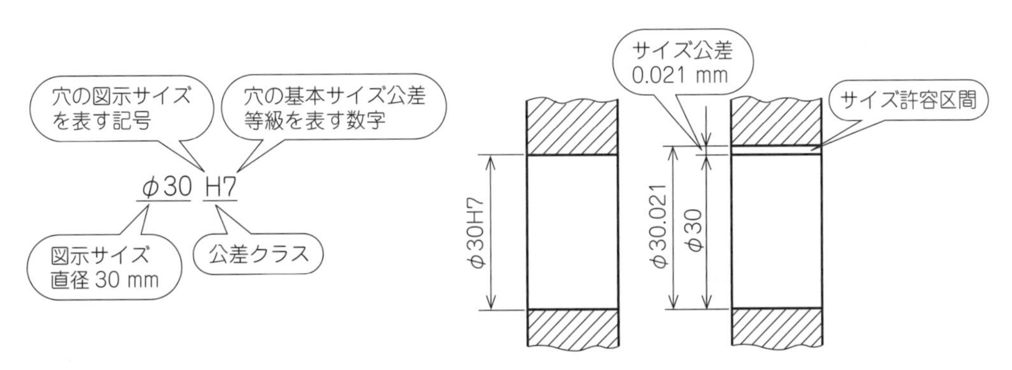

図 3-122 はめあいの表示の仕方と意味

ⓐ サイズ許容区間の位置を示す記号

図示サイズに対するサイズ公差の大きさと，その位置によって定まる上の許容サイズと下の許容サイズとの領域を**サイズ許容区間**という．

サイズ許容区間の位置は図示サイズによって分けられ，**穴のサイズ許容区間**の位置は表 3-5 のとおり **A から ZC までの大文字記号**で，**軸のサイズ許容区間**の位置は表 3-6 のとおり **a から zc までの小文字記号**で表す．

ⓑ 基本サイズ公差等級

ISO はめあい方式では穴や軸の寸法をいくつかに区分し，これを図示サイズの区分として対応させ

表 3-5 穴の基礎となる許容差の数値

基礎となる許容差の数値および Δ 値の単位 μm

図示サイズ〔mm〕		基礎となる許容差の数値																																		Δ 値					
		下の許容差，*EI*												上の許容差，*ES*																											
超	以下	すべての基本サイズ公差等級												IT6	IT7	IT8	IT8以下	IT8超	IT8以下	IT8超	IT8以下	IT8超	IT7以下	IT7 を超える基本サイズ公差等級												基本サイズ公差等級					
		A[1]	B[1]	C	CD	D	E	EF	F	FG	G	H	JS	J			K[3][4]		M[2][3][4]		N[3][4]		P～ZC[3]	P	R	S	T	U	V	X	Y	Z	ZA	ZB	ZC	IT3	IT4	IT5	IT6	IT7	IT8
−	3	+270	+140	+60	+34	+20	+14	+10	+6	+4	+2	0	サイズ差＝±ITn/2，n は基本サイズ公差等級番号	+2	+4	+6	0	0	−2	−2	−4	−4	IT7 を超える基本サイズ公差等級については，Δ 値を加えた値	−6	−10	−14		−18		−20		−26	−32	−40	−60	0	0	0	0	0	0
3	6	+270	+140	+70	+46	+30	+20	+14	+10	+6	+4	0		+5	+6	+10	−1＋Δ		−4＋Δ	−4	−8＋Δ	0		−12	−15	−19		−23		−28		−35	−42	−50	−80	1	1.5	1	3	4	6
6	10	+280	+150	+80	+56	+40	+25	+18	+13	+8	+5	0		+5	+8	+12	−1＋Δ		−6＋Δ	−6	−10＋Δ	0		−15	−19	−23		−28		−34		−42	−52	−67	−97	1	1.5	2	3	6	7
10	14	+290	+150	+95	+70	+50	+32	+23	+16	+10	+6	0		+6	+10	+15	−1＋Δ		−7＋Δ	−7	−12＋Δ	0		−18	−23	−28		−33		−40		−50	−64	−90	−130	1	2	3	3	7	9
14	18																												−39	−45		−60	−77	−108	−150						
18	24	+300	+160	+110	+85	+65	+40	+28	+20	+12	+7	0		+8	+12	+20	−2＋Δ		−8＋Δ	−8	−15＋Δ	0		−22	−28	−35		−41	−47	−54	−63	−73	−98	−136	−188	1.5	2	3	4	8	12
24	30																										−41	−48	−55	−64	−75	−88	−118	−160	−218						
30	40	+310	+170	+120	+100	+80	+50	+35	+25	+15	+9	0		+10	+14	+24	−2＋Δ		−9＋Δ	−9	−17＋Δ	0		−26	−34	−43	−48	−60	−68	−80	−94	−112	−148	−200	−274	1.5	3	4	5	9	14
40	50	+320	+180	+130																							−54	−70	−81	−97	−114	−136	−180	−242	−325						
50	65	+340	+190	+140		+100	+60		+30		+10	0		+13	+18	+28	−2＋Δ		−11＋Δ	−11	−20＋Δ	0		−32	−41	−53	−66	−87	−102	−122	−144	−172	−226	−300	−405	2	3	5	6	11	16
65	80	+360	+200	+150																					−43	−59	−75	−102	−120	−146	−174	−210	−274	−360	−480						
80	100	+380	+220	+170		+120	+72		+36		+12	0		+16	+22	+34	−3＋Δ		−13＋Δ	−13	−23＋Δ	0		−37	−51	−71	−91	−124	−146	−178	−214	−258	−335	−445	−585	2	4	5	7	13	19
100	120	+410	+240	+180																					−54	−79	−104	−144	−172	−210	−254	−310	−400	−525	−690						
120	140	+460	+260	+200		+145	+85		+43		+14	0		+18	+26	+41	−3＋Δ		−15＋Δ	−15	−27＋Δ	0		−43	−63	−92	−122	−170	−202	−248	−300	−365	−470	−620	−800	3	4	6	7	15	23
140	160	+520	+280	+210																					−65	−100	−134	−190	−228	−280	−340	−415	−535	−700	−900						
160	180	+580	+310	+230																					−68	−108	−146	−210	−252	−310	−380	−465	−600	−780	−1000						
180	200	+660	+340	+240		+170	+100		+50		+15	0		+22	+30	+47	−4＋Δ		−17＋Δ	−17	−31＋Δ	0		−50	−77	−122	−166	−236	−284	−350	−425	−520	−670	−880	−1150	3	4	6	9	17	26
200	225	+740	+380	+260																					−80	−130	−180	−258	−310	−385	−470	−575	−740	−960	−1250						
225	250	+820	+420	+280																					−84	−140	−196	−284	−340	−425	−520	−640	−820	−1050	−1350						
250	280	+920	+480	+300		+190	+110		+56		+17	0		+25	+36	+55	−4＋Δ		−20＋Δ	−20	−34＋Δ	0		−56	−94	−158	−218	−315	−385	−475	−580	−710	−920	−1200	−1550	4	4	7	9	20	29
280	315	+1050	+540	+330																					−98	−170	−240	−350	−425	−525	−650	−790	−1000	−1300	−1700						
315	355	+1200	+600	+360		+210	+125		+62		+18	0		+29	+39	+60	−4＋Δ		−21＋Δ	−21	−37＋Δ	0		−62	−108	−190	−268	−390	−475	−590	−730	−900	−1150	−1500	−1900	4	5	7	11	21	32
355	400	+1350	+680	+400																					−114	−208	−294	−435	−530	−660	−820	−1000	−1300	−1650	−2100						
400	450	+1500	+760	+440		+230	+135		+68		+20	0		+33	+43	+66	−5＋Δ		−23＋Δ	−23	−40＋Δ	0		−68	−126	−232	−330	−490	−595	−740	−920	−1100	−1450	−1850	−2400	5	5	7	13	23	34
450	500	+1650	+840	+480																					−132	−252	−360	−540	−660	−820	−1000	−1250	−1600	−2100	−2600						
500	560					+260	+145		+76		+22	0					0		−26		−44			−78	−150	−280	−400	−600													
560	630																								−155	−310	−450	−660													
630	710					+290	+160		+80		+24	0					0		−30		−50			−88	−175	−340	−500	−740													
710	800																								−185	−380	−560	−840													
800	900					+320	+170		+86		+26	0					0		−34		−56			−100	−210	−430	−620	−940													
900	1000																								−220	−470	−680	−1050													
1000	1120					+350	+195		+98		+28	0					0		−40		−66			−120	−250	−520	−780	−1150													
1120	1250																								−260	−580	−840	−1300													
1250	1400					+390	+220		+110		+30	0					0		−48		−78			−140	−300	−640	−960	−1450													
1400	1600																								−330	−720	−1050	−1600													
1600	1800					+430	+240		+120		+32	0					0		−58		−92			−170	−370	−820	−1200	−1850													
1800	2000																								−400	−920	−1350	−2000													
2000	2240					+480	+260		+130		+34	0					0		−68		−110			−195	−440	−1000	−1500	−2300													
2240	2500																								−460	−1100	−1650	−2500													
2500	2800					+520	+290		+145		+38	0					0		−76		−135			−240	−550	−1250	−1900	−2900													
2800	3150																								−580	−1400	−2100	−3200													

(1) 基礎となる許容差 A および B は，1 mm 以下の図示サイズに使用してはならない．
(2) 特殊な場合：250 mm を超え 315 mm 以下の範囲で公差クラスが M6 の場合，*ES* は（計算によって得られる −11 μm ではなく）−9 μm となる．
(3) K，M，N および P～ZC の値を決めるには，「JIS B 0401-1 4.3.2.5 Δ 値を使用した許容差の決定」を参照．
(4) IT8 を超える基本サイズ公差等級に対する基礎となる許容差 N は，1 mm 以下の図示サイズに使用してはならない．

（JIS B 0401-1）

表 3-6 軸の基礎となる許容差の数値

基礎となる許容差の数値の単位 μm

図示サイズ〔mm〕		基礎となる許容差の数値 上の許容差，es												下の許容差，ei																		
超	以下	すべての基本サイズ公差等級												IT5 および IT6	IT7	IT8	IT4 ～ IT7	IT3 以下 および IT7 超	すべての基本サイズ公差等級													
		a [1]	b [1]	c	cd	d	e	ef	f	fg	g	h	js	j			k		m	n	p	r	s	t	u	v	x	y	z	za	zb	zc
−	3[1]	−270	−140	−60	−34	−20	−14	−10	−6	−4	−2	0	サイズ差＝±ITn/2，n は基本サイズ公差等級番号	−2	−4	−6	0	0	+2	+4	+6	+10	+14		+18		+20		+26	+32	+40	+60
3	6	−270	−140	−70	−46	−30	−20	−14	−10	−6	−4	0		−2	−4		+1	0	+4	+8	+12	+15	+19		+23		+28		+35	+42	+50	+80
6	10	−280	−150	−80	−56	−40	−25	−18	−13	−8	−5	0		−2	−5		+1	0	+6	+10	+15	+19	+23		+28		+34		+42	+52	+67	+97
10	14	−290	−150	−95	−70	−50	−32	−23	−16	−10	−6	0		−3	−6		+1	0	+7	+12	+18	+23	+28		+33		+40		+50	+64	+90	+130
14	18																									+39	+45		+60	+77	+108	+150
18	24	−300	−160	−110	−85	−65	−40	−28	−20	−12	−7	0		−4	−8		+2	0	+8	+15	+22	+28	+35		+41	+47	+54	+63	+73	+98	+136	+188
24	30																							+41	+48	+55	+64	+75	+88	+118	+160	+218
30	40	−310	−170	−120	−100	−80	−50	−35	−25	−15	−9	0		−5	−10		+2	0	+9	+17	+26	+34	+43	+48	+60	+68	+80	+94	+112	+148	+200	+274
40	50	−320	−180	−130																				+54	+70	+81	+97	+114	+136	+180	+242	+325
50	65	−340	−190	−140		−100	−60		−30		−10	0		−7	−12		+2	0	+11	+20	+32	+41	+53	+66	+87	+102	+122	+144	+172	+226	+300	+405
65	80	−360	−200	−150																		+43	+59	+75	+102	+120	+146	+174	+210	+274	+360	+480
80	100	−380	−220	−170		−120	−72		−36		−12	0		−9	−15		+3	0	+13	+23	+37	+51	+71	+91	+124	+146	+178	+214	+258	+335	+445	+585
100	120	−410	−240	−180																		+54	+79	+104	+144	+172	+210	+254	+310	+400	+525	+690
120	140	−460	−260	−200		−145	−85		−43		−14	0		−11	−18		+3	0	+15	+27	+43	+63	+92	+122	+170	+202	+248	+300	+365	+470	+620	+800
140	160	−520	−280	−210																		+65	+100	+134	+190	+228	+280	+340	+415	+535	+700	+900
160	180	−580	−310	−230																		+68	+108	+146	+210	+252	+310	+380	+465	+600	+780	+1000
180	200	−660	−340	−240		−170	−100		−50		−15	0		−13	−21		+4	0	+17	+31	+50	+77	+122	+166	+236	+284	+350	+425	+520	+670	+880	+1150
200	225	−740	−380	−260																		+80	+130	+180	+258	+310	+385	+470	+575	+740	+960	+1250
225	250	−820	−420	−280																		+84	+140	+196	+284	+340	+425	+520	+640	+820	+1050	+1350
250	280	−920	−480	−300		−190	−110		−56		−17	0		−16	−26		+4	0	+20	+34	+56	+94	+158	+218	+315	+385	+475	+580	+710	+920	+1200	+1550
280	315	−1050	−540	−330																		+98	+170	+240	+350	+425	+525	+650	+790	+1000	+1300	+1700
315	355	−1200	−600	−360		−210	−125		−62		−18	0		−18	−28		+4	0	+21	+37	+62	+108	+190	+268	+390	+475	+590	+730	+900	+1150	+1500	+1900
355	400	−1350	−680	−400																		+114	+208	+294	+435	+530	+660	+820	+1000	+1300	+1650	+2100
400	450	−1500	−760	−440		−230	−135		−68		−20	0		−20	−32		+5	0	+23	+40	+68	+126	+232	+330	+490	+595	+740	+920	+1100	+1450	+1850	+2400
450	500	−1650	−840	−480																		+132	+252	+360	+540	+660	+820	+1000	+1250	+1600	+2100	+2600
500	560					−260	−145		−76		−22	0					0	0	+26	+44	+78	+150	+280	+400	+600							
560	630																					+155	+310	+450	+660							
630	710					−290	−160		−80		−24	0					0	0	+30	+50	+88	+175	+340	+500	+740							
710	800																					+185	+380	+560	+840							
800	900					−320	−170		−86		−26	0					0	0	+34	+56	+100	+210	+430	+620	+940							
900	1000																					+220	+470	+680	+1050							
1000	1120					−350	−195		−98		−28	0					0	0	+40	+66	+120	+250	+520	+780	+1150							
1120	1250																					+260	+580	+840	+1300							
1250	1400					−390	−220		−110		−30	0					0	0	+48	+78	+140	+300	+640	+960	+1450							
1400	1600																					+330	+720	+1050	+1600							
1600	1800					−430	−240		−120		−32	0					0	0	+58	+92	+170	+370	+820	+1200	+1850							
1800	2000																					+400	+920	+1350	+2000							
2000	2240					−480	−260		−130		−34	0					0	0	+68	+110	+195	+440	+1000	+1500	+2300							
2240	2500																					+460	+1100	+1650	+2500							
2500	2800					−520	−290		−145		−38	0					0	0	+76	+135	+240	+550	+1250	+1900	+2900							
2800	3150																					+580	+1400	+2100	+3200							

(1) 基礎となる許容差 a および b は，1 mm 以下の図示サイズに使用してはならない．

(JIS B 0401-1)

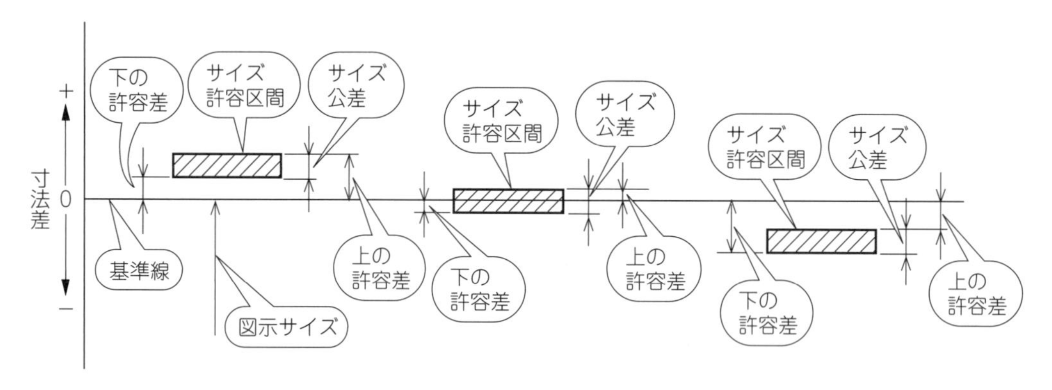

図 3-123　サイズ許容区間の位置

表 3-7　3150 mm までの図示サイズに対する基本サイズ公差等級の数値

図示サイズ〔mm〕		基本サイズ公差等級																			
		IT01	IT0	IT1	IT2	IT3	IT4	IT5	IT6	IT7	IT8	IT9	IT10	IT11	IT12	IT13	IT14	IT15	IT16	IT17	IT18
超	以下	基本サイズ公差値 μm													mm						
—	3	0.3	0.5	0.8	1.2	2	3	4	6	10	14	25	40	60	0.1	0.14	0.25	0.4	0.6	1	1.4
3	6	0.4	0.6	1	1.5	2.5	4	5	8	12	18	30	48	75	0.12	0.18	0.3	0.48	0.75	1.2	1.8
6	10	0.4	0.6	1	1.5	2.5	4	6	9	15	22	36	58	90	0.15	0.22	0.36	0.58	0.9	1.5	2.2
10	18	0.5	0.8	1.2	2	3	5	8	11	18	27	43	70	110	0.18	0.27	0.43	0.7	1.1	1.8	2.7
18	30	0.6	1	1.5	2.5	4	6	9	13	21	33	52	84	130	0.21	0.33	0.52	0.84	1.3	2.1	3.3
30	50	0.6	1	1.5	2.5	4	7	11	16	25	39	62	100	160	0.25	0.39	0.62	1	1.6	2.5	3.9
50	80	0.8	1.2	2	3	5	8	13	19	30	46	74	120	190	0.3	0.46	0.74	1.2	1.9	3	4.6
80	120	1	1.5	2.5	4	6	10	15	22	35	54	87	140	220	0.35	0.54	0.87	1.4	2.2	3.5	5.4
120	180	1.2	2	3.5	5	8	12	18	25	40	63	100	160	250	0.4	0.63	1	1.6	2.5	4	6.3
180	250	2	3	4.5	7	10	14	20	29	46	72	115	185	290	0.46	0.72	1.15	1.85	2.9	4.6	7.2
250	315	2.5	4	6	8	12	16	23	32	52	81	130	210	320	0.52	0.81	1.3	2.1	3.2	5.2	8.1
315	400	3	5	7	9	13	18	25	36	57	89	140	230	360	0.57	0.89	1.4	2.3	3.6	5.7	8.9
400	500	4	6	8	10	15	20	27	40	63	97	155	250	400	0.63	0.97	1.55	2.5	4	6.3	9.7
500	630			9	11	16	22	32	44	70	110	175	280	440	0.7	1.1	1.75	2.8	4.4	7	11
630	800			10	13	18	25	36	50	80	125	200	320	500	0.8	1.25	2	3.2	5	8	12.5
800	1 000			11	15	21	28	40	56	90	140	230	360	560	0.9	1.4	2.3	3.6	5.6	9	14
1 000	1 250			13	18	24	33	47	66	105	165	260	420	660	1.05	1.65	2.6	4.2	6.6	10.5	16.5
1 250	1 600			15	21	29	39	55	78	125	195	310	500	780	1.25	1.95	3.1	5	7.8	12.5	19.5
1 600	2 000			18	25	35	46	65	92	150	230	370	600	920	1.5	2.3	3.7	6	9.2	15	23
2 000	2 500			22	30	41	55	78	110	175	280	440	700	1100	1.75	2.8	4.4	7	11	17.5	28
2 500	3 150			26	36	50	68	96	135	210	330	540	860	1350	2.1	3.3	5.4	8.6	13.5	21	33

（JIS B 0401-1）

る．**基本サイズ公差等級**は，IT（International Tolerance）の文字と，その後に続く等級番号によって指定する．

サイズ公差の数値の大小によって，20の基本サイズ公差等級が規定されているが，その中の1級（IT1）から18級（IT18）までの18等級（基本サイズ公差等級）が一般的に用いられている．IT1～IT4は**高精度用**に，IT5～IT10は**一般精度用**に，IT11～IT18は，**はめあわされない場合用**として一般に適用されている（表3-7参照）．

ISOはめあい方式では，サイズ許容区間の位置の記号（穴：A～ZC，軸：a～zc）と基本サイズ公差等級の数（IT1～IT18）を組み合わせて表す．

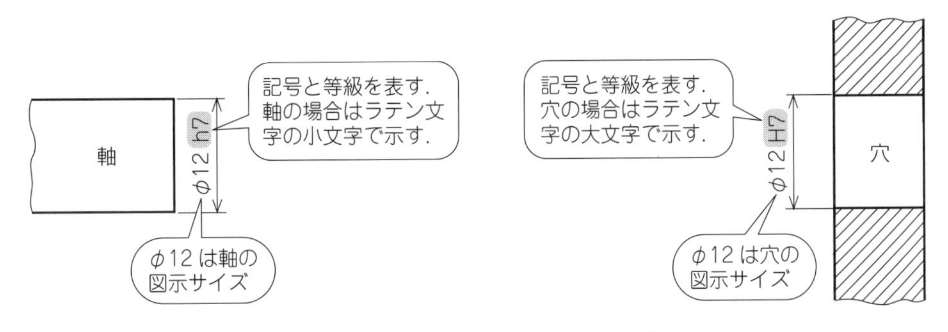

図3-124 記号による表示

例） φ12H7 ——→ $\phi 12^{+0.018}_{\ \ 0}$

直径12 mmの穴で，上の許容差は+0.018，下の許容差は0であることを表す．

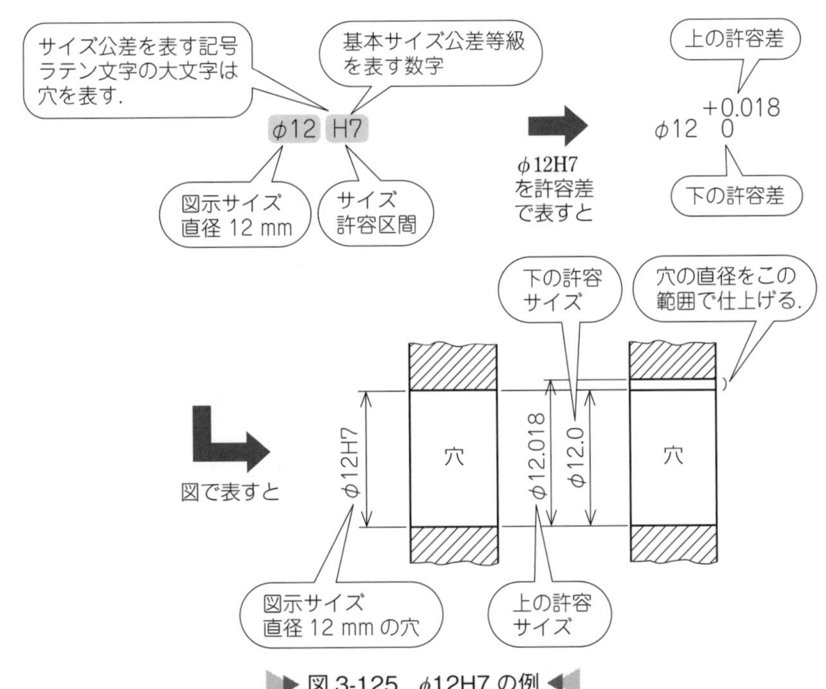

図3-125 φ12H7の例

はめあい記号（ϕ12H7）から，以下のように**許容差**や**サイズ公差**を求める．

① 直径の図示サイズは 12 mm である．

② サイズ許容区間の位置 H は**大文字なので穴**を表す．

③ 図示サイズ 12 mm に対するサイズ許容区間の位置 H を（表 3-5：穴の場合の基礎となる許容差の数値）求めると，**下の許容差は 0** であることがわかる．

④ 基本サイズ公差等級は 7 級なので，図示サイズ 12 mm に対する IT7 を（表 3-7：基本サイズ公差等級の数値）求めると，公差は 18 μm となる．

⑤ これらを組み合わせることで，図示サイズは 12 mm，下の許容差は 0，上の許容差は下の許容差に公差 18 μm を足した値（＋0.018 mm）となる．

必要がある場合には公差クラスの記号の次に，その許容差を（　）で囲んで付け加えてもよい．また，許容差の次に公差クラスの記号を（　）で囲んで付け加えてもよい．

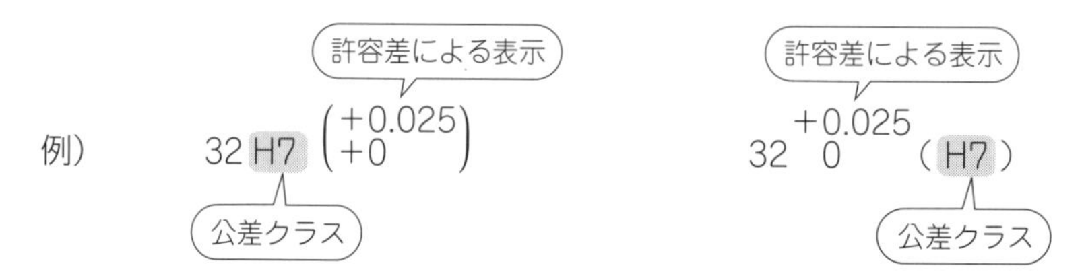

3　ISO はめあい方式の種類

穴と軸などのはめあい部分を加工する場合，穴か軸のどちらか一方を基準にするのが一般的である．

穴や軸のはめあい部分のサイズは，穴と軸の公差クラスの適切な組み合わせによって決まる．このとき，穴を基準にするか軸を基準にするかによって，ISO はめあい方式には**穴基準はめあい方式**と**軸基準はめあい方式**とがある．

穴基準はめあい方式は，穴に一定の公差クラスを定めておき，これに対して軸径をさまざまに変化させて**すきまやしめしろ**を得るものである．この方式は，穴の下の許容サイズが図示サイズと一致（穴の下の許容差が 0 である）するはめあいである．

穴基準はめあい方式は，穴の下の許容差が 0 になるサイズ許容区間の位置が H の穴を用いる．

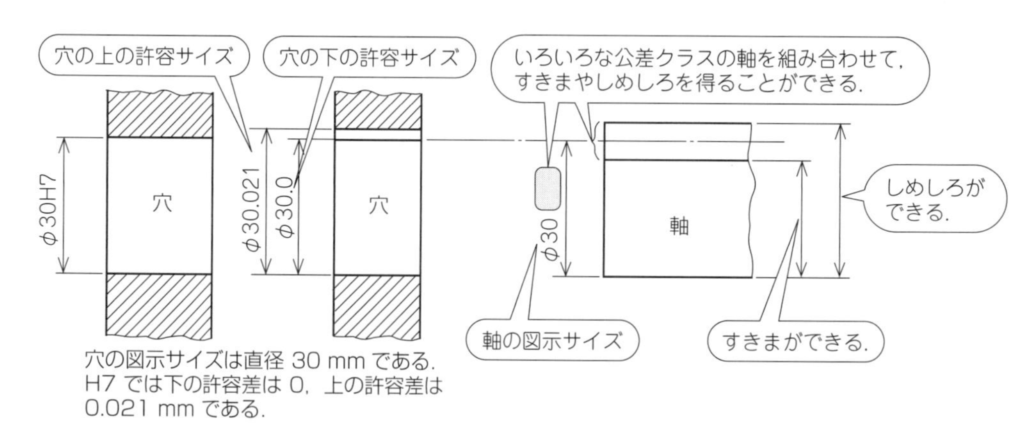

図 3-126　穴基準はめあい方式

軸基準はめあい方式は，穴基準方式とは逆に軸に一定の公差クラスを定めておき，これに対して穴径をさまざまに変化させてすきまやしめしろを得るものである．この方式は，軸の上の許容サイズが図示サイズと一致（軸の上の許容差が0である）するはめあいである．

軸基準はめあい方式では，軸の上の許容差が0であるサイズ許容区間の位置がhの軸を用いる．

穴基準はめあい方式および軸基準はめあい方式のどちらを選ぶかは，品物の機能・形状・加工・検査のしやすさなどを勘案して決めるが，一般的には穴のほうが加工が困難であり，精度を高めにくい．そこで，加工しにくい穴を基準とし，加工のしやすい軸を組み合わせて各種のはめあいを設定する**穴基準方式**が多く採用されている．

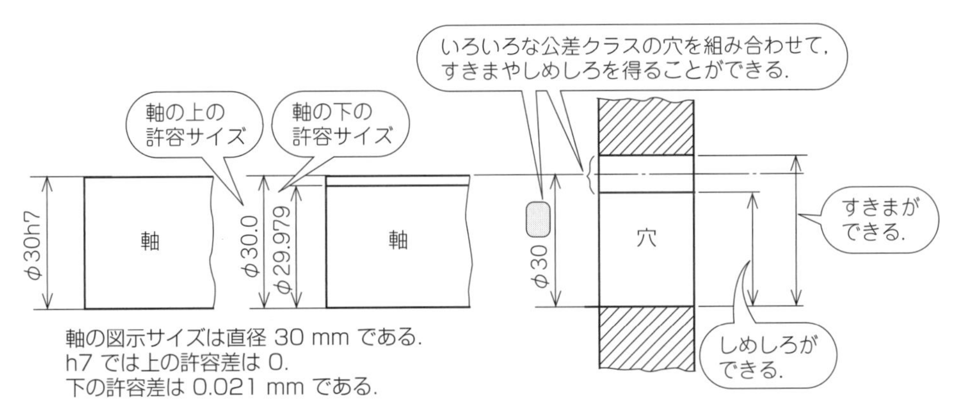

図 3-127　軸基準はめあい方式

表 3-8　多くの場合に用いられる ISO はめあい方式の表

推奨する穴基準はめあい方式でのはめあい状態

穴基準	軸の公差クラス																	
	すきまばめ							中間ばめ				しまりばめ						
H6						g5	h5	js5	k5	m5		n5	p5					
H7					f6	g6	h6	js6	k6	m6	n6		p6	r6	s6	t6	u6	x6
H8				e7	f7		h7	js7	k7	m7					s7		u7	
			d8	e8	f8		h8											
H9			d8	e8	f8		h8											
H10	b9	c9	d9	e9			h9											
H11	b11	c11	d10				h10											

推奨する軸基準はめあい方式でのはめあい状態

軸基準	穴の公差クラス																	
	すきまばめ							中間ばめ				しまりばめ						
h5						G6	H6	JS6	K6	M6		N6	P6					
h6					F7	G7	H7	JS7	K7	M7	N7		P7	R7	S7	T7	U7	X7
h7				E8	F8		H8											
h8			D9	E9	F9		H9											
				E8	F8		H8											
h9			D9	E9	F9		H9											
	B11	C10	D10				H10											

（JIS B 0401-1）

5　普通公差による表示法

1　普通公差

特別な精度が要求されない場合や，個々に公差の指示がない長さや角度寸法では，普通公差を指示することができる．これにより図面指示を簡素化することができる．

表 3-9　面取り部分を除く長さ寸法に対する普通公差

公差等級		基準寸法の区分							
記号	説明	0.5 (1) 以上 3 以下	3 を超え 6 以下	6 を超え 30 以下	30 を超え 120 以下	120 を超え 400 以下	400 を超え 1000 以下	1000 を超え 2000 以下	2000 を超え 4000 以下
		許容差							
f	精級	±0.05	±0.05	±0.1	±0.15	±0.2	±0.3	±0.5	—
m	中級	±0.1	±0.1	±0.2	±0.3	±0.5	±0.8	±1.2	±2
c	粗級	±0.2	±0.3	±0.5	±0.8	±1.2	±2	±3	±4
v	極粗級	—	±0.5	±1	±1.5	±2.5	±4	±6	±8

（1）0.5 mm 未満の基準寸法に対しては，その基準寸法に続けて許容差を個々に指示する．

単位 mm

（JIS B 0405）

表 3-10　面取り部分の長さ寸法に対する普通公差

公差等級		基準寸法の区分		
記号	説明	0.5(1) 以上 3 以下	3 を超え 6 以下	6 を超えるもの
		許容差		
f	精級	±0.2	±0.5	±1
m	中級			
c	粗級	±0.4	±1	±2
v	極粗級			

単位 mm

注　(1) の 0.5 mm 未満の基準寸法に対しては，その基準寸法に続けて許容差を個々に指示する．

（JIS B 0405）

表 3-11　角度寸法の普通公差

公差等級		対象とする角度の短いほうの辺の長さ（単位 mm）の区分				
記号	説明	10 以下	10 を超え 50 以下	50 を超え 120 以下	120 を超え 400 以下	400 を超えるもの
		許容差				
f	精級	±1°	±30′	±20′	±10′	±5′
m	中級					
c	粗級	±1°30′	±1°	±30′	±15′	±10′
v	極粗級	±3°	±2°	±1°	±30′	±20′

（JIS B 0405）

【利点】

・図面が容易に読め，情報伝達が早い

・詳細な公差の算定を避けることによって時間の節約が可能

・どの形体が通常の工程能力で生産できるか容易に指示でき，検査基準を下げることにより品質管理が容易になるなど

2　図面への指示の仕方

普通公差を適用する場合には，次の事項を一括して図面内の表題欄の中やその近くに指示する．

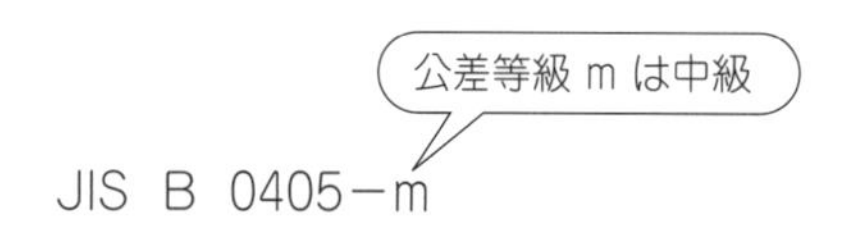

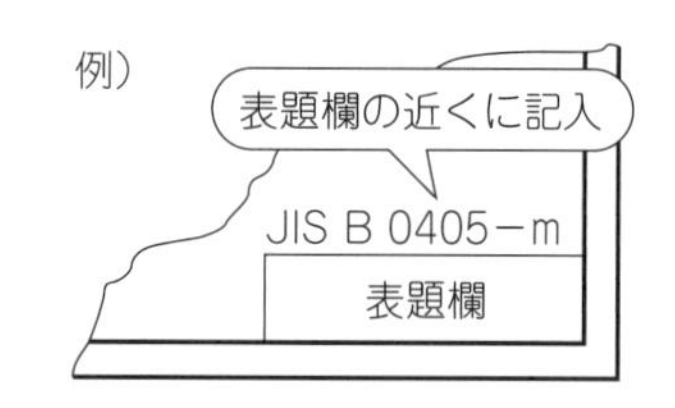

6　サイズ公差の記入における一般的注意事項

許容差の指示で長さサイズが二つ以上あり，それぞれに公差を記入する場合には，公差の重複を避けるため，重要度の高いサイズから公差を記入する．重要度の低いサイズには，サイズあるいは公差を記入しない，もしくは（　）の中に記入する．

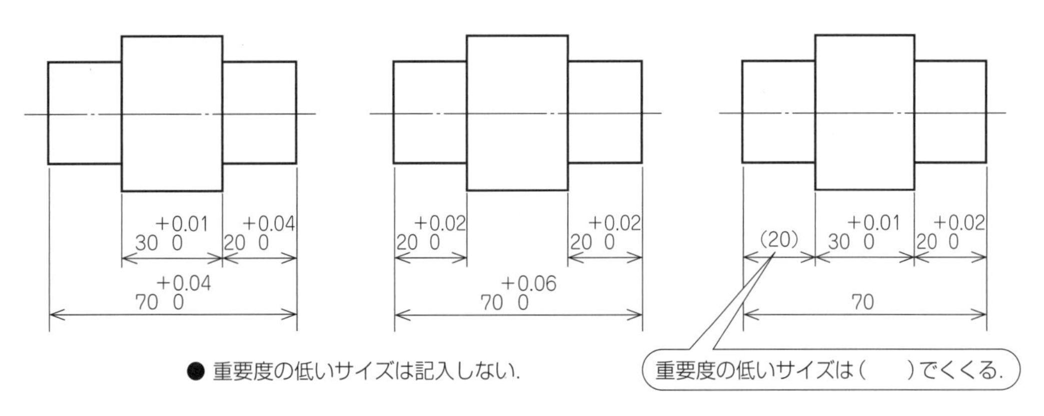

▶▶ 図 3-128　公差の重複を避ける記入方法 ◀◀

組立て部品に公差を記入するには，図示サイズの後に，穴の公差クラスを軸の公差クラスの前または上に指示する．さらに許容差を数値で指示する必要がある場合には，（　）を付けて記入する．

公差を数値で記入する場合には，その構成部品の名称または照合番号に続けて示す．いずれも，**穴の寸法を上，軸の寸法を下にする．**

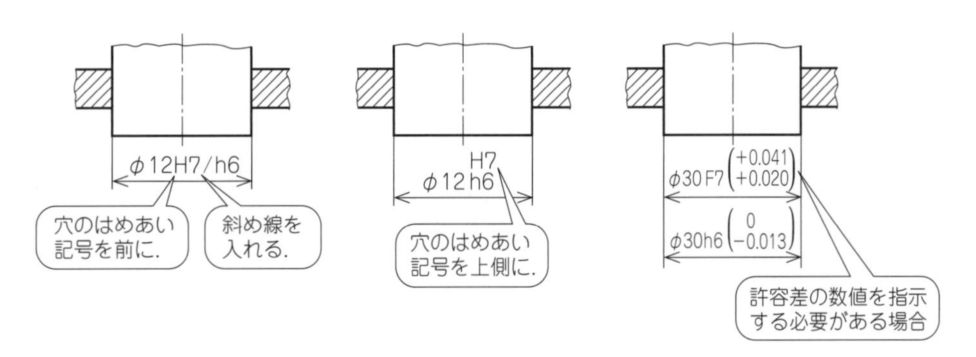

▶▶ 図 3-129　組立て部品に公差を入れる場合の表し方 ◀◀

用語の新旧対比表

「長さに関わるサイズ」に関する ISO を JIS 化する作業内容として，新規格 JIS B 0401-1：2016 は，旧規格 JIS B 0401-1：1998 から「寸法」という用語の定義が大きく変わった．従来，「寸法」と呼ばれていたものが「サイズ」に置き換わっている．

用語の対比表

新規格	旧規格	新規格	旧規格
サイズ形体	―	すきま	すきま
図示外殻形体	―	最小すきま	最小すきま
穴	穴	最大すきま	最大すきま
基準穴	基準穴	しめしろ	しめしろ
軸	軸	最小しめしろ	最小しめしろ
基準軸	基準軸	最大しめしろ	最大しめしろ
図示サイズ	基準寸法	はめあい	はめあい
当てはめサイズ	実寸法	すきまばめ	すきまばめ
許容限界サイズ	許容限界寸法	しまりばめ	しまりばめ
上の許容サイズ	最大許容寸法	中間ばめ	中間ばめ
下の許容サイズ	最小許容寸法	はめあい幅	はめあいの変動量
許容差	許容差	ISO はめあい方式	はめあい方式
上の許容差	上の寸法許容差	穴基準はめあい方式	穴基準はめあい
下の許容差	下の寸法許容差	軸基準はめあい方式	軸基準はめあい
基礎となる許容差	基礎となる寸法許容差	―	局部実寸法
Δ 値	―	―	寸法公差方式
サイズ公差	寸法公差	―	基準線
サイズ公差許容限界	―	―	公差単位
基本サイズ公差	基本公差	―	最大実体寸法
基本サイズ公差等級	公差等級	―	最小実体寸法
サイズ許容区間	公差域		
公差クラス	公差域クラス		

7　標準指定演算子と特別指定演算子

「円筒」および「相対する平行二平面」の二つのサイズ形体の長さに関わるサイズの規定に標準指定演算子と特別指定演算子がある．**演算子**とは記号のことをいい，サイズ特性の特定の種類を定義する指定条件，または記号を用いる．

1　サイズの標準指定演算子

長さに関わるサイズに基本的なGPSの指示を用いる場合は，サイズの標準指定演算子を適用し，基本的な指定は指定条件をつけないで表3-12のいずれかになる．

GPSとはGeometrical Product Specificationsの略語で「製品の幾何特性仕様」のことを指す．これによって，ISOの一部がJISに取り入れられている．

表 3-12　種々のサイズの基本的な GPS 指定

長さに関わるサイズの基本的な GPS 指定	例
図示サイズ±許容差	$150^{\ 0}_{-0.2}$，$\phi 38^{+0.2}_{-0.1}$，$\phi 55 \pm 0.2$
図示サイズとそれに続く JIS B 0401-1 の ISO コード方式（公差クラス）	68 H8，φ67 k6，165 js10
上および下の許容サイズの値	85.2　29.000　120.2 84.8　28.929　119.8
上の許容サイズまたは下の許容サイズの値	85.2 max　84.8 min
“(　)”を用いた参考寸法でも，“□”の枠を用いた理論的に正確な寸法（TED）でもない，図示サイズで定義された普通公差	（図 3-130（b）のような図示に加えて） （表題欄の中またはその付近に指示した）JIS B 0405-m[a]

注　a）の普通公差の規定は，JIS B 0405 参照.

2　ISO 標準指定演算子

指定条件のないサイズの ISO 標準指定演算子は，2 点間サイズとする．このとき，サイズの ISO 標準指定演算子は図示指定演算子で規定する．また，ほかのサイズの標準指定を引用する指示が図面上にない場合に適用する．

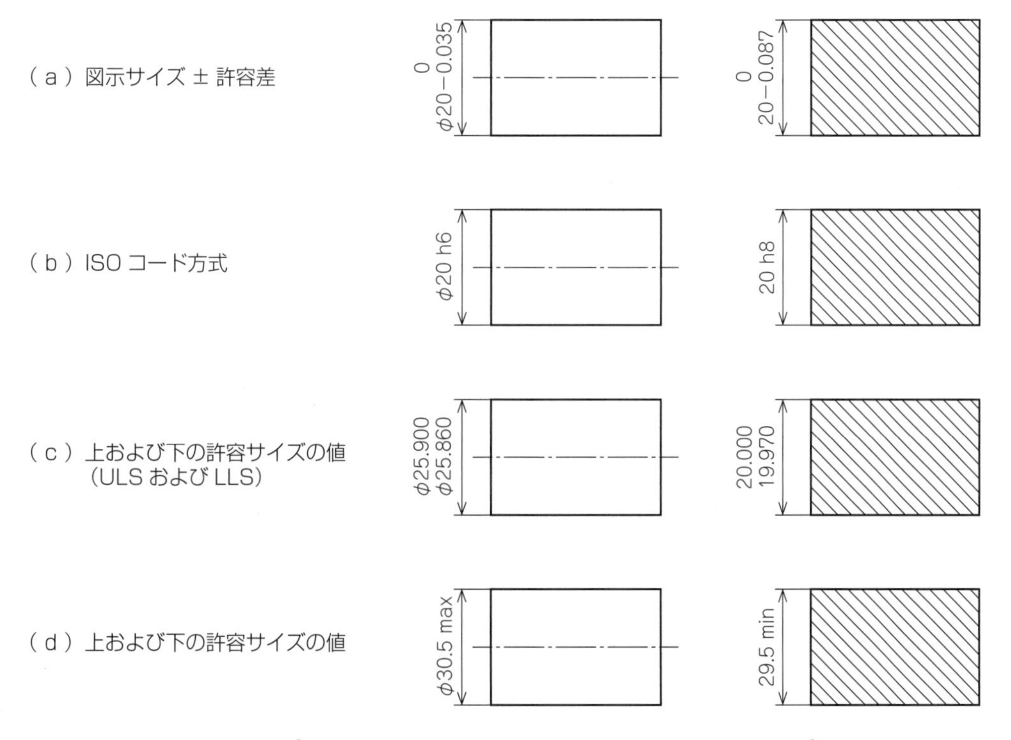

図 3-130　サイズの基本的な GPS 指定の例

3　図示標準指定演算子

図面に標準指定演算子を適応する場合には，表題欄の中やその近くに指示する．

このように記入することを**図示標準指定演算子**という．

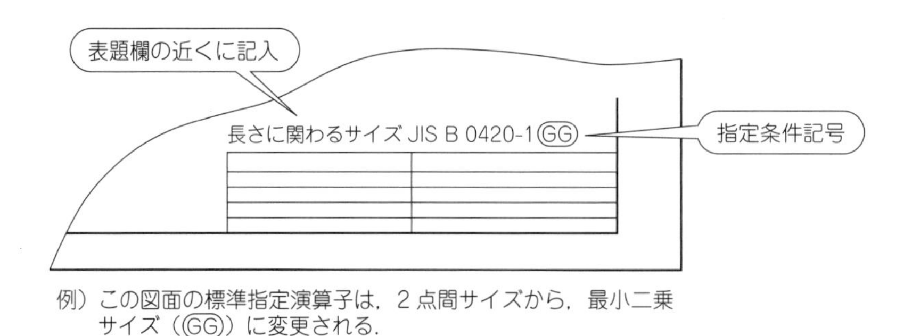

図 3-131　図面全体に対するサイズの標準指定演算子の変更

4　代替標準 GPS 指定演算子

JIS B 0024 の規格ではないものを適用するときだけ (AD) を使用し，関連する文書をほかの必要な情報（例：発行年月日）とともに指示する．AD は“Altered Default”の略を記号にしたもので標準が変更されたという意味である．

ほかの規格においても，適応する項目はすべて表題欄の中やその近くに指示しなければならないため，多くの項目を記載する場合は表題欄に接するような欄を設けるか，図面のあいた箇所に表形式で記載するとよい．

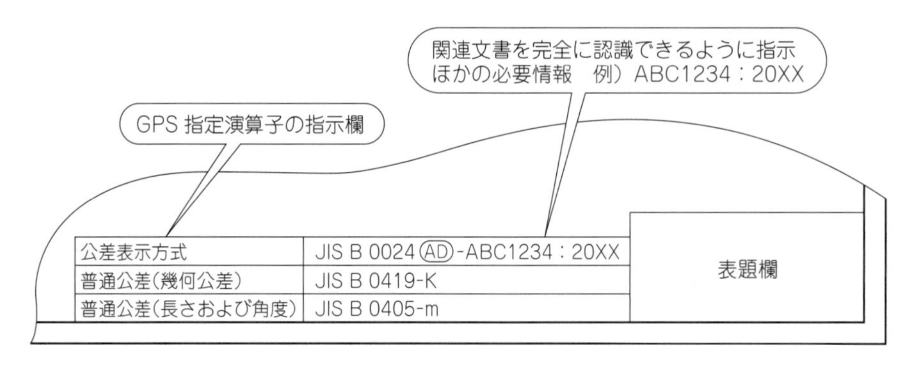

図 3-132　代替標準 GPS 指定演算子の指示の一例

8 特別指定演算子

特別指定演算子とは，一つ以上の特別指定演算を含む指定演算子のことで，サイズ公差に条件記号を付けて示す．

表 3-13 長さに関わるサイズの指定条件

条件記号	説 明
(LP)	2点間サイズ
(LS)	球で定義される局部サイズ
(GG)	最小二乗サイズ（最小二乗当てはめ判定基準による）
(GX)	最大内接サイズ（最大内接当てはめ判定基準による）
(GN)	最小外接サイズ（最小外接当てはめ判定基準による）
(CC)	円周直径（算出サイズ）
(CA)	面積直径（算出サイズ）
(CV)	体積直径（算出サイズ）
(SX)	最大サイズ
(SN)	最小サイズ
(SA)	平均サイズ
(SM)	中央サイズ
(SD)	中間サイズ
(SR)	範囲サイズ

表 3-14 サイズの標準指定条件

説 明	記 号	例
包絡の条件 (envelope requirement)	(E)	10±0.1 (E)
形体の任意の限定部分	／（理想的な）長さ	10±0.1 (GG) /5
任意の横断面 (any cross section)	ACS	10±0.1 (GX) ACS
特定の横断面 (specified cross section)	SCS	10±0.1 (GX) SCS
複数の形体指定	形体の数×	2×10±0.1 (E)
連続サイズ形体の公差 (common feature of size tolerance)	CT	2×10±0.1 (E) CT
自由状態（free state）	(F)	10±0.1 (LP)(SA)(F)
区間指示	↔	10±0.1 A↔B

9　一つ以上の指定演算子の指示

1　同じ特別指定演算子を上の許容サイズ，および下の許容サイズに適用する場合

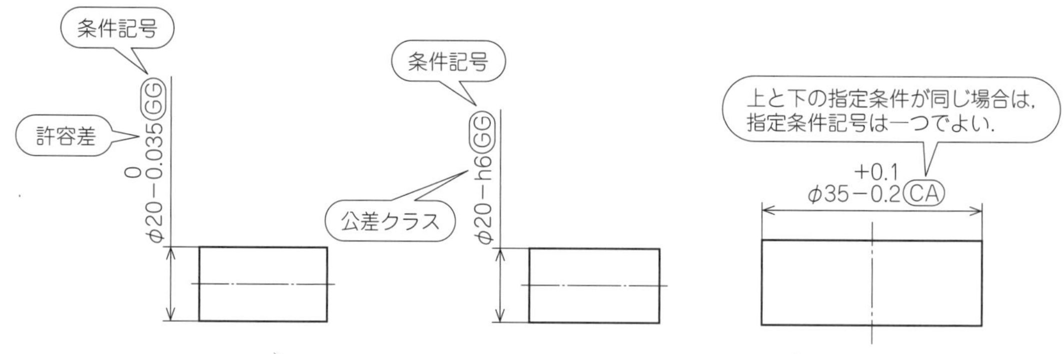

図 3-133　サイズの特別指定演算子の指示例

2　異なる指定演算子を上の許容サイズと下の許容サイズに適用する場合

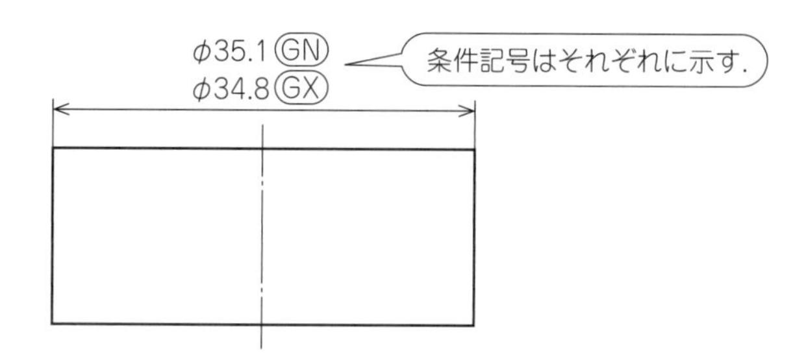

図 3-134　上および下の許容サイズのための異なる指定演算子の例

3　包絡の条件を表す指示

包絡の条件Ⓔは，二つの特定された指定演算子を簡素化したものである．

上の許容サイズ：ⒼⓃ　下の許容サイズ：ⓁⓅ　＝Ⓔ

上の許容サイズ：ⓁⓅ　下の許容サイズ：ⒼⓍ　＝Ⓔ

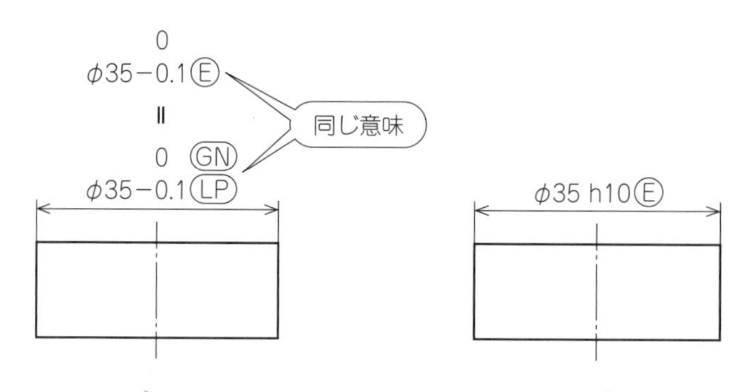

図 3-135　包絡の条件を表す指示

4 サイズ形体の特定の限定した部分に対する指示例

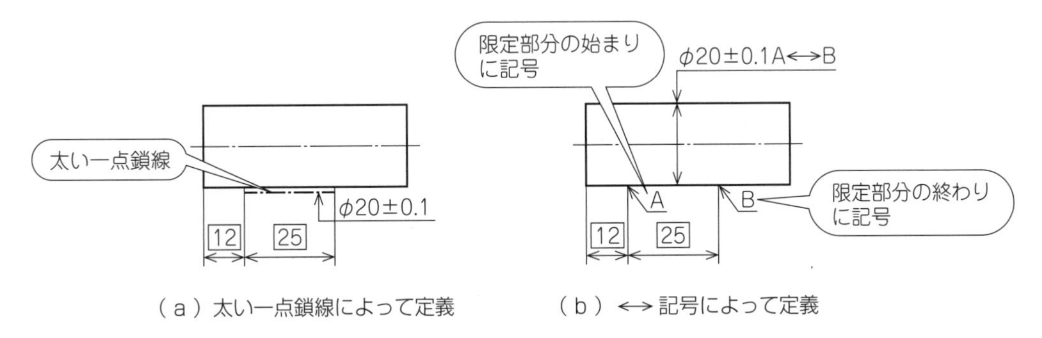

（a）太い一点鎖線によって定義　（b）⟷ 記号によって定義

図 3-136　サイズ形体の特定の限定した部分に対する指示例

包絡の条件

形体が最大実体寸法（図面指示に対して最大の軸径など）における完全形状の包絡面（最大実体状態）を超えてはならない条件を**包絡の条件**と呼んでいる。包絡の条件は、円筒面または相対する平行二平面によって決められるサイズ形体に対して適用する。

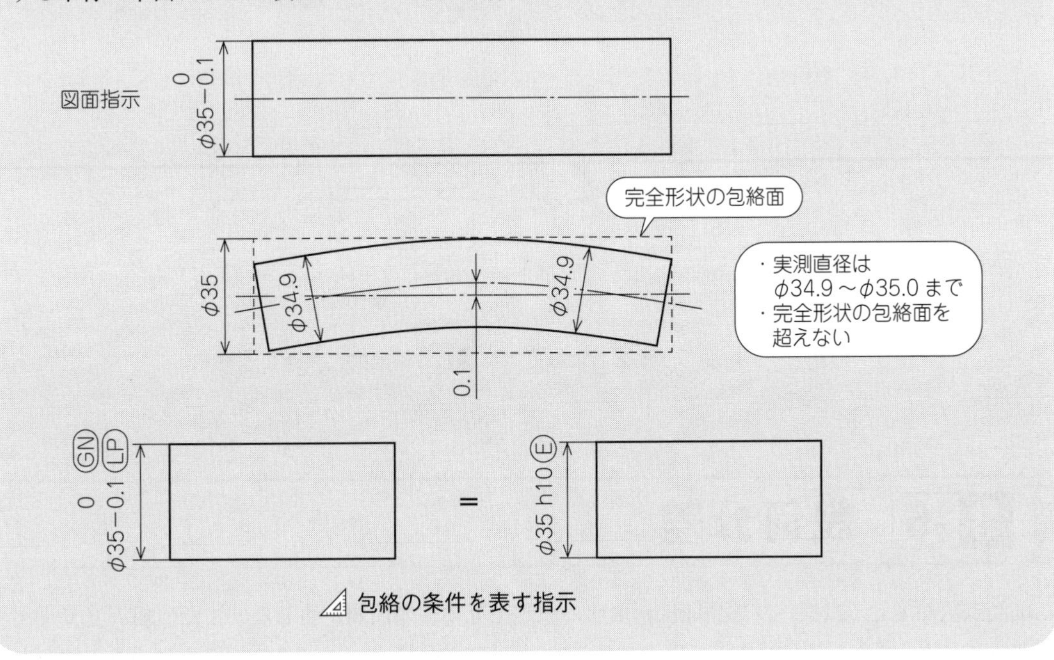

包絡の条件を表す指示

寸法，サイズ，公差のグローバル化

近年，海外との取引きをするうえで，海外において描かれた製品の幾何特性仕様を適用して図面のやり取りが盛んになってきている．しかしながら，日本のJISと国際規格の内容とが大きく乖離している部分が見受けられ，今後の取引きに影響が出てくることが懸念された．このような背景を踏まえ，JISの「長さに関わるサイズ」に関する国際規格をJIS化することになった．

二つの形体間の距離を示す場合，この距離は位置を表すことになるので，サイズ公差ではなく，幾何公差を使用しなくてはならない．幾何公差による指示は，図面からあいまいさをなくし，設計者が意図する図面を的確に伝えることを目指している．

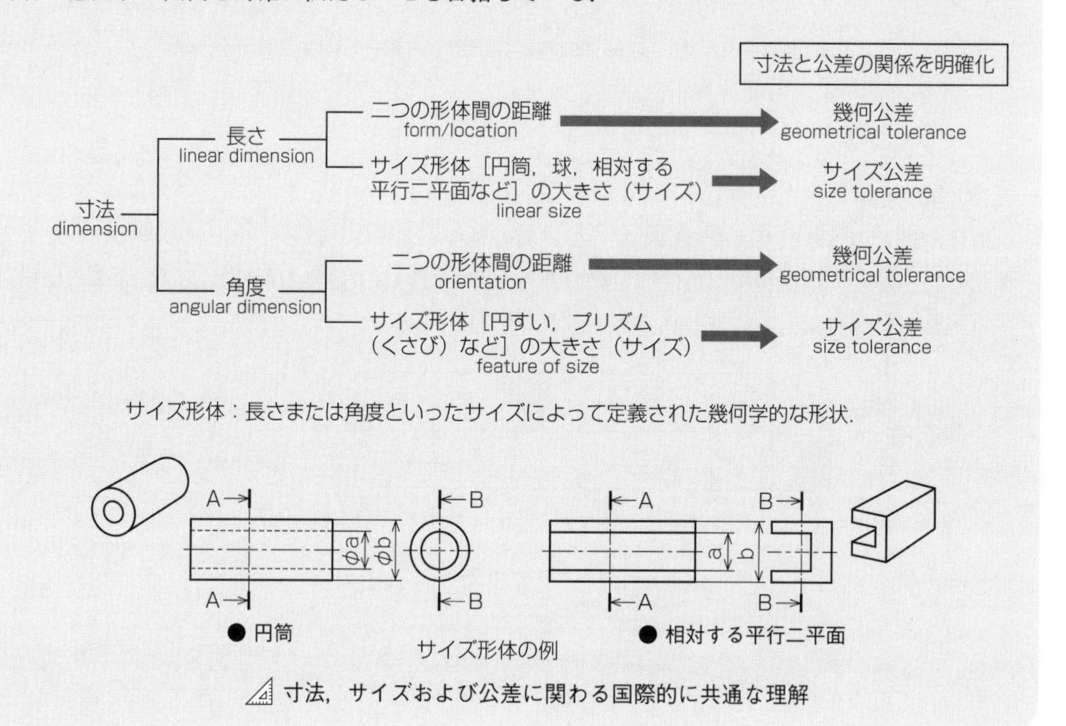

寸法，サイズおよび公差に関わる国際的に共通な理解

3-6 幾何公差

部品点数が増えるに従い，部品間に累積する誤差や互換性の問題が生じる．また，組み立てやすさが要求される．でき上がった品物のサイズ公差は許容範囲内に入っているが，組み上げようとすると組み上がらなかったり，組み上がっても機能を発揮することができないなどの現象が発生することがある．

これは部品の**たわみやゆがみ**など形状の**幾何学的不良**によることが多く，表面粗さやサイズ公差だけではなく，形状のゆがみや位置のずれ，振れなどに対して公差を与える幾何学的な精度が必要であることを示しており，これを**幾何公差**と呼んでいる．

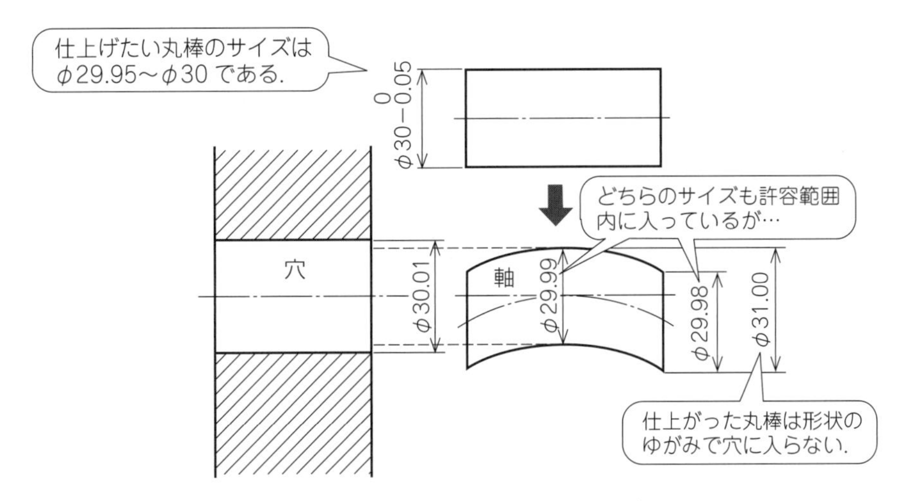

図 3-137 幾何公差の必要性

1 幾何公差表示方式とは

図面上に描かれている直線や円などを実際に加工する場合，完全な面や円形に仕上げることは事実上不可能に近い．このように完全に正しい形状に仕上げるのが不可能な場合には，どの程度まで狂いが許されるかという指標が必要である．特に部品間の組立てにおいては，この問題は重要である．

幾何公差表示方式は対象物の形状，位置などの狂いに対して許容値を与えて指示するものであり，形状や位置の狂いを**幾何偏差**という．幾何偏差には**形状偏差**，**姿勢偏差**，**位置偏差**，**振れ**がある．この幾何偏差の許容値を**幾何公差**と呼んでいる．

2 幾何公差の種類と表示法

幾何公差には**形状公差**，**姿勢公差**，**位置公差**，**振れ公差**がある．形状，姿勢，位置，振れの偏差を一定の値の中に規制したいときには，その許容値を定める幾何公差を記号で図示する．

幾何公差を指示する場合には，**付加記号**を付けて表示する（表 3-16 参照）．

寸法数値を枠で囲んだ寸法は，許容値をもたない寸法で，これを**理論的に正確な寸法**という．

この寸法は幾何公差の真位置を示すために用いられるもので，この**真位置**の周りに幾何公差が与えられる．

幾何公差を図に示すには，二つまたはそれ以上に分けた長方形の枠の中に公差の種類や公差値，**データム**を記入して示す．

表 3-15　幾何偏差の種類

種　類		適用する形体
形状偏差	真直度 平面度 真円度 円筒度	単独形体
	線の輪郭度 面の輪郭度	単独形体または 関連形体
姿勢偏差	平行度 直角度 傾斜度	関連形体
位置偏差	位置度 同軸度および同心度 対称度	
振　れ	円周振れ 全振れ	

表 3-16　幾何特性に用いる記号

公差の種類	特　性	記　号	データム指示
形状公差	真直度	—	否
	平面度	⏥	否
	真円度	○	否
	円筒度	⌭	否
	線の輪郭度	⌒	否
	面の輪郭度	⌓	否
姿勢公差	平行度	//	要
	直角度	⊥	要
	傾斜度	∠	要
	線の輪郭度	⌒	要
	面の輪郭度	⌓	要
位置公差	位置度	⌖	要・否
	同心度 （中心点に対して）	◎	要
	同軸度 （軸線に対して）	◎	要
	対称度	⌯	要
	線の輪郭度	⌒	要
	面の輪郭度	⌓	要
振れ公差	円周振れ	↗	要
	全振れ	⌰	要

表 3-17　付加記号

説　明	記　号	説　明	記　号
公差付き形体指示		突出公差域	Ⓟ
		最大実体公差方式	Ⓜ
データム指示	A　A	最小実体公差方式	Ⓛ
		自由状態（非剛性部品）	Ⓕ
データムターゲット	φ2 / A1	全周（輪郭度）	
理論的に正確な寸法	50	包絡の条件	Ⓔ
		共通公差域	CZ

理論的に正確な寸法（theoretically exact dimension：TED）

加工される品物の実寸法には必ずばらつきが生じる．そのため，図面では目的に応じて寸法の許容限界を指示し，ばらつきを規制している．一般には許容限界の指示は許容差もしくは上の許容サイズ，下の許容サイズで指示するが，幾何公差を指示する場合には，図示している寸法は**真位置**を示し，この真位置に関して幾何公差を与える場合がある．このような場合，図示してある寸法には許容差を認めないことを示す必要がある．これを**理論的に正確な寸法**といい，寸法には公差を付けずに**長方形の枠（細線）**で囲んで示す．

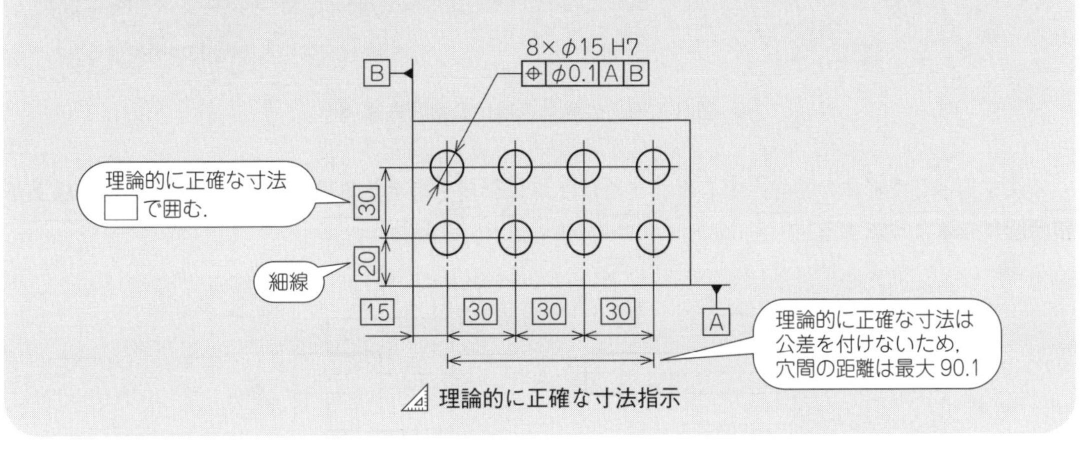

理論的に正確な寸法指示

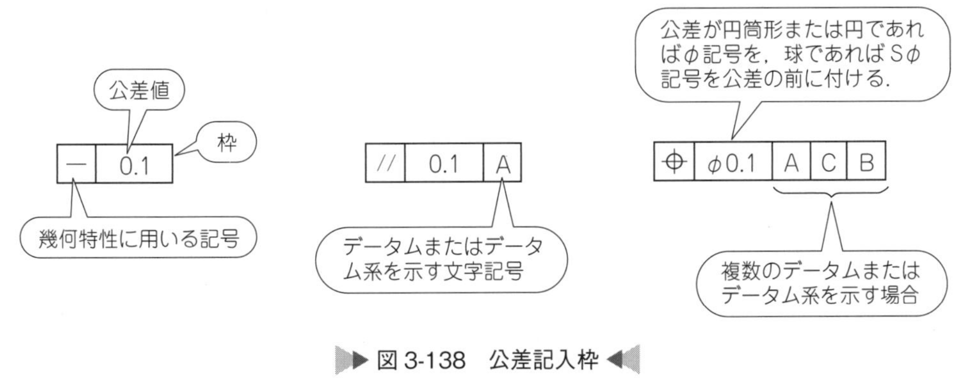

図 3-138　公差記入枠

3　公差付き形体の示し方

公差付き形体（幾何偏差の対象となる点，線，軸線，面または中心面）からの指示方法は，公差記入枠の右または左側から引き出した**指示線**によって指示する．

線や表面に公差を指示する場合には，形体の外形線上または外形線の延長線上から指示する．この場合，寸法線の位置とは明確に離して記入し，指示線の矢は点を付けて，引き出した引出補助線上に当ててもよい．

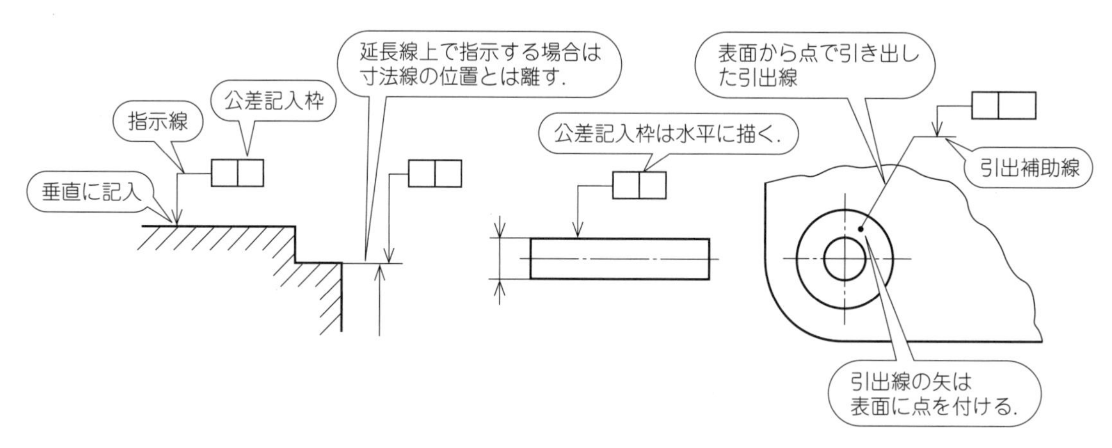

図 3-139　公差付き形体の指示方法

寸法を指示した形体の軸線，中心平面または1点に公差を指示する場合には，**寸法線の延長線上が指示線**になるようにする.

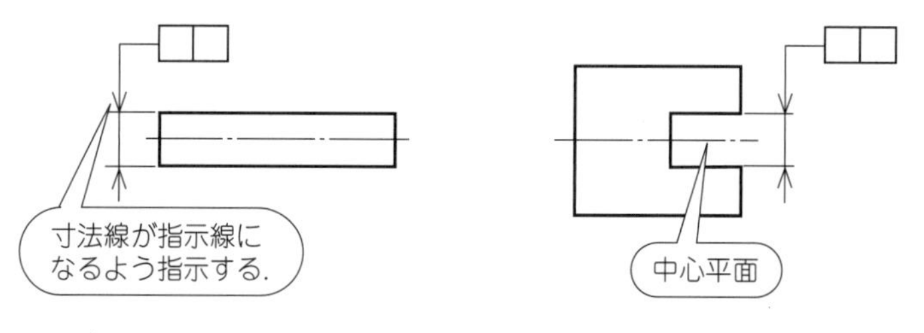

図 3-140　寸法を指示した形体に指示する場合

複数の離れた形体に対して同じ公差値を指示する場合には，個々の公差域をまとめて指示することができ，一つの公差域を適用する場合には，公差記入枠の中に文字記号“CZ”を記入する.

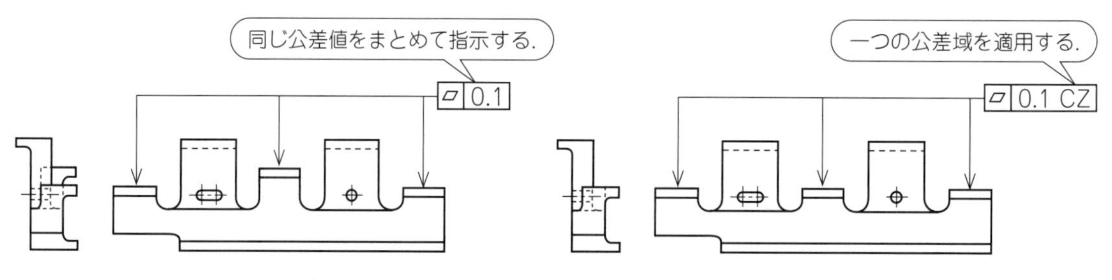

図 3-141　複数の離れた形体の指示方法

姿勢公差，位置公差，振れ公差，輪郭度公差の一部では基準に関連付けて指定することがある．この基準は，寸法記入の場合の基準ではなく，幾何公差を規制するために設定した**理論的に正確な幾何学的基準**であり，この基準を**データム**という.

データムを指示するには，**データム文字記号**を用い，正方形の枠で囲んだ大文字と**データム三角記号**とを結んで示す．データム三角記号は塗りつぶしても，塗りつぶさなくても同じ意味になる.

表 3-18　データムの記号

事　項	記　号
データムを指示する文字記号	A
データム三角記号	

文字記号をもつデータム三角記号を表示するには，データムが線または表面である場合，外形線上や外形線の延長線上から引出線を用い，寸法線の位置と離して記入する．また，表面を示した引出線につながった引出補助線上に指示してもよい．

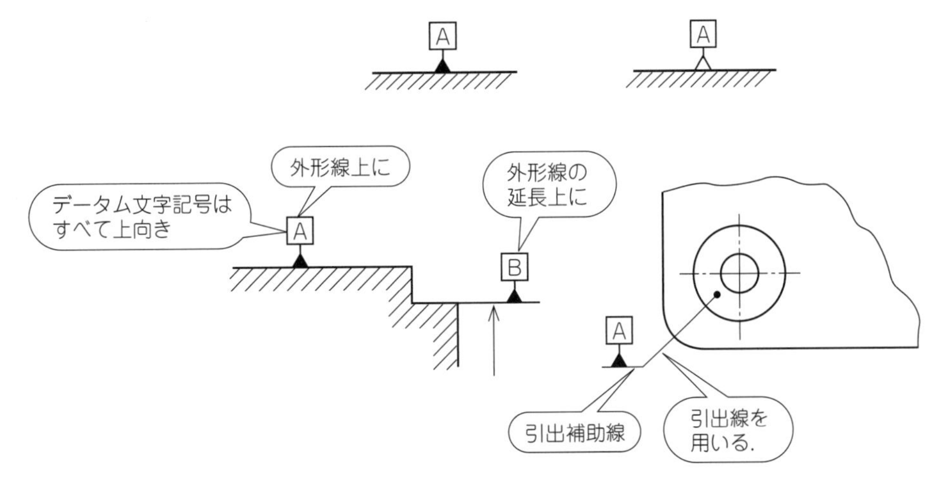

図 3-142　データムの表示の仕方

データムが軸線や中心平面，点である場合には，寸法線の延長線上に**データム三角記号**を指示する．二つの端末記号が記入できない場合には，一方をデータム三角記号に置き換えてもよい．

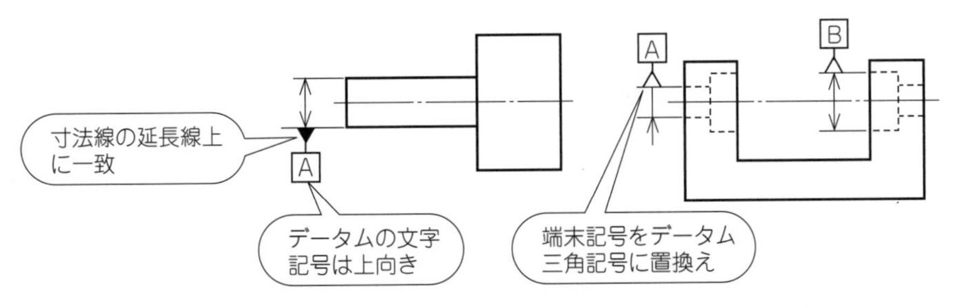

図 3-143　寸法線の延長上にデータムを指示する場合

データムとは

データムは公差域を設定するための理論的に正確な幾何学的基準であり，点，直線，軸直線，平面，中心平面などがあり，それぞれ**データム点**，**データム直線**，**データム軸直線**，**データム平面**，**データム中心平面**と呼んでいる．

データムは仮想のものであり，実際には対象物の線や面，穴中心，軸線などを選ぶことになるが，加工においては加工誤差が生じてしまうので，幾何学的に正確とはいえなくなる．そこでデータムを設定するために用いる対象物の実際の形体を**データム形体**と呼んでいる（図(a)）．

位置公差は，一般に互いに直交する三つのデータム平面と関連して指示する．これらの三平面によって構成されるデータム系を，**三平面データム系**と呼び，データムの優先順位を指示する．データム平面は，その優先順位にしたがってそれぞれ第一次，第二次および第三次データム平面という（図(b)）．これらのデータムに対応する実用データム形体は，第一，第二および第三実用データム平面という（図(c)）．データムの優先順位は公差記入枠の区画の中に優先順位の高い順に左から記入する（図(d)）．同じ形状であっても，データムを指定する順序によって，公差に大きな影響を及ぼすので注意する（図(e)）．

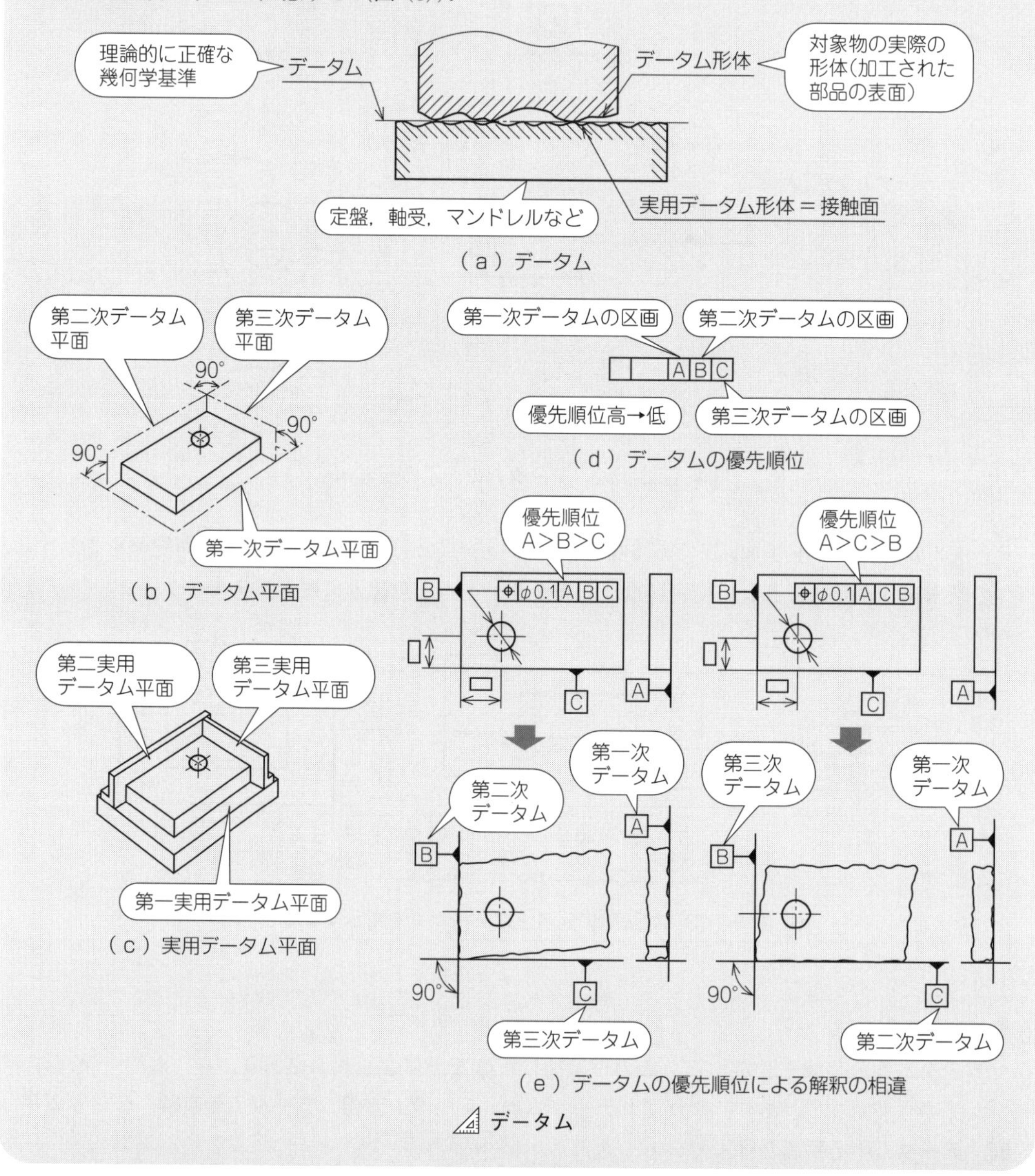

（a）データム

（b）データム平面

（c）実用データム平面

（d）データムの優先順位

（e）データムの優先順位による解釈の相違

データム

4 幾何公差の図示例

幾何公差の図示例の抜粋を表 3-19 に記す．その他は JIS B 0021 を参照のこと．

表 3-19 幾何公差の図示例

記号	公差域の定義	指示方法および説明
—	**真直度公差**	
	対象とする平面内で，公差域は t だけ離れ，指定した方向に，平行二直線によって規制される． 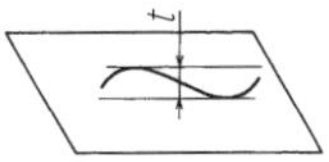	上側表面上で，指示された方向における投影面に平行な任意の実際の（再現した）線は，0.1 だけ離れた平行二直線の間になければならない． 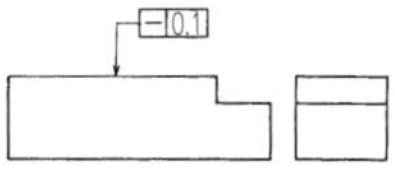
	公差域は，t だけ離れた平行二平面によって規制される． 備考　この意味は，旧 JIS B 0021 とは異なる． 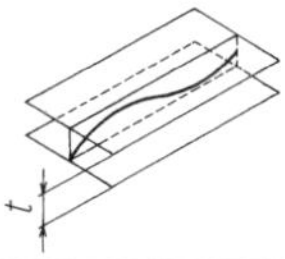	円筒表面上の任意の実際の（再現した）母線は，0.1 だけ離れた平行二平面の間になければならない． 備考　母線についての定義は，標準化されていない． 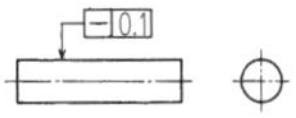
	公差値の前に記号 ϕ を付記すると，公差域は直径 t の円筒によって規制される． 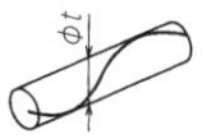	公差を適用する円筒の実際の（再現した）軸線は，直径 0.08 の円筒公差域の中になければならない． 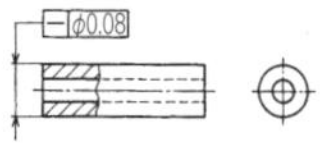
//	**平行度公差 - データム直線に関連した線の平行度公差**	
	公差域は，距離 t だけ離れた平行二平面によって規制される．それらの平面は，データムに平行で，指示された方向にある． 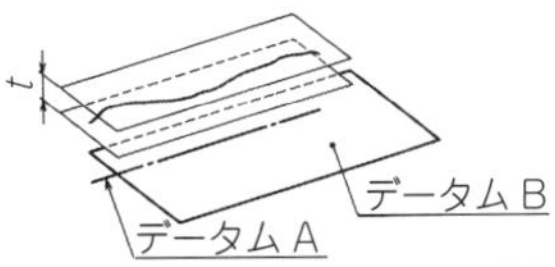 データム B データム A	実際の（再現した）軸線は，0.1 だけ離れ，データム軸直線 A に平行で，指示された方向にある平行二平面の間になければならない． 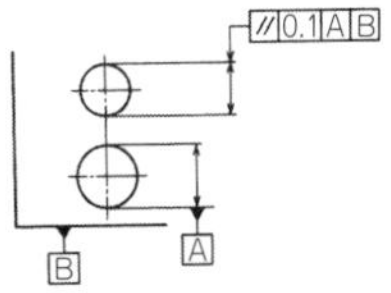
	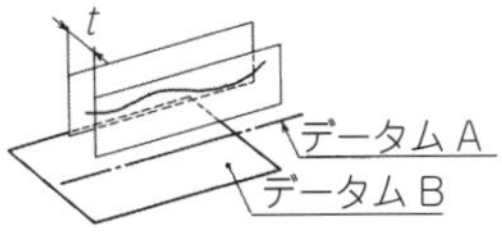 データム A データム B	実際の（再現した）軸線は，0.1 だけ離れ，データム軸直線 A（データム軸線）に平行で，指示された方向にある平行二平面の間になければならない． 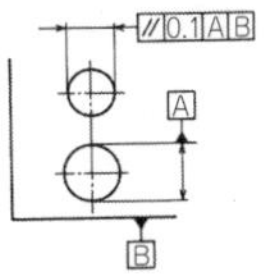
⌖	**位置度公差 - 点の位置度公差**	
	公差値に記号 Sϕ が付いた場合には，その公差域は直径 t の球によって規制される．球形公差域の中心は，データム A，B および C に関して理論的に正確な寸法によって位置付けられる． 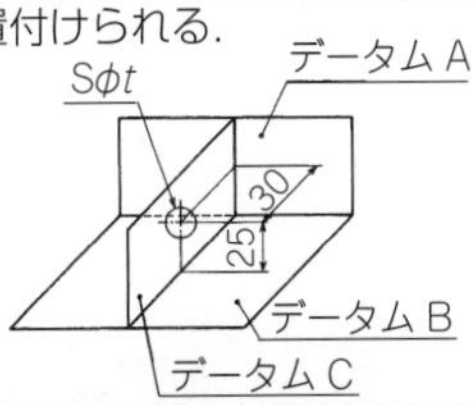 Sϕt　データム A　30　25　データム B　データム C	球の実際の（再現した）中心は，直径 0.3 の球形公差域の中になければならない．その球の中心は，データム平面 A，B および C に関して球の理論的に正確な位置に一致しなければならない． 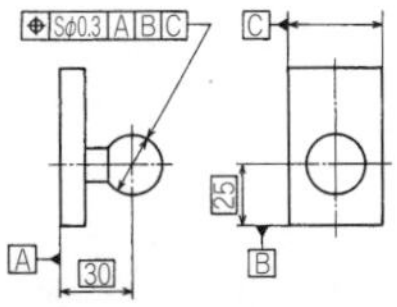

●表 3-19　幾何公差の図示例（つづき）●

記　号	公差域の定義	指示方法および説明
⌖	**位置度公差 - 線の位置度公差**	
	公差域は，距離 t だけ離れ，中心線に対称な平行二直線によって規制される．その中心線は，データム A に関して理論的に正確な寸法によって位置付けられる．公差は，一方向にだけ指示する． 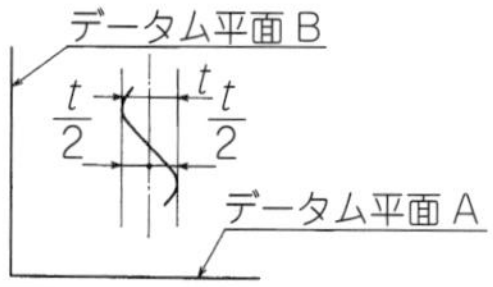	それぞれの実際の（再現した）けがき線は，0.1 だけ離れ，データム平面 A および B に関して対象とした線の理論的に正確な位置について対称に置かれた平行二直線の間になければならない． 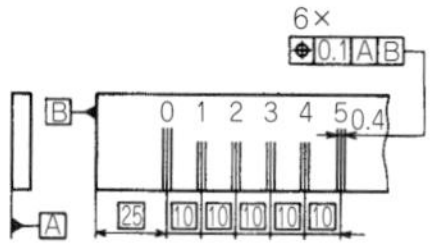
	公差域は，それぞれ距離 t_1 および t_2 だけ離れ，その軸線に関して対称な 2 対の平行二平面によって規制される．その軸線は，それぞれデータム A，B および C に関して理論的に正確な寸法によって位置付けられる．公差は，データムに関して互いに直角な二方向で指示される． 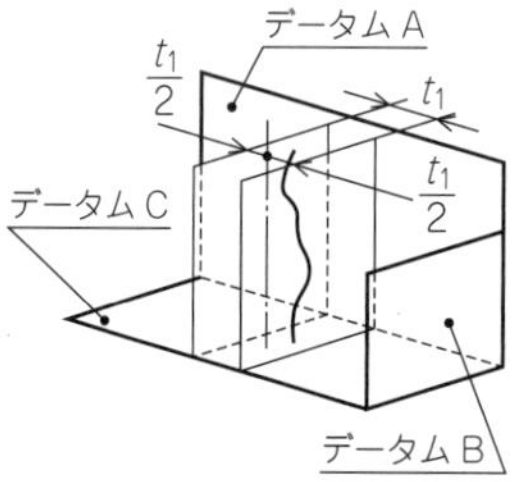 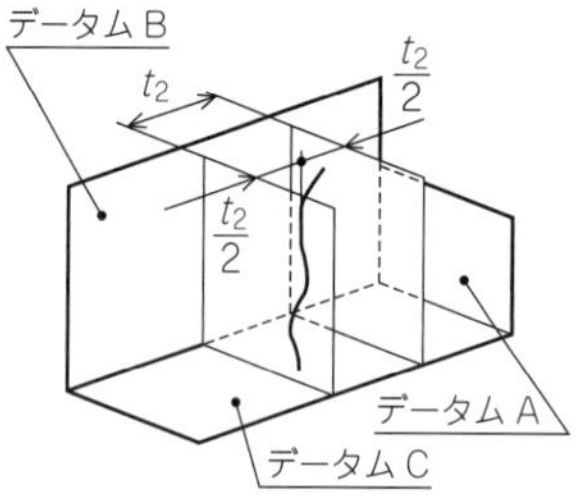	個々の穴の実際の（再現した）軸線は，水平方向に 0.05，垂直方向に 0.2 だけ離れ，すなわち，指示した方向で，それぞれ直角な個々の 2 対の平行二平面の間になければならない．平行二平面の各対は，データム系に関して正しい位置に置かれ，データム平面 C，A および B に関して対象とする穴の理論的に正確な位置に関して対称に置かれる． 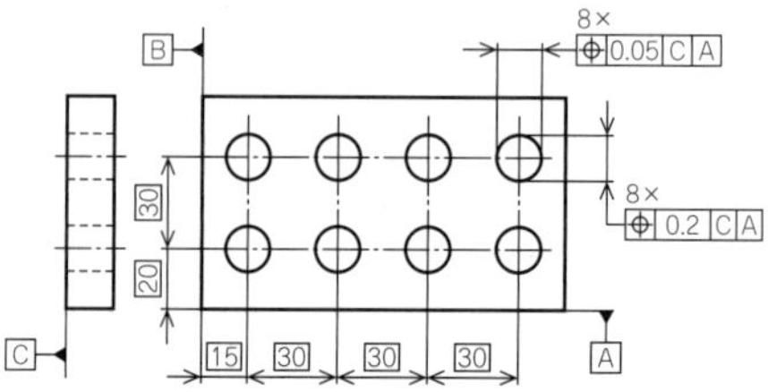
↗	**円周振れ公差 - 半径方向**	
	公差域は，半径が t だけ離れ，データム軸直線に一致する同軸の二つの円の軸線に直角な任意の横断面内に規制される． 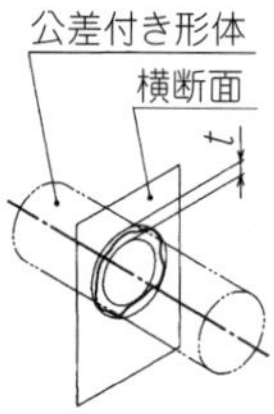	回転方向の実際の（再現した）円周振れは，データム軸直線 A のまわりを，そしてデータム平面 B に同時に接触させて回転する間に，任意の横断面において 0.1 以下でなければならない． 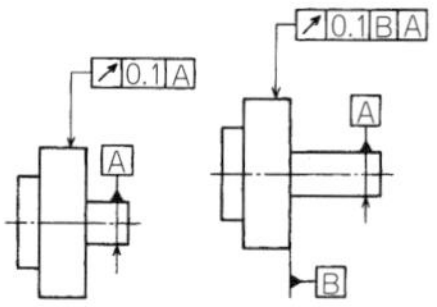
	通常，振れは軸のまわりに完全回転に適用されるが，1 回転の一部分に適用するために規制することができる．	実際の（再現した）円周振れは，共通データム軸直線 A-B のまわりに 1 回転させる間に，任意の横断面において 0.1 以下でなければならない． 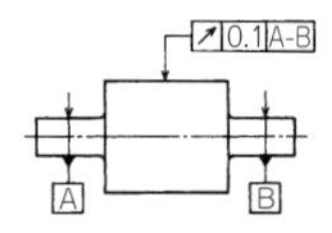

幾何公差の必要性

サイズ公差は部品の各サイズの許容範囲を示し，幾何公差は部品形状の精度を示す．サイズ公差だけの指示だとあいまいさがあり，人によって解釈が異なってしまう場合がある．また，幾何公差が定義されていないと，製造された部品がひずんでいても図面上は問題なしとなってしまう．幾何公差を使用することで基準が明確になり，サイズ公差より細かい指示が出せるので，設計者の意図を加工者に正確に伝えられる．

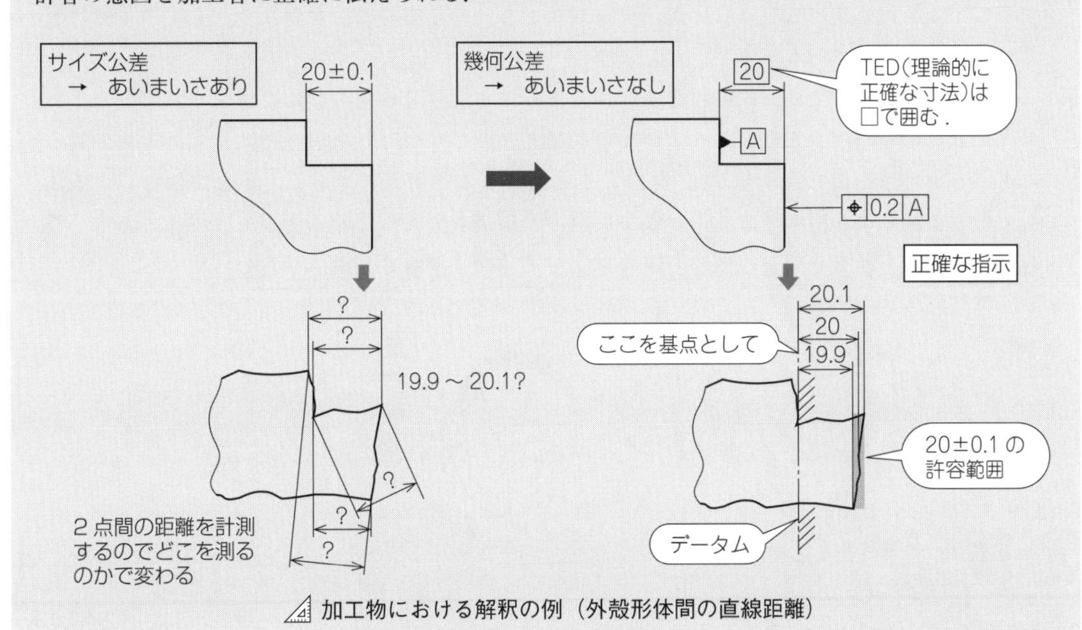

加工物における解釈の例（外殻形体間の直線距離）

加工物における解釈の例（二方向の直線距離）

設計の現場から 2

●成果を伝える方法

自分自身がかかわった開発やプロジェクトに関して，その成果を論文や発表で第三者に伝えることが時として必要になる．そのようなことは誰もが経験できることではなく，名誉なことだが，執筆や講演などが苦手と感じている人も多いだろう．このスキルが短時間で急速に上達することは至難の業かもしれないが，チャンスがあれば積極的にかかわり，少しずつでも慣れていくことが肝心である．

論文の執筆であっても，成果の発表講演であっても，自分自身の学んだ過程や，たどり着いた成果を人にわかりやすく伝えるという目的に変わりはない．したがって，まず「誰に伝えるのか（＝読み手や聞き手は誰か）」を正しく把握することが大切である．学会誌に寄稿する論文であれば読者は専門家であり，一般市民向けの講演会であれば聴講者は一般市民である．読み手や聞き手，執筆や発表の依頼の趣旨によって，使う用語や，構成も変わってくる．

しかし，どんなシチュエーションであっても大切なことは，自分自身にとって「伝えたいことは何か」をよく整理し，きちんと把握しておくことである．単に，学んだことや成果を上げるまでを時系列で順に紹介するだけでは，特に印象に残らないもので終わってしまう．自分自身にとって伝えたいことに軸に置いて，話を展開していくことで，読み手や聞き手の心を動かす深みが生まれてくるものである．

図面の作り方

部品や機械を作るための図面を**製作図**という．品物の多くは部品が集まって完成される．備えるべき事項を完全に表すために必要なすべての情報を示す図面を**部品図**といい，部品を組み立てた状態で，その相互関係や組み立てに必要な情報などを図示した図面を**組立図**という．

1　図面の描き方

最初に描く図面を**元図**という．この元図を描く際にどのような順番で描いたらよいのか，一般的な描き方を示すので参考にしてほしい．

① 品物の形や大きさを考慮して投影図の数，配置，尺度や用紙の大きさを決める．
② 輪郭線，中心マーク，表題欄・部品欄を設ける．
③ 対象物の大きさから，各図の**中心線や基準となる線を引く**（図 4-1（a）参照）．
④ 外形線を軽く細い線で描く．主投影図以外の投影図がある場合には，**各図に関係する線は同時に引き，投影図ごとに描き上げていくことは避ける**（図 4-1（a）参照）．
⑤ 細部の形状を描く．このとき**円や円弧を先に描いてから直線を引く**（図 4-1（b）参照）．
⑥ 必要に応じて，かくれ線，切断線，想像線，破断線などを描く（図 4-1（c）参照）．
⑦ 不要な線を消し，必要に応じてハッチングを入れる．
⑧ すべての寸法補助線，寸法線，引出線，矢印を入れる（図 4-1（d）参照）．
⑨ 寸法数値，記号その他の必要な事項を記入する（図 4-1（d））．
⑩ 表題欄・部品欄に必要な事項を記入する．
⑪ 誤字や不足な箇所がないかをよくチェックする．

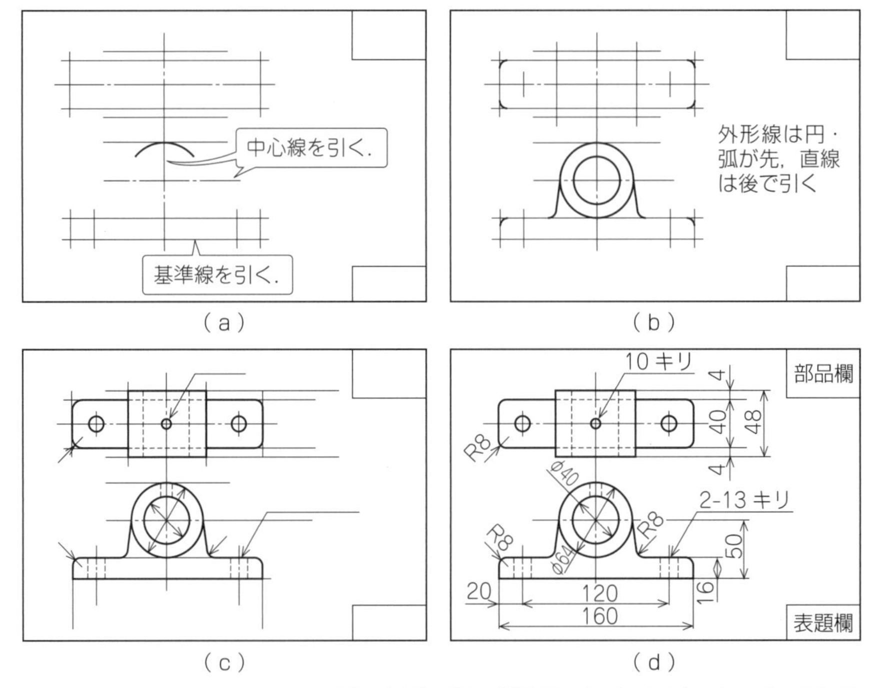

出典　小町弘：絵とき機械図面のよみ方・かき方，オーム社，（1991）

図 4-1　元図の描き方の例

2 検図

図面に誤りがなく，また出図された図面にも変更や訂正がまったくないという場合は少ない．しかし，極力誤りを少なくする努力は重要なことであり，このために，**検図作業**がある．

検図作業ではチェックリストによる検図法が行われる．以下に一例を示すので参考にしてほしい．

1 図面におけるチェック内容

ⓐ 図に関するチェック項目

① 投影図および断面図の不足，投影の誤りはないか．

② 図の配置や選定は適正か．

③ 尺度は適正か．

④ 不必要な図はないか．

⑤ 図ははっきりと濃く描かれているか．

ⓑ 寸法に関するチェック項目

① 図は正しい寸法で描かれているか．

② 工作法・寸法の記入方法，注記は適正か．

③ 寸法不足および重複寸法はないか．

④ 寸法線，文字，数字は明確か．

⑤ 許容差の指示は適正か．

⑥ 仕上げ記号の適否，記入もれはないか．

⑦ 特記事項の記入もれはないか．

3 スケッチ

スケッチは機械や部品を見ながら形状や寸法・材質などを調べ，**フリーハンド**で製図したもので，手軽にどこでも描くことができる．

スケッチには，製作図，機械図，説明図のスケッチなどがある．機械のスケッチは部品の交換や修理，または機械を再製する場合に描くもので，完全・明確であり，信頼のおけるものでなければならない．

1 スケッチの準備

使用する用具は鉛筆，消しゴム，用紙，スケッチ板，各種測定具（スケール，パス，各種ゲージ類，ノギス，マイクロメータ）などである．鉛筆はHB，F，Hなどを用い，芯は円すい形に削る．また，用紙は方眼紙を用いると図の配置や大きさを決めやすい．

また，タブレット端末，スタイラスペンを用いてスケッチをデジタルデータ化しておくことで，図の修正や保存，持ち歩きも手軽に行うことができる．

2 スケッチの描き方

スケッチは正投影法によって描き，その大きさはスケールを用いずに目測で決める．

組立てスケッチの場合，機械の構造，各部の運動，部品相互の関係などを十分に理解したうえで全体の構造，部品の取付け位置および関連がわかるように描く．また，分解する際に組立てが容易にできるように注意する．部品のスケッチでは図の大きさは，部品ごとに適当な大きさを決めて描く．

部品が標準品の場合には，略画法または呼び方で記入する．寸法の判定が困難な場合でも，実形と

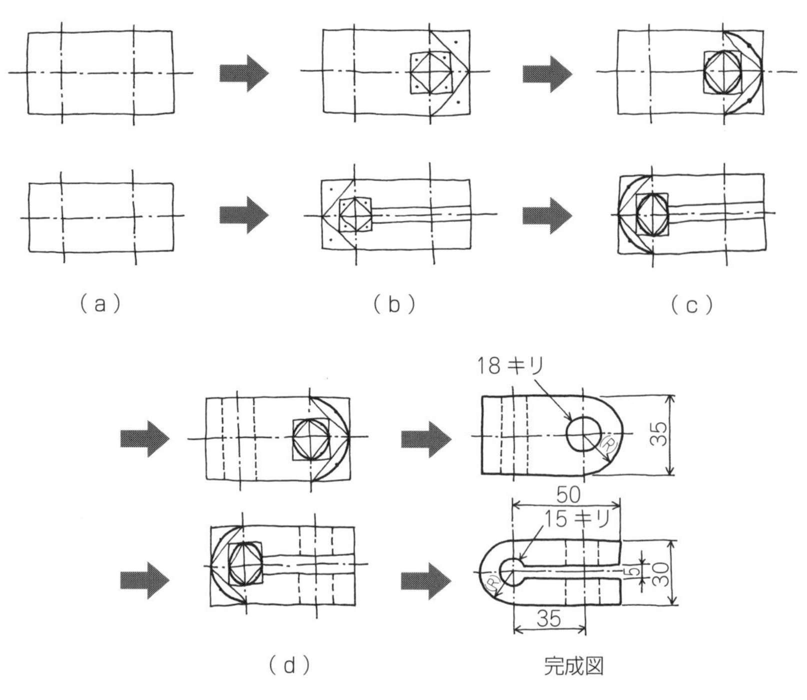

図 4-2　スケッチの描き方の例

実測寸法を優先する．

3　プリント法

平面上で複雑な曲線や穴などでは紙の上にのせ，鉛筆で形状を写しとるか，表面に光明丹（こうみょうたん）（部品の当たりを調べる顔料）や絵具などを塗り，紙を押しあて形状を写しとる．

形状のプリントが困難な場合には，針金などを使い，品物に押しあてて形をとるとよい．

精密な仕上げ箇所の寸法の測定は，ノギスやマイクロメータなどの測定器で行う．半径の測定ではRゲージを用いるとよい．

図面の管理

図面を保管したり，支障なく運用するための管理を**図面管理**という．

1 照合番号

部品は部品名称，照合番号で整理する．照合番号は円の中に数字を記入し，部品から引出線を用いて表示する．このとき，引出線は寸法線と間違えないように垂直・水平に引かず，**斜めの線**とする．この場合，**形状を表す線から引き出すには矢印，内部から引き出すには黒丸（・）**で表示する．

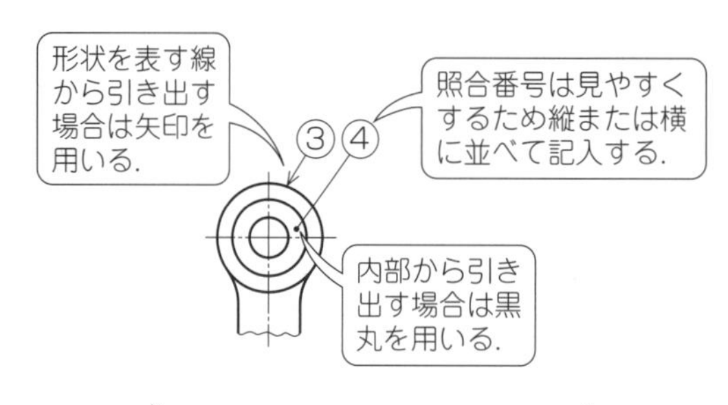

図 5-1　照合番号の記入

2 表題欄，部品欄の作成

1 表題欄

表題欄は図面の見る向きに一致させ，図を描く領域の右下隅にくるようにする．記載する項目は一般に図面番号，品名，尺度，投影法，会社・学校名，作成年月日などである．便宜上，図面番号は図面の整理，復元などを容易にするため，他の場所に追加記入してもよい．

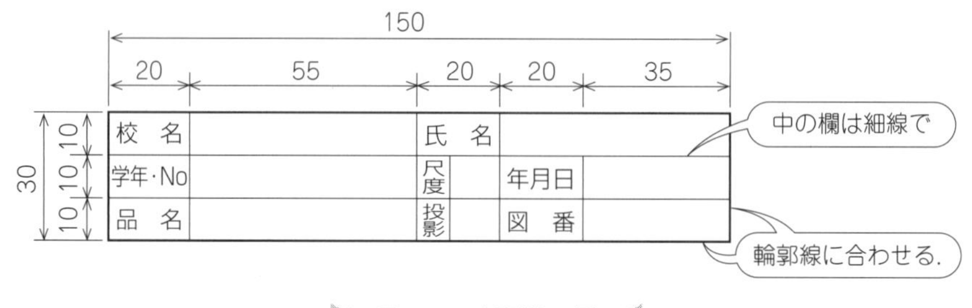

図 5-2　表題欄の例

2 部品欄

部品欄は，図面内の各部品などの情報を記載する箇所である．一般には表題欄の上に接して作成する．

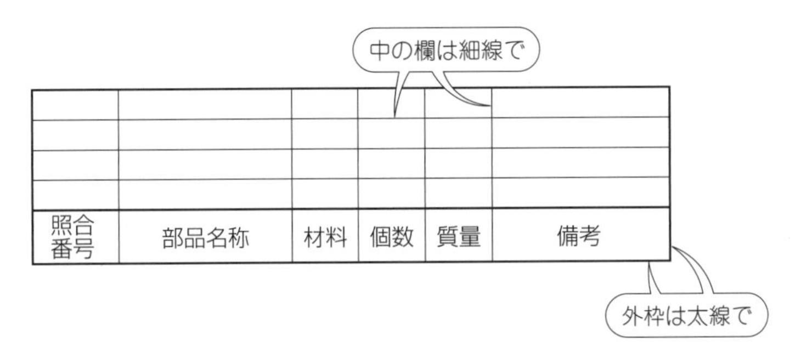

▶ 図 5-3　部品欄の例 ◀

3　図面の変更

出図後，設計変更などで図面の内容を訂正するときは，変更箇所に適切な記号を付ける．

寸法を変更する場合には，数字は 1 ～ 2 本の線で消し，その上や下に変更後の数字を記入する．このとき変更の日付や理由なども明示しておく．ただし，寸法の変更に伴って対象となる図形が自動的に修正される場合はこの限りではない．

図の中に記入できない場合には，記号を付記し，訂正欄を設けて必要な情報を記入する．

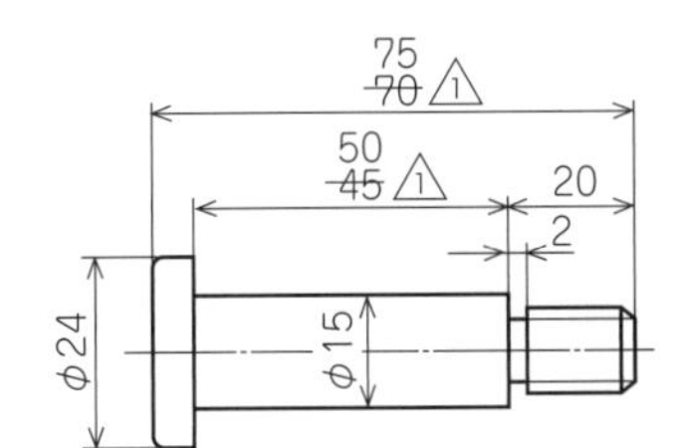

変更履歴		
記号	内容	日付
△1	寸法変更	YYYY-MM-DD

▶ 図 5-4　図面内容の変更の例 ◀

設計の現場から 3

●心と技と体

スポーツの世界で「心技体」という言葉を聞いたことがある方も多いことだろう．企業で設計の仕事をしていると，時としてこの「心技体」がいかに重要かを感じることがある．つまり，一つの製品を設計しようとするとき，その製品に対して自分自身がどれだけ気持ちよく向き合い，使う人の気持ちになれるかは，とても大切なことなのである．

したがって，学生であっても社会人であっても，まず大切なことは身体が健康であること．若いときは多少無理をしても回復するのは早いかもしれない．しかし，日々不摂生が続くと，きっといつかしっぺ返しがくるものだ．気づかないうちに，「心」と「体」の両方に疲労は蓄積されていく．ストレスをためず，規則正しい生活を心がけよう．

また，設計者は設計者である前に「技術者」である．そして，技術者であれば，「技」を日々学ぶことを怠ってはならない．溶接や金属加工，鋳造などの製造技術だけでなく，三次元測定，非破壊試験などの検査技術まで，「技」の幅はとても広い．常に謙虚に，自分より高い「技」をもっている人から多くのことを習おうとする心がけが大切である．

はたして設計者は，自らの手がける製品にどれだけ「心」を込めて設計ができるものだろうか．設計作業は形状やコスト，納期などの多くの厳しい制約との闘いでもある．闘い続けるうちに，次第に「心」を忘れてしまうこともあるだろう．時として立ち止まり，図面に描かれた1本の線の重みをぜひ「心」で感じてほしい．1本1本の線が，製品に命を吹き込むのである．

CAD・CAM・CAE

6-1 CAD

1 CADの役割

今日の製造企業において，コスト削減，納期短縮，高品質化は重要な課題となっている．この課題に対し，設計の効率化や経費の削減などの業務の効率化を行うためにコンピュータを活用したCADシステムが不可欠になっている．

コンピュータの高性能化と低価格化に伴い，安価で高性能なCADシステムも多くなり，各企業においての導入実績も増えている．

CADシステムの導入により作図時間の短縮，図面の修正，変更，保管・管理が容易になり，設計効率が高まった結果，設計から製造までの期間短縮，コスト削減，高品質化が可能となった．

また，CADシステムは機械の設計のみに留まらず，建築・土木，電気・電子をはじめ，アパレル産業などにも幅広く導入されている．

CADとは，「コンピュータ支援設計（Computer Aided Design）」のことで，コンピュータを活用して設計工程を支援する技術のことである．

CADは手作業で行う設計・製図作業を自動化したシステムで，対象物の形状を座標値や相互間の関連を示す線で表現するものである．従来の手描き製図作業で使用してきた製図用紙，定規，ペン，コンパスなどの製図機器の機能をコンピュータ上で実現したものといえる．

2 CADの種類

CADをその機能から分類すると**二次元CAD**と**三次元CAD**に分けることができる．

1 二次元CAD

開発者や設計者の意図を確実に伝えるために，図面が重要な役割を果たしていることはすでに述べている通りである．従来の手描き製図作業をコンピュータ上で行うことで，設計効率の向上や図面の均一性を図ったのが**二次元CAD**である．

2 三次元CAD

設計者が頭の中で描いたイメージを，そのままコンピュータの画面上に立体（三次元）のモデルとして作成することができるのが**三次元CAD**である．

コンピュータ上で図面を描く二次元CADとは違い，仮想の三次元空間上に縦・横・深さ（奥行）をもった立体部品を組み合わせて対象物を作成するものである．

従来の図面作成では，設計者が頭の中で描いたイメージを二次元である平面に描き直す必要があった．そのため，設計者は図面を描く知識や製図作業に熟練を要した．また，図面を読む側の製作者には読図するための専門知識が必要であったが，三次元CADで描いた立体は視覚的にわかりやすく特別の知識がなくても理解できるため，品物の評価，プレゼンテーションや説明用，組立用にも使うことができる．

また，設計変更やデザイン変更にも容易に対処でき，試作の回数が大幅に削減できるなど，三次元CADは二次元CADにはない特長を備えている．

三次元データでは，作成されたモデルにさまざまな属性（質量，体積，重心など）をもたせることもできるため，計算作業の効率化が計られる．さらに，三次元データから二次元の図面データに簡単に変換することができるため，設計の効率化が可能になった．また，設計の検討や構造解析・試作・製造までもが三次元CAD上で可能となり，設計から製造，販売にいたるまで，三次元データを幅広く活用することができるようになった．

このように，三次元CADは二次元CADの単なる置換えではなく，製品の開発・設計・生産プロセスを大きく変える要素となっている．

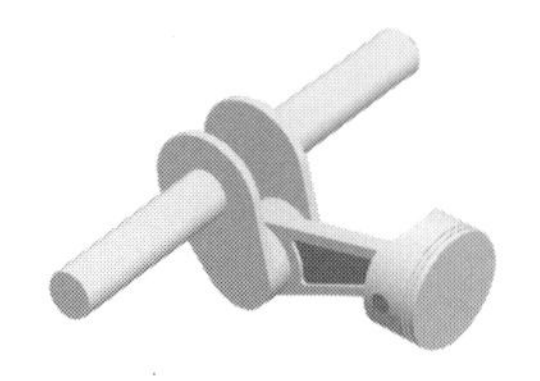

図6-1 三次元CADによるモデリングの例

三次元CADで作成された立体形状を**三次元モデル**と呼ぶ．

形状表現方法には**ワイヤフレームモデル**，**サーフェスモデル**，**ソリッドモデル**があり，形状をどの表現方法で作成するかは，使用する目的によって選択すればよい．

ⓐ ワイヤフレームモデル

ワイヤフレームモデルは，点，直線と線分，円と円弧，だ円とだ円弧，円すい曲線，自由曲線などで構成され，針金細工のように立体形状を表現するものである．そのため，複雑な形状では立体のイメージがつかみにくい．

ⓑ サーフェスモデル

サーフェスモデルはワイヤフレームで作った形状に，面を張るようにして立体形状を表現するものである．面には厚みがなく，容積や重心などは計算できないが，立体感はつかみやすくなる．このサーフェスモデルは複雑な曲面の作成などで利用されている．

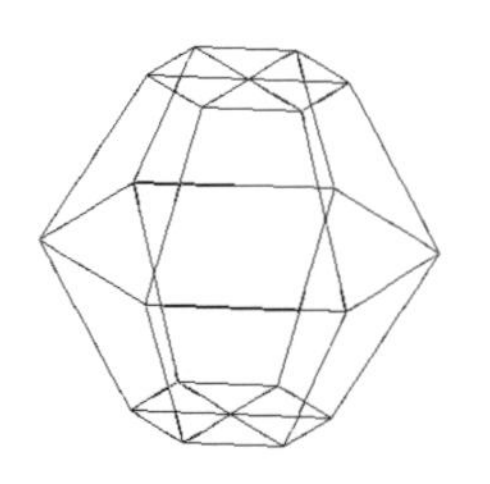

図6-2 ワイヤフレームモデルの例

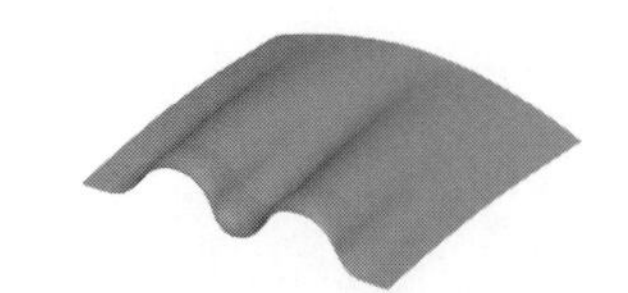

図6-3 サーフェスモデルの例

ⓒ ソリッドモデル

ソリッドモデルは中身の詰まった立体形状を表現するものである．実際の対象物に近く，部品間の干渉チェックや体積，重量計算，断面作成なども行うことができるため，一般に最も多く使用されている．

ⓓ 三次元CADのアセンブリ機能

三次元CADでは部品を仮想空間で組み付けることができ，これを**アセンブリ機能**と呼んでいる．また，アセンブリしたものを分解することもでき，どのように組み上がっているのかを一目で見ることもできる．

▶▶ 図 6-4　ソリッドモデルの例 ◀◀

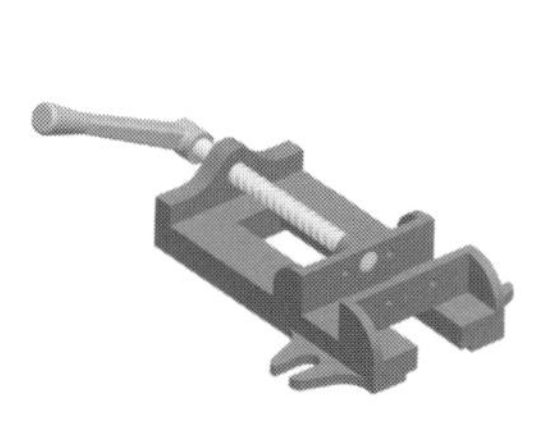

● アセンブリ

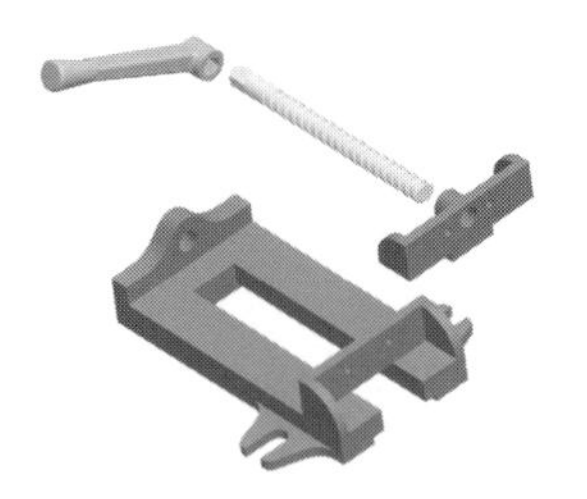

● 分　解

▶▶ 図 6-5　アセンブリと分解の例 ◀◀

6-2　CAD・CAM・CAE

1　CAD・CAM

CAD・CAM システムとは，CAD で作成した形状データをもとに，NC（Numerical Control）工作機械を動かすための NC データを作成し製造を支援するものである．CAM とは，コンピュータ支援製造（Computer Aided Manufacturing）をいう．NC 工作機械で加工するため速く，正確に作業することができ，製作・加工工場においては切削加工の主流をなしている．

NC データは NC 工作機械を動かすための数値情報で，CAD の形状データから CAM で**工具経路**を計算し，NC 工作機械に対応する NC データに変換して加工を行う．

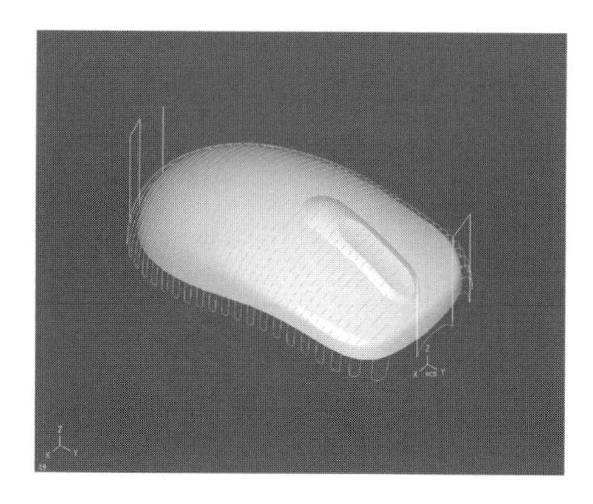

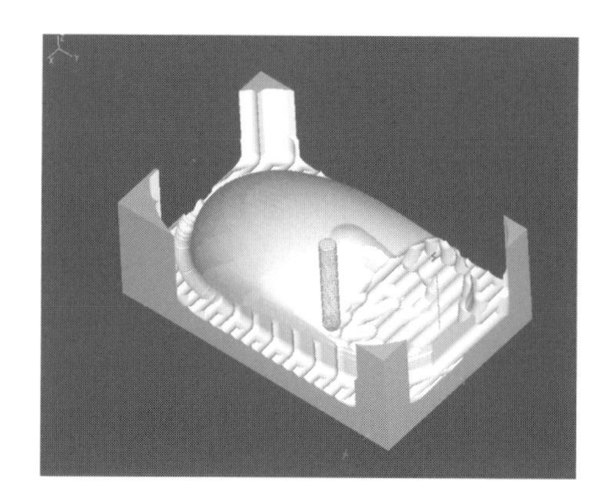

▶▶ 図 6-6　工具経路の例 ◀◀

データ変換

1種類のCAD・CAMシステムで製品の設計から製造工程まで行う場合には問題はないが，現実には製品設計で使ったCADやCAD・CAMシステムが異なる場合がある．このような場合には，CADのデータを相手側で取り込めるような形式にデータを変換する必要がある．

変換方法にはCAD同士で中間ファイルを使用して変換する**間接変換**と，CADからCADに専用の変換ソフトで変換する**直接変換**がある．一般には，間接変換が多く用いられている．

二次元データの変換にはDXF，三次元データではIGESやSTEPなどの中間フォーマットが多く使われている．

2 CAE

製品開発では機能やデザイン，信頼性，コストを考えて製品設計を行っている．従来では最終的な製品を作るために試作・試験評価・改良の各工程を繰り返してきたが，このような方法では効率が悪く，納期遅れや価格の面で不利となる．

そこで今日では，製品開発時の技術的な課題を解決するために，試作や試験をコンピュータシミュレーションで行い，評価を行った後最終製品を作り上げていく方法が行われている．

このようにCADデータを活用し，品物の特性や性能などを解析する技術を**CAE**（Computer Aided Engineering：コンピュータ支援エンジニアリング）と呼んでいる．代表的なものとして，構造解析・流体解析・伝熱解析などのシミュレーションがあげられる．

これを利用することで，設計段階から強度や機構・デザインの検証が可能になり，設計から製造までの期間を大幅に短縮することができるようになった．

解析技術の信頼性

今日では，誰でも簡単に解析を行うことが可能になった．しかしその一方で，得られた結果が正しいかどうか，解析結果からどのような情報が得られるか，といったことを判断する力が設計者に求められている．

解析ソフトには仮定や適用範囲が決められているが，その範囲を超えて計算してしまうと，得られたデータも信頼のおけないものになってしまう．また，解析ソフトの中で使われている基礎方程式を知らずに使っていると，計算結果から得られた重要な特性を見落とすこともあるので注意が必要である．

設計の現場から 4

●やればできる　やってみよう

自分の手で何か作ってみよう．例えば自分のデスクに置く簡単な書類棚でもいい．工場に設置する注意看板でもいい．何でもいいから作ってみよう．材料がない，工具がない，道具の使い方がわからない，作業場所がない，時間がない…．そんなことはない．やればできる．きっとできる．やってみよう！　悩んでいる前に手を動かそう．考えは後からついてきてくれるものだ．

例えば鋼材にドリルで穴をあけて，そこにタップを立ててみる．

最初はなかなかうまくいかないが，ちょっとしたコツを得れば，タップはすんなりと，きれいなねじ山を切っていく．初めてうまくいくとうれしいものだ．

皆さんには，これからたくさんの経験を積んで，ひと味もふた味も違う魅力的な設計技術者になってほしい．そして世界に羽ばたくのもいい，地域密着もいい．多くの人を幸せにし，多くの人に信頼される技術者になる，本書がその一助となれば本望である．

設計の仕事は楽しい．そして仕事を楽しめるということは，自身の健康と温かい家族や仲間があってのこと．支えてくれる周囲の人への感謝の気持ちを忘れずに．

7章

機械要素・溶接の製図

7-1 機械要素

機械要素とは，機械を構成する部材，部品の中でも，多くの機械に共通して用いられる部品をいう．衝撃の緩和などに使用される**ばね**，回転軸を支える**軸受**，部品を締結するための**ボルト・ナット**や

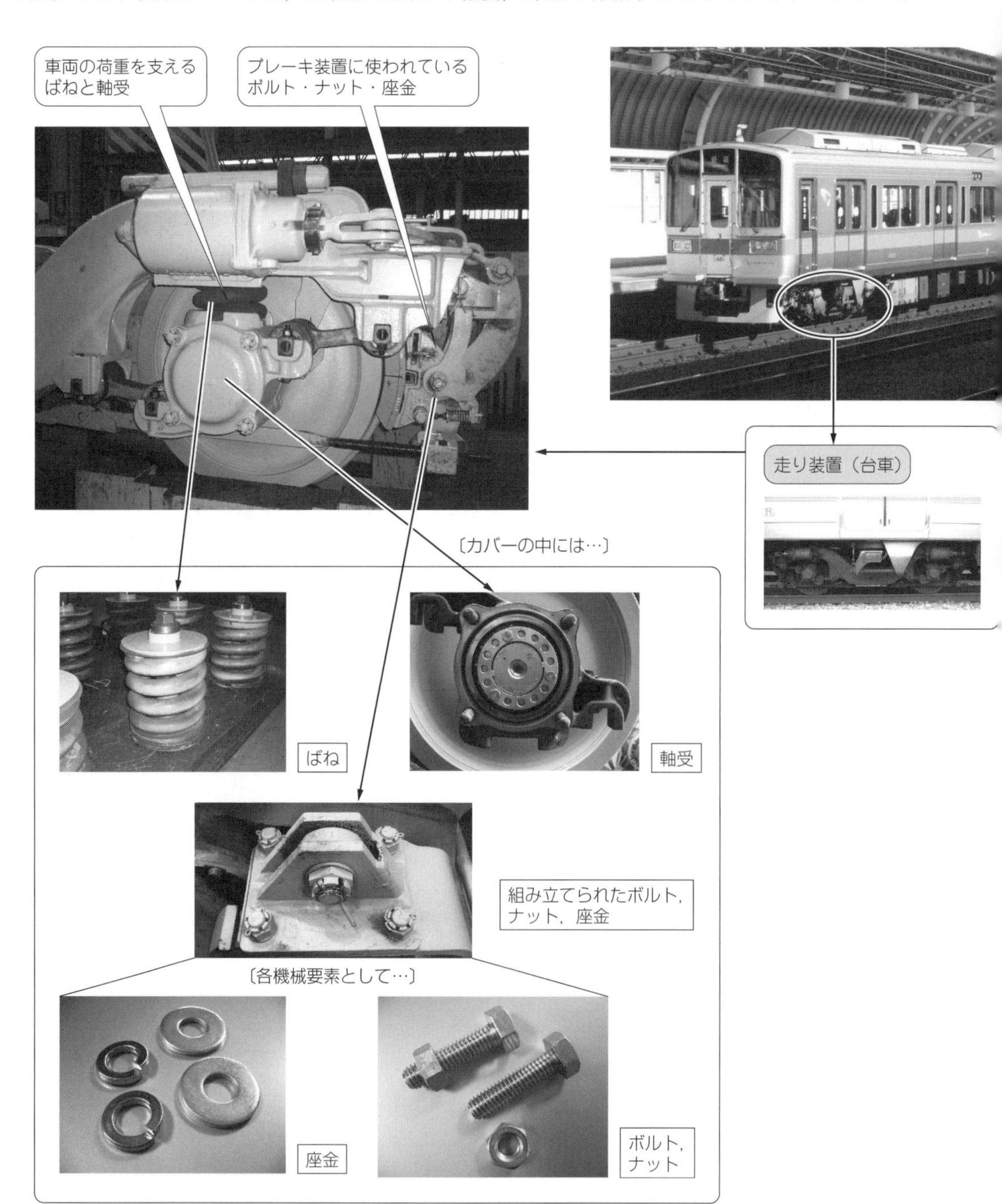

▶▶ 図 7-1　鉄道車両の台車に

座金，はめあい部が滑らないように固定する**キー**と**キー溝**，動力の伝達を行う**歯車**などがある．鉄道車両の走り装置（台車）を例に，どのように使用されているかを図 7-1 に示す．

機械要素は，一般に規格品として生産されているものが多く，設計にあたっても規格の中から適切な部品を選択して採用することで，低コスト，短納期で部品調達できる．また，使用工具が共用できる，製造やメンテナンス作業が統一できるなどの利点もある．

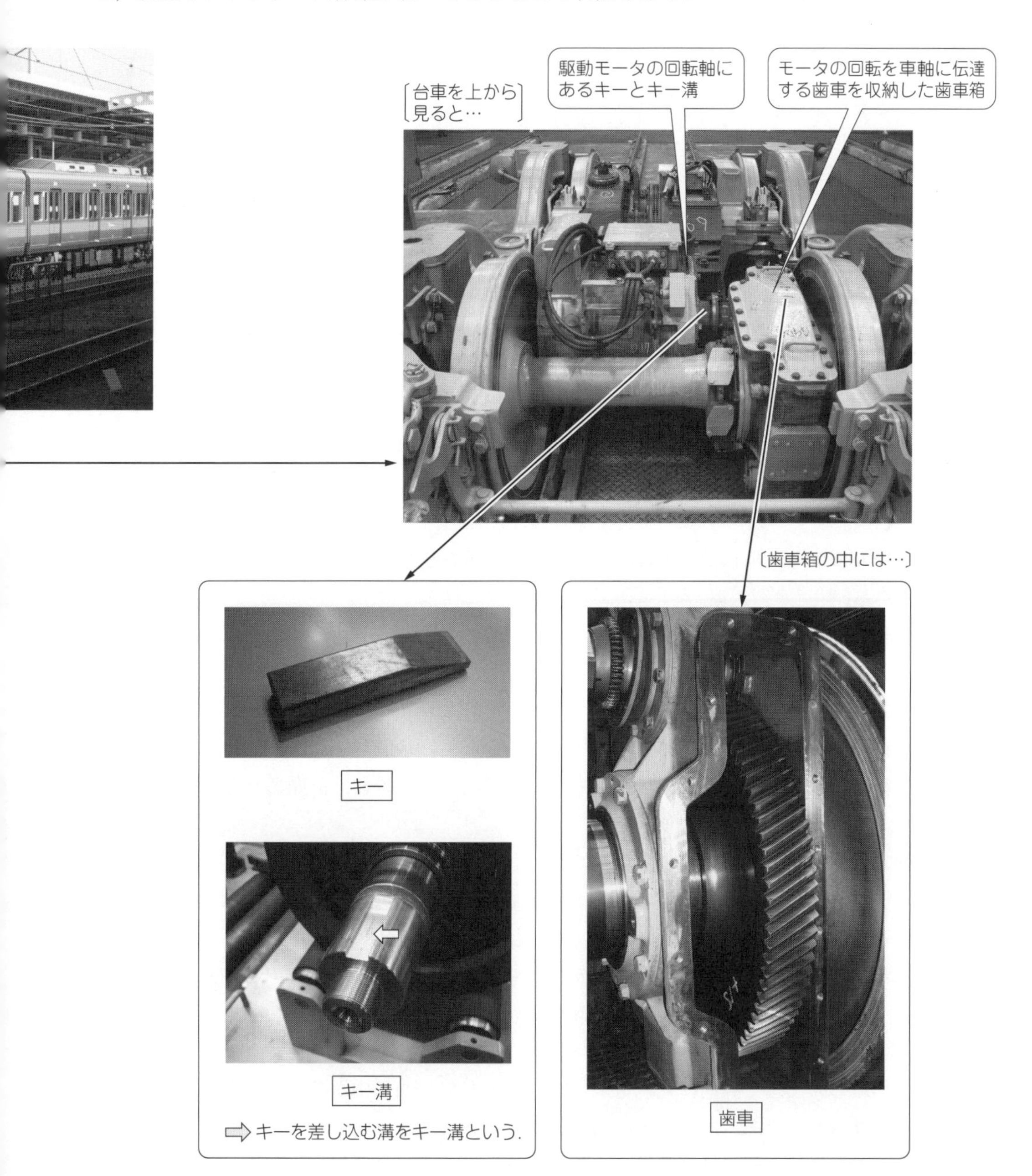

（協力：小田急電鉄株式会社）

使用される機械要素の一例

7-2 ねじ

1 ねじの種類

円筒や円すいの表面に直角三角形の紙を巻き付けたときに，斜辺が曲線となって表れるが，これを**つる巻線**と呼ぶ．このつる巻線に溝を切ったものがねじである．

ねじには**おねじ**と**めねじ**，**右ねじ**と**左ねじ**があり，用途により締付け用，間隔調整用，運動伝達用，動力伝達用など，さまざまな種類のものがある．

ねじの図示では，ねじの側面から見たままを描く**実形図示**の方法がある．この場合にはつる巻線は曲線となって表れるが，一般にはこれを直線で表す．

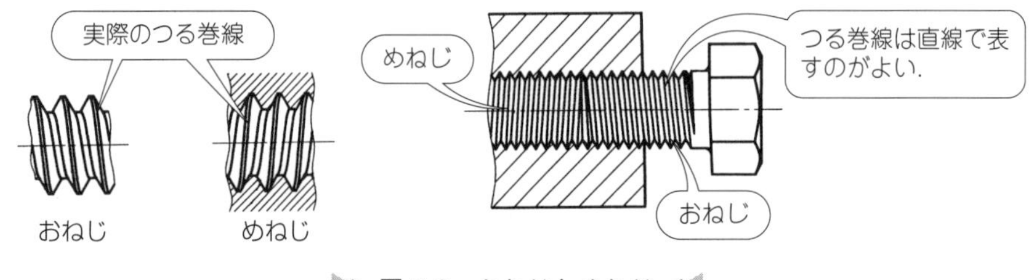

図7-2　おねじとめねじ

1 ねじの形状

ねじ山の形状は用途により**三角ねじ**，**角ねじ**，**台形ねじ**，**のこ歯ねじ**，**丸ねじ**，**管用ねじ**とさまざまな種類のものがある．

① **三角ねじ**：一般に使用されている締付け用ねじで，ねじの断面は三角形である．直径とピッチをミリメートルで表した**メートルねじ**（メートル系）と，直径をインチで，ピッチを1インチ（25.4 mm）に対しての山数で表した**ユニファイねじ**（インチ系）がある．それぞれねじ山の角度は60°で，**並目ねじ**と**細目ねじ**がある．

また，呼び径の小さな**ミニチュアねじ**（時計，光学機器，電気機器，計測器などに使われている）などもある．

② **角ねじ**：動力伝達用などに用いられるねじで，ねじ山の断面が正方形に近いものをいう．

③ **台形ねじ**：旋盤の親ねじなどに用いられているねじで，ねじ山の断面が台形である．

ねじ山の角度には30°と29°のものがあり，直径とピッチをミリメートルで表すものと，直径はミリメートル，ピッチは1インチ（25.4 mm）に対しての山数で表したものとがある．

④ **のこ歯ねじ**：三角ねじと角ねじを組み合わせたようなねじで，一方向荷重の動力伝達ができるねじである．

⑤ **丸ねじ**：台形ねじの山頂と谷底に丸みをつたようなねじで，ねじ山が破損する恐れがあるような場合に使用されるねじである．ねじ山の山と谷の丸みの大きさが同じねじに**電球ねじ**がある．

⑥ **管用**（くだよう）**ねじ**：液体や気体などの管用部品や流体機器を接続する場合に用いられるねじで，**平行ねじ**と**テーパねじ**がある．平行ねじは機械的な結合を，テーパねじは気密性を保つ箇所に用いられる．テーパねじではテーパは1/16である．

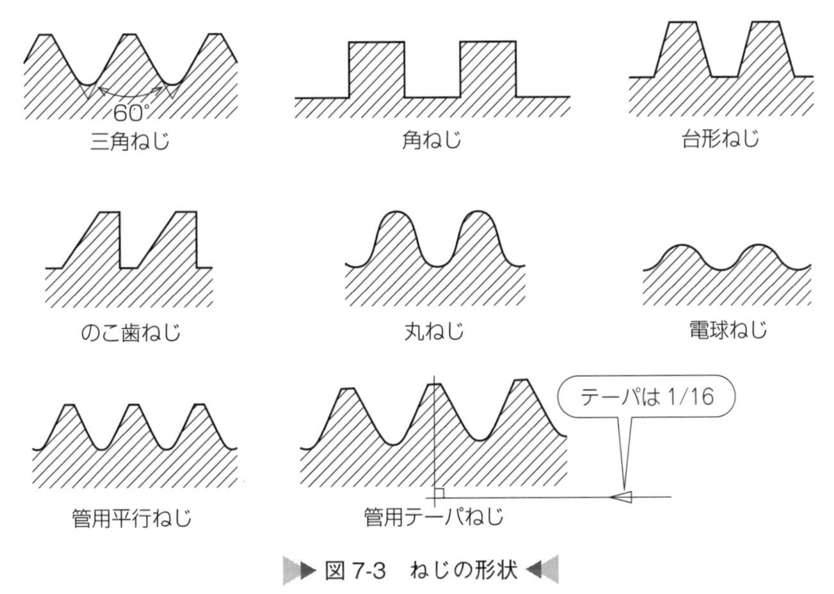

図 7-3 ねじの形状

2 ねじのピッチとリード

ねじの山と山との間隔を**ピッチ**という．1本のねじ山をもつものを**一条ねじ**，2本もつものを**二条ねじ**と呼び，ねじが1回転するときに軸方向に進む距離を**リード**と呼ぶ．

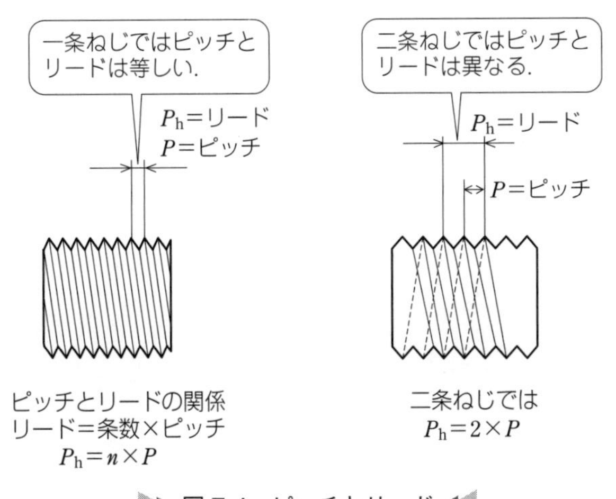

図 7-4 ピッチとリード

3　ねじ部の呼び方

おねじでは，山の頂に接する仮想的な円筒の直径を**外径**，めねじでは，山の頂に接する仮想的な円筒の直径を**内径**と呼ぶ．また，おねじまたはめねじの谷底に接する仮想的な円筒の直径を谷の径と呼ぶ．また，ねじの溝の幅がねじ山の幅に等しくなるような仮想的な円筒の直径を**有効径**と呼んでいる．

山の頂と谷底とが完全なねじ山の形をもつ部分を**完全ねじ部**と呼ぶ．また，ねじを加工するときの工具の逃げなどで，ねじ山の形が不完全な部分を**不完全ねじ部**と呼ぶ．

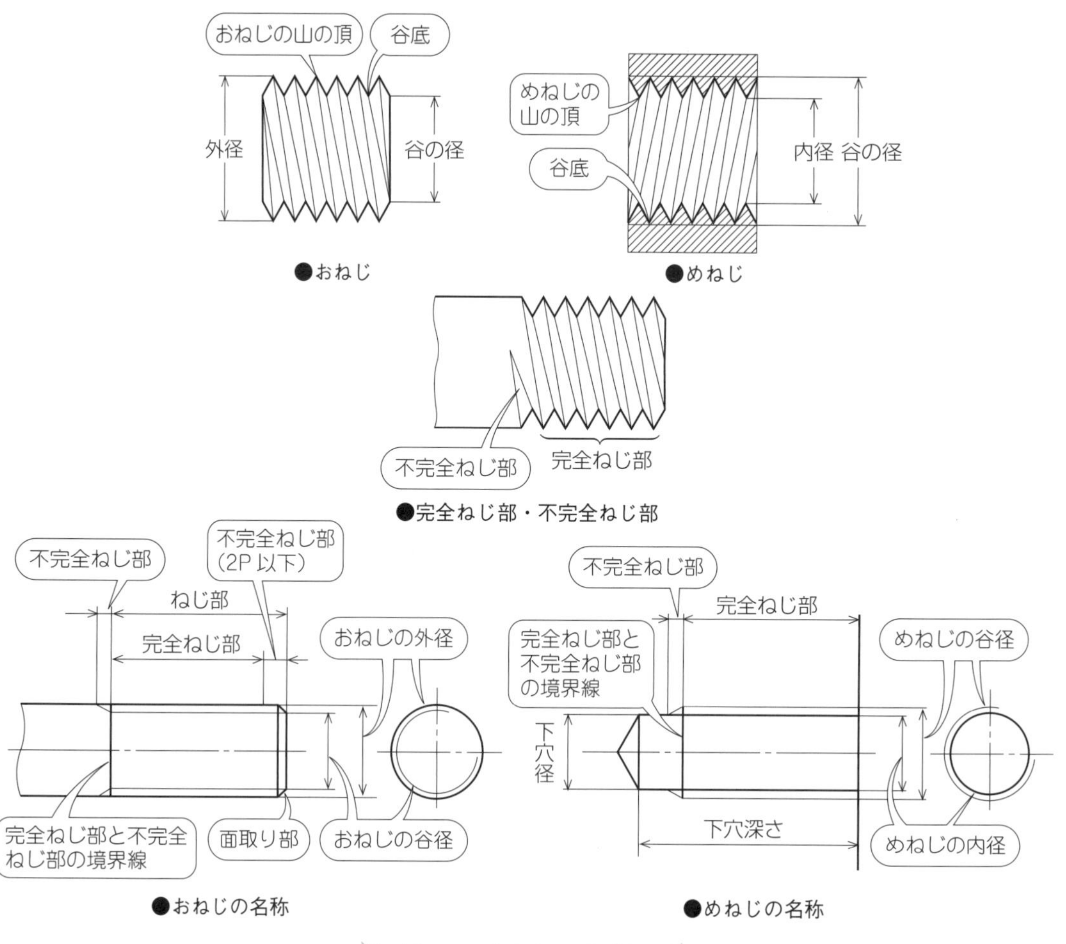

図 7-5　ねじ部の呼び方

2　ねじの表し方

1　通常図示法

ねじを描く一般的な図示方法では**通常図示**により，以下のように単純化して描く．

① ねじの山の頂（通常おねじの外径およびめねじの内径を指す）を表す線は，**太い実線**で描く．

② ねじの谷底（通常おねじ，めねじの谷の径を指す）を表す線は，**細い実線**で描く．

③ ねじの山の頂と谷底との間隔は，ねじ山の高さと同じにするのがよい．ただし，線との間隔は，いかなる場合にも**太い線の太さの 2 倍か 0.7 mm** のどちらか大きいほうの値以上とする．

④ ねじを端面から見た図で表す場合，**ねじの谷底の円は円周の約 3/4 の細い実線を用いて描き，右上方約 1/4 を開ける**のがよいが，やむを得ないときには他の位置に描いてもよい．

⑤ 不完全ねじ部は，**細い斜めの実線**で描く．ただし，省略できる場合は描かなくてもよい．

⑥ ねじ部の長さの境界を示す線は**太い実線**を用い，おねじの場合は外径まで，めねじの場合は谷の径まで描く．

⑦ ねじを端面から見た図で表す場合の面取りの円は，一般に省略する．

⑧ かくれているねじを表すには**細い破線**で描く．

⑨ 断面で示すねじでは，ハッチングはねじ山の頂を示す線まで描く．

⑩ **おねじとめねじが組み合わされている場合には，おねじは常にめねじを隠した状態で描く．**

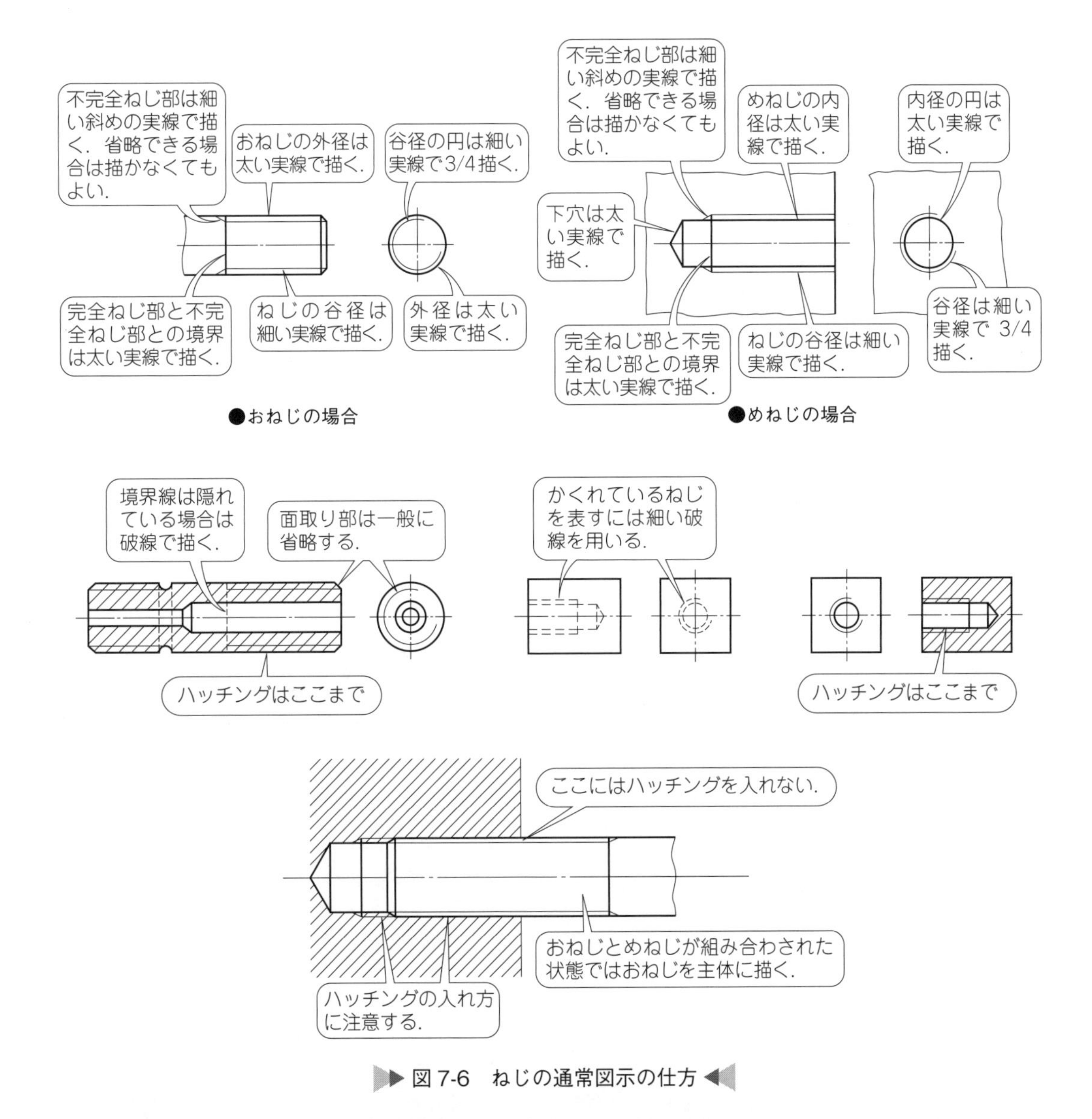

▶▶ 図 7-6 ねじの通常図示の仕方 ◀◀

3　ねじの項目と構成

ねじを表すには**ねじの呼び**，**ねじの等級**，**ねじ山の巻き方向**の順に記入するが，ねじ山の巻き方向の挿入位置は特に定めはない．

［ねじの呼び］－［ねじの等級］－［ねじ山の巻き方向］

1　ねじの呼び

ねじの呼びは，ねじの種類を表す記号，ねじの直径または呼び径を表す数字およびピッチまたは25.4 mmについてのねじ山数を用いて表す．

ⓐ ピッチをミリメートルで表すねじの場合

［ねじの種類を表す記号］［ねじの呼び径を表す数字］×［ピッチ］

で表す．ただし，メートル並目ねじおよびミニチュアねじなど，同一呼び径に対して，ピッチがただ一つ規定されているねじでは，一般にピッチは省略する．

メートル並目ねじ　例：M10
メートル細目ねじ　例：M8×1
ミニチュアねじ　例：S0.5

ⓑ ピッチを山数で表すねじ（ユニファイねじを除く）の場合

［ねじの種類を表す記号］［ねじの直径を表す数字］－［山　数］

で表す，ただし管用ねじのように，同一直径に対して山数がただ一つ規定されているねじでは，一般に山数を省略する．

管用テーパおねじ　例：R 3/4
管用テーパめねじ　例：Rc 3/4
管用平行めねじ　例：Rp 3/4
管用平行ねじ　例：G1/2

表 7-1　ねじの種類を表す記号と呼びの表し方の例

区　分	ねじの種類		ねじの種類を表す記号	ねじの呼びの表し方の例
ピッチを mm で表すねじ	メートル並目ねじ※		M	M8
	メートル細目ねじ※			M8×1
	ミニチュアねじ		S	S0.5
	メートル台形ねじ		Tr	Tr10×2
ピッチを山数で表すねじ	管用テーパねじ	テーパおねじ	R	R3/4
		テーパめねじ	Rc	Rc3/4
		平行めねじ	Rp	Rp3/4
	管用平行ねじ		G	G1/2
	ユニファイ並目ねじ		UNC	3/8－16UNC
	ユニファイ細目ねじ		UNF	No.8－36UNF

※メートル並目ねじ，メートル細目ねじは JIS B 0205「一般用メートルねじ」の中で区分されている．

2 ねじの等級

ねじの等級を表す数字と文字との組み合わせ，または文字によって表す．ねじの等級は，必要がない場合には省略してもよい．

表 7-2 ねじの等級の表し方

区　分	ねじの種類	めねじ・おねじの別		ねじの等級の表し方の例
ピッチを mm で表すねじ	メートルねじ	めねじ	有効径と内径の等級が同じ場合	6H
		おねじ	有効径と外径の等級が同じ場合	6g
			有効径と外径の等級が異なる場合	5g6g
		めねじとおねじとを組み合わせたもの		6H/5g 5H/5g6g
	ミニチュアねじ	めねじ		3G6
		おねじ		5h3
		めねじとおねじとを組み合わせたもの		3G6/5h3
	メートル台形ねじ	めねじ		7H
		おねじ		7e
		めねじとおねじとを組み合わせたもの		7H/7e
ピッチを山数で表すねじ	管用平行ねじ	おねじ		A
	ユニファイねじ	めねじ		2B
		おねじ		2A

3 ねじ山の巻き方向

右ねじの場合には一般に記入しないが，必要な場合には RH で表す．左ねじの場合には LH で表す．

メートル並目おねじ（右ねじ）　例：M8

（左ねじ）　例：M8 − LH

4 ねじの寸法記入法

ねじの呼び径 d は，おねじの山の頂またはめねじの谷底に対して記入する．ねじの長さ寸法 b は不完全ねじ部が機能上必要で，明確に図示する必要がある場合以外は，一般にねじ部の長さに対して記入する．

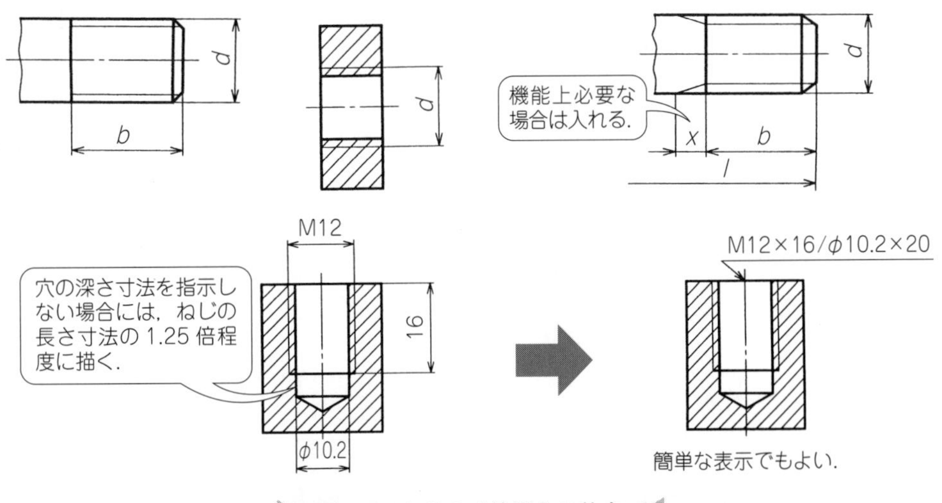

図 7-7 ねじの寸法記入の仕方

めねじは一般にタップなどを用いて加工するが，止まり穴深さは通常，省略してもよい．**穴深さの寸法を指示しない場合には，ねじの長さの約 1.25 倍程度で描く．**

5　ねじの簡略図示法

簡略図示では，ねじの特徴だけを簡略化して図示することができる．この場合，ナットや頭部の面取り部の角，不完全ねじ部，ねじ先の形状，逃げ溝などは描かない．

表 7-3　簡略図示

No.	名称	簡略図示	No.	名称	簡略図示
1	六角ボルト	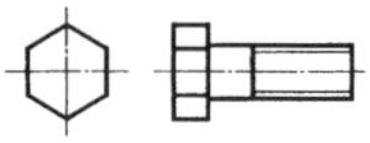	9	十字穴付き皿小ねじ	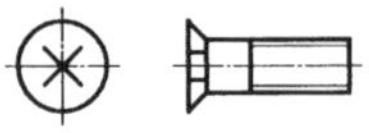
2	四角ボルト	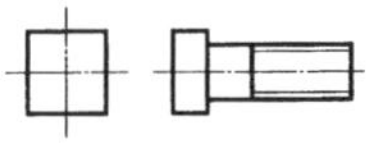	10	すりわり付き止めねじ	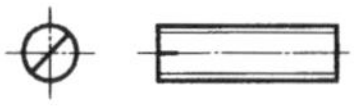
3	六角穴付きボルト	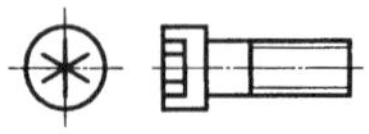	11	すりわり付き木ねじおよびタッピンねじ	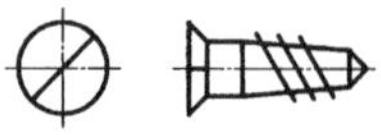
4	すりわり付き平小ねじ(なべ頭形状)	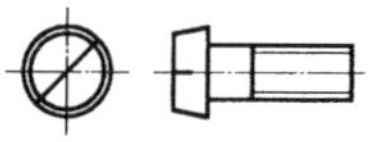	12	ちょうボルト	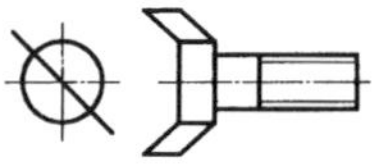
5	十字穴付き平小ねじ	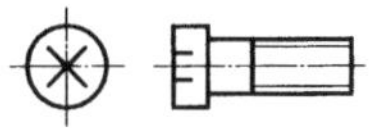	13	六角ナット	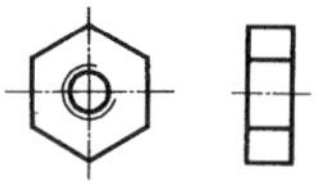
6	すりわり付き丸皿小ねじ	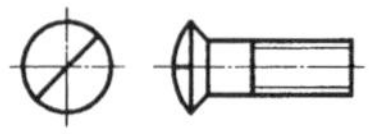	14	溝付き六角ナット	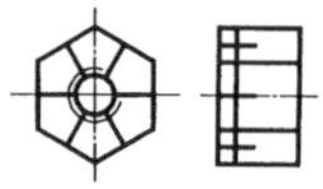
7	十字穴付き丸皿小ねじ	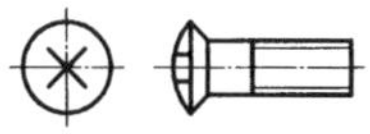	15	四角ナット	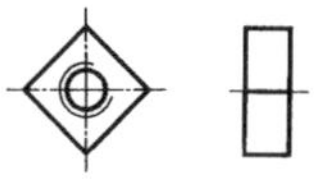
8	すりわり付き皿小ねじ	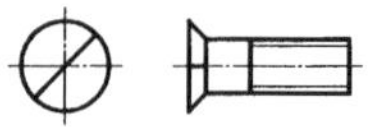	16	ちょうナット	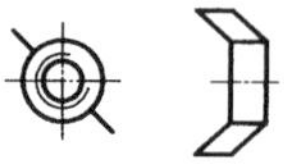

小径ねじ（図面上の直径が 6 mm 以下）や，規則的に並ぶ同じ形および寸法の穴またはねじなどは，図や寸法指示を簡略してもよい．**寸法指示は，矢印が穴の中心線を指す引出線の上に記入する．**

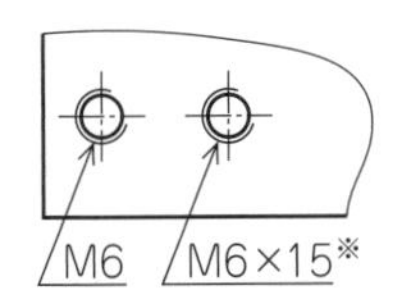

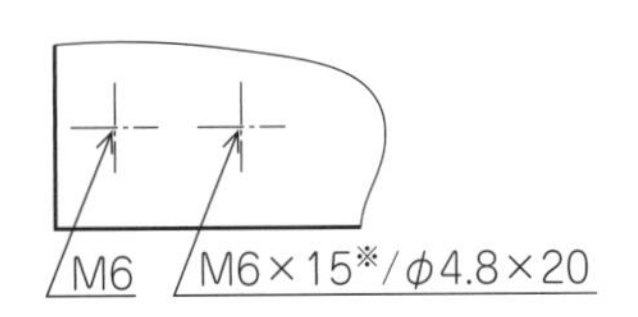

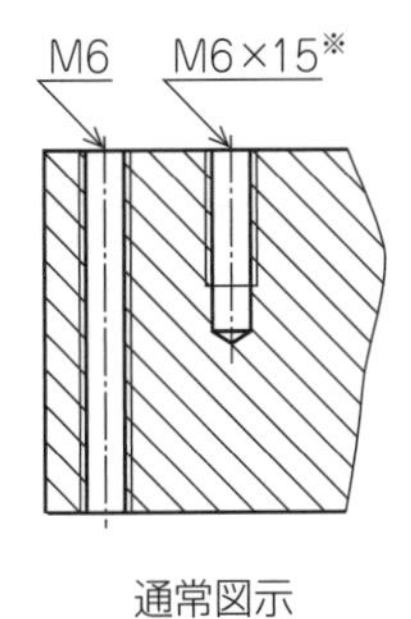

通常図示

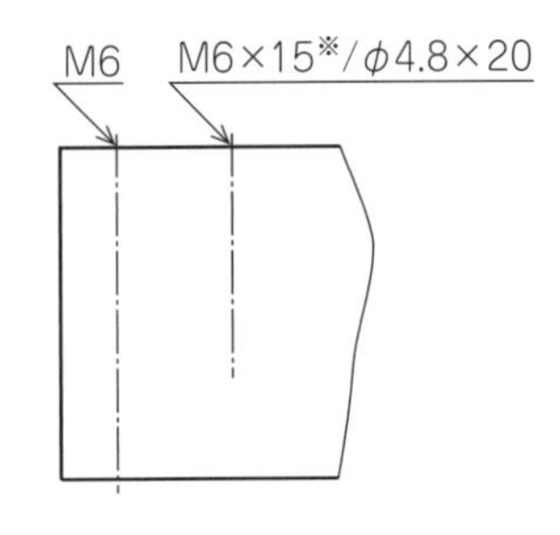

簡略図示

※ “M6×15”は“M6 ↧15”と指示してもよい.

図 7-8　小径ねじの簡略図示

7-3 ボルト・ナット

1　ボルト・ナットの種類

ボルト・ナットは，物の締付け，固定，位置決め，間隔調整などの用途に使われるもので，ボルトの種類やナットの種類によりさまざまな機能を果たすことができる．ボルトは，頭が六角形のものを**六角ボルト**といい，締め付け方法によって**通しボルト**，**押えボルト**，**植込みボルト**などがある．

① **通しボルト**：締付け用として最も多く使用されているもので，穴の開いた二つあるいはそれ以上の部品にボルトを通し，ナットを用いて部品を締め付けるときに用いる．

② **押えボルト**：相手の部品に貫通の穴があけられないようなとき，めねじを切った部品に他の部品をはさんでボルトをねじ込み，締め付けるときに用いる．

③ **植込みボルト**：両端にねじを切ったボルトで，植込み側はねじ込まれたまま固定され，部品をナットで締め付けるときに用いる．**ナット側は必ず丸先**とする．

2 枚の板に貫通穴をあけてボルトとナットで締め付ける.

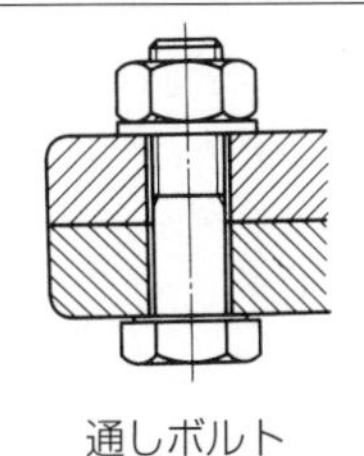

通しボルト

一方の板に貫通穴をあけられない場合めねじを切り，板を締め付ける.

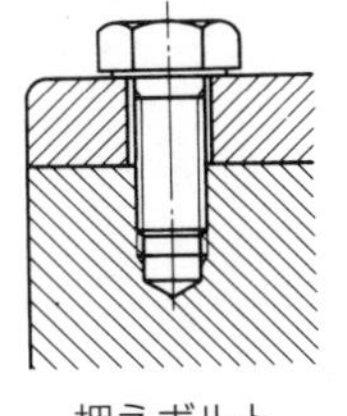

押えボルト

ボルトはねじ込まれたままで固定され，ナットで部品の取付け・取り外しができる.

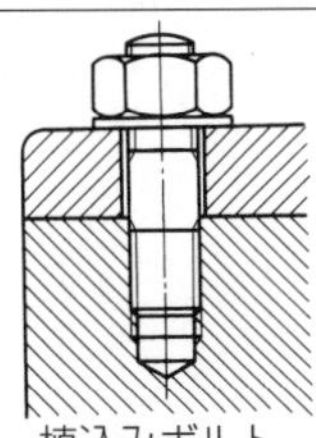

植込みボルト

図 7-9　締付け方法による分類

ボルトの種類

① **呼び径ボルト**：ねじの切られていない円筒部の径が，ほぼねじの呼び径に等しい．

② **有効径ボルト**：ねじの切られていない円筒部の径が，ほぼねじの有効径に等しい．

③ **全ねじボルト**：ボルト全長にわたってねじが切られている．

④ **伸びボルト**：ねじの切られていない円筒の一部分または全部の径を細く削ることで，締付力によって伸びやすくした．

⑤ **六角リーマボルト**：リーマ加工をした穴にはめ込んで使用し，ずれ止めの役目もさせる．ねじの切られていない円筒部が平行なものと，わずかにテーパを付けたものとがある．

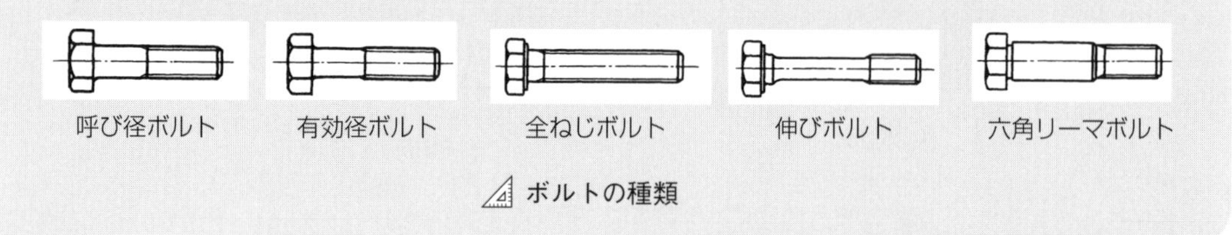

ボルトの種類

2　六角ボルトの描き方

ねじを図示する場合は原則として略画法で表す．

おねじ外径およびめねじ内径を示す線を**太い実線**で，谷底を示す線は**細い実線**で表す．完全ねじ部と不完全ねじ部との境界を表す線は**太い実線**で，不完全ねじ部を表す線は，完全ねじ部の谷底を表す線の終わりから，これと同じ太さで軸方向に対して30°の傾きの直線で表す．おねじの先端は，45°の面取りとする．

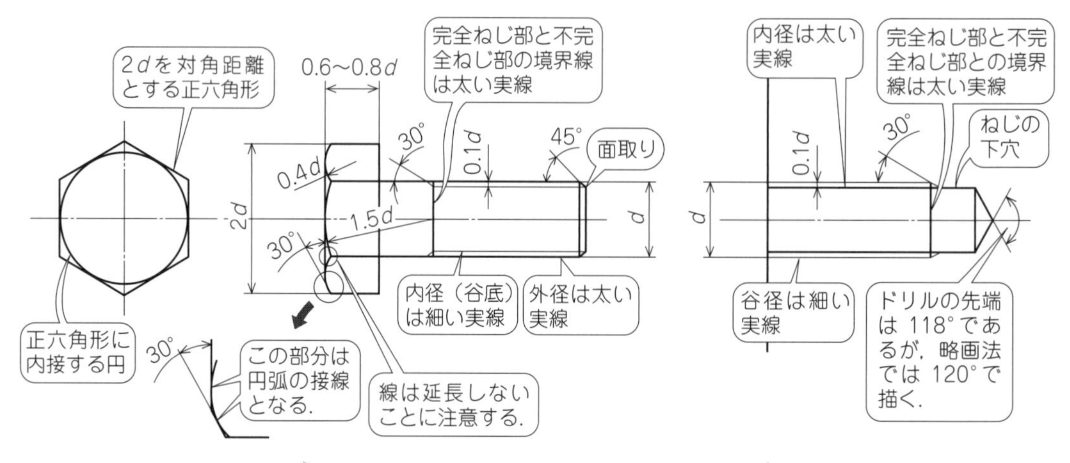

図7-10　六角ボルトとめねじの描き方

ねじの結合部は，おねじを優先して描く．植込みボルトの結合部は，緩まないように不完全ねじ部までねじ込んだ状態で描く．線の使い分けやハッチングの入れ方に注意する．

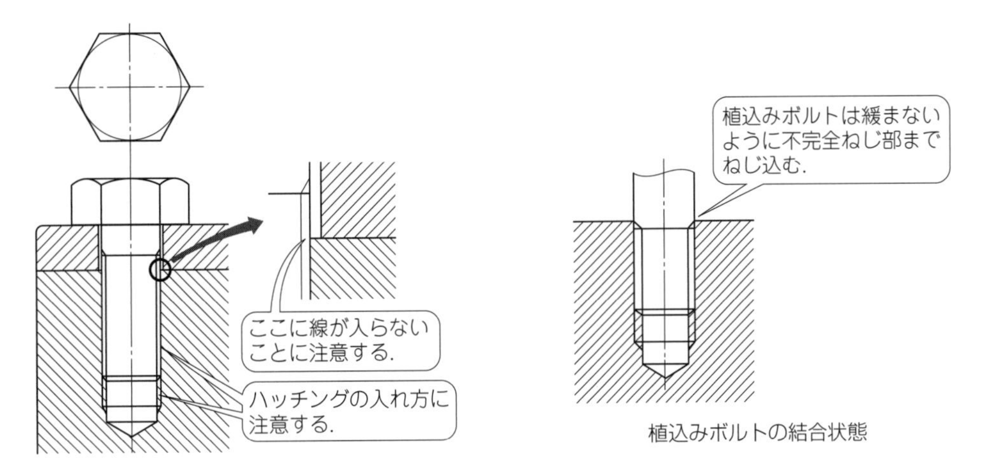

図 7-11　ねじの結合状態の描き方

表 7-4 ～表 7-7 に，メートルねじの基準寸法とボルト穴径・ざぐり径の寸法，呼び径六角ボルトの寸法を示す．

表 7-4　一般用メートルねじ基準寸法

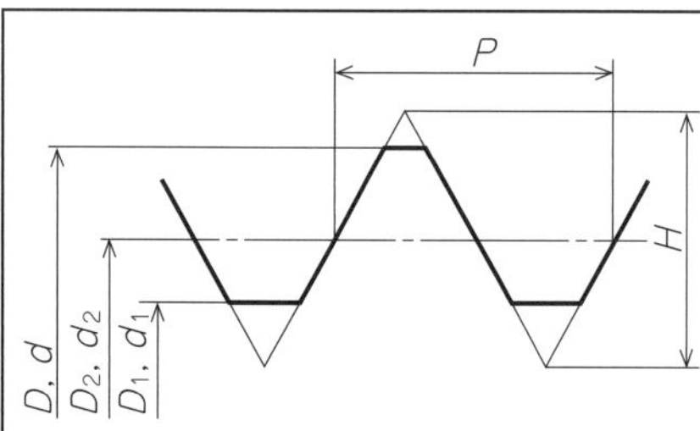

$$D_2 = D - 2 \times \frac{3}{8} H = D - 0.6495P \quad d_2 = d - 2 \times \frac{3}{8} H = d - 0.6495P$$

$$D_1 = D - 2 \times \frac{5}{8} H = D - 1.0825P \quad d_1 = d - 2 \times \frac{5}{8} H = d - 1.0825P$$

D：めねじ谷の径の基準寸法（呼び径）　d：おねじ外径の基準寸法（呼び径）
D_2：めねじ有効径の基準寸法　d_2：おねじ有効径の基準寸法
D_1：めねじ内径の基準寸法　d_1：おねじ谷の径の基準寸法
H：とがり山の高さ　p：ピッチ

呼び径＝おねじ外径 d	ピッチ P	有効径 D_2，d_2	めねじ内径 D_1
1	0.25	0.838	0.729
	0.2	0.870	0.783
1.1	0.25	0.938	0.829
	0.2	0.970	0.883
1.2	0.25	1.038	0.929
	0.2	1.070	0.983
1.4	0.3	1.205	1.075
	0.2	1.270	1.183
1.6	0.35	1.373	1.221
	0.2	1.470	1.383
1.8	0.35	1.573	1.421
	0.2	1.670	1.583
2	0.4	1.740	1.567
	0.25	1.838	1.729
2.2	0.45	1.908	1.713
	0.25	2.038	1.929
2.5	0.45	2.208	2.013
	0.35	2.273	2.121
3	0.5	2.675	2.459
	0.35	2.773	2.621
3.5	0.6	3.110	2.850
	0.35	3.273	3.121
4	0.7	3.545	3.242
	0.5	3.675	3.459
4.5	0.75	4.013	3.688
	0.5	4.175	3.959
5	0.8	4.480	4.134
	0.5	4.675	4.459
5.5	0.5	5.175	4.959
6	1	5.350	4.917
	0.75	5.513	5.188
7	1	6.350	5.917
	0.75	6.513	6.188
8	1.25	7.188	6.647
	1	7.350	6.917
	0.75	7.513	7.188
9	1.25	8.188	7.647
	1	8.350	7.917
	0.75	8.513	8.188
10	1.5	9.026	8.376
	1.25	9.188	8.647
	1	9.350	8.917
	0.75	9.513	9.188
11	1.5	10.026	9.376
	1	10.350	9.917
	0.75	10.513	10.188
12	1.75	10.863	10.106
	1.5	11.026	10.376
	1.25	11.188	10.647
	1	11.350	10.917
14	2	12.701	11.835
	1.5	13.026	12.376
	1.25	13.188	12.647
	1	13.350	12.917
15	1.5	14.026	13.376
	1	14.350	13.917
16	2	14.701	13.835
	1.5	15.026	14.376
	1	15.350	14.917
17	1.5	16.026	15.376
	1	16.350	15.917
18	2.5	16.376	15.294
	2	16.701	15.835
	1.5	17.026	16.376
	1	17.350	16.917
20	2.5	18.376	17.294
	2	18.701	17.835
	1.5	19.026	18.376
	1	19.350	18.917
22	2.5	20.376	19.294
	2	20.701	19.835
	1.5	21.026	20.376
	1	21.350	20.917
24	3	22.051	20.752
	2	22.701	21.835
	1.5	23.026	22.376
	1	23.350	22.917
25	2	23.701	22.835
	1.5	24.026	23.376
	1	24.350	23.917
26	1.5	25.026	24.376
27	3	25.051	23.752
	2	25.701	24.835
	1.5	26.026	25.376
	1	26.350	25.917

備考　おねじ外径の基準寸法 d は，めねじ谷の径の基準寸法 D に等しい．
めねじ内径の基準寸法 D_1 は，おねじ谷の径の基準寸法 d_1 に等しい．

単位 mm

（JIS B 0205-4）

表 7-5　ボルト穴径およびざぐり径の寸法

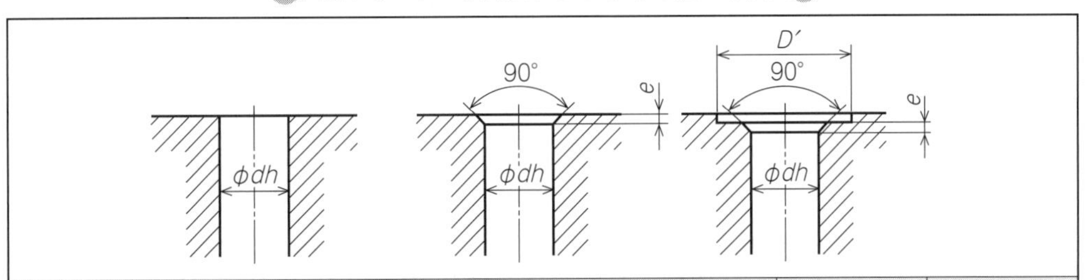

ねじの呼び径	ボルト穴径 *dh*				面取り *e*	ざぐり径 *D*′
	1 級	2 級	3 級	4 級 (1)		
2	2.2	2.4	2.6	—	0.3	7
3	3.2	3.4	3.6	—	0.3	9
4	4.3	4.5	4.8	(5.5)	0.4	11
5	5.3	5.5	5.8	(6.5)	0.4	13
6	6.4	6.6	7	(7.8)	0.4	15
8	8.4	9	10	(10)	0.6	20
10	10.5	11	12	(13)	0.6	24
12	13	13.5	14.5	(15)	1.1	28
14	15	15.5	16.5	(17)	1.1	32
16	17	17.5	18.5	(20)	1.1	35
18	19	20	21	(22)	1.1	39
20	21	22	24	(25)	1.2	43
22	23	24	26	(27)	1.2	46
24	25	26	28	(29)	1.2	50

単位 mm

(1) 4 級は，主として鋳抜き穴に適用する．

備考　1. この表で規定するねじ呼び径およびボルト穴径のうち，(　) 寸法は，ISO 273 に規定されていないものである．
2. 穴の面取りは，必要に応じて行い，その角度は原則として 90° とする．
3. あるねじの呼び径に対して，この表のざぐり径よりも小さいものまたは大きいものを必要とする場合は，なるべくこの表のざぐり径系列から数値を選ぶのがよい．

(JIS B 1001)

表 7-6　呼び径六角ボルト－並目ねじ－部品等級 A および B の寸法

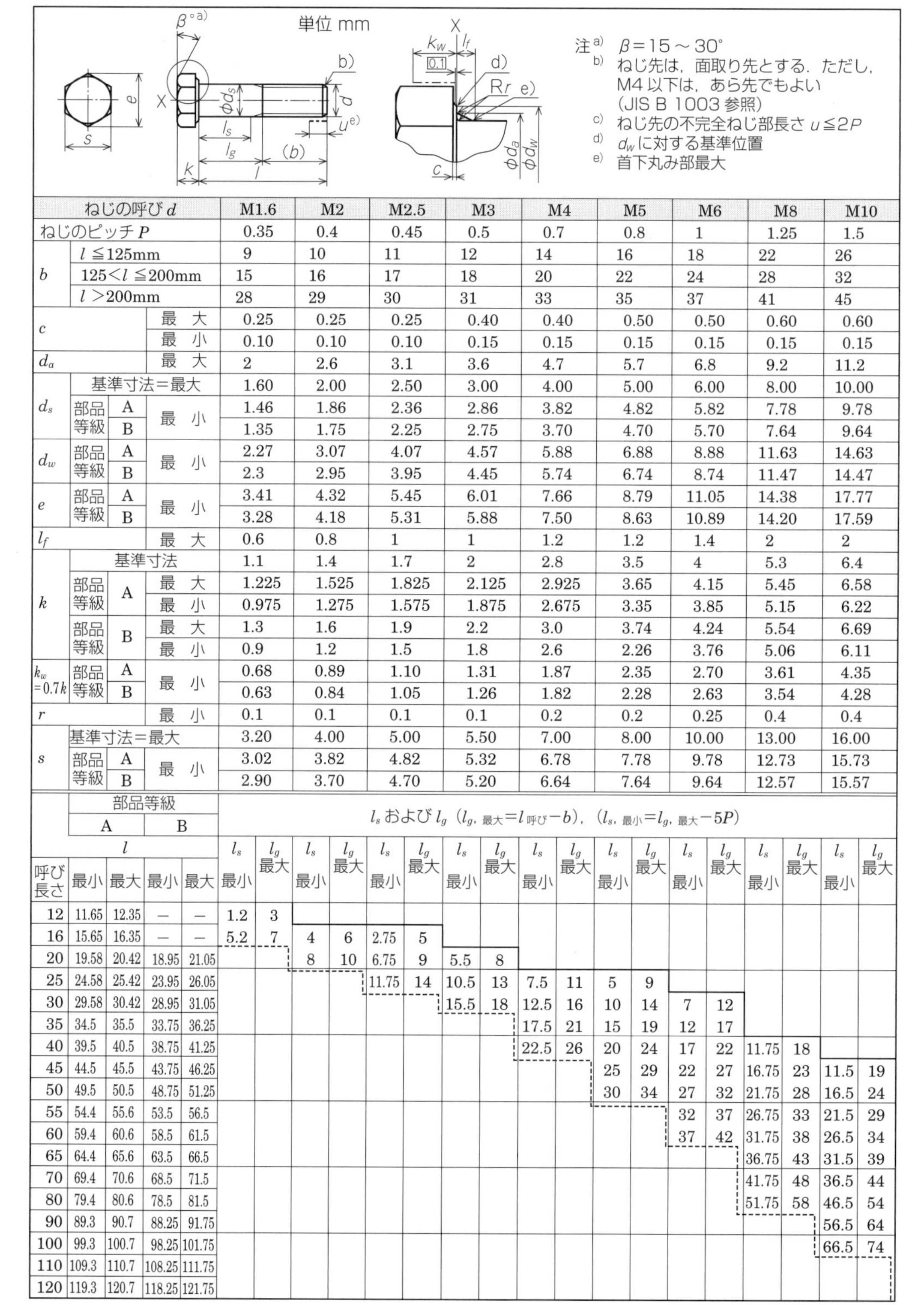

注 a) β＝15～30°
b) ねじ先は，面取り先とする．ただし，M4 以下は，あら先でもよい（JIS B 1003 参照）
c) ねじ先の不完全ねじ部長さ $u \leqq 2P$
d) d_w に対する基準位置
e) 首下丸み部最大

ねじの呼び d		M1.6	M2	M2.5	M3	M4	M5	M6	M8	M10
ねじのピッチ P		0.35	0.4	0.45	0.5	0.7	0.8	1	1.25	1.5
b	$l \leqq 125$mm	9	10	11	12	14	16	18	22	26
	$125 < l \leqq 200$mm	15	16	17	18	20	22	24	28	32
	$l > 200$mm	28	29	30	31	33	35	37	41	45
c	最　大	0.25	0.25	0.25	0.40	0.40	0.50	0.50	0.60	0.60
	最　小	0.10	0.10	0.10	0.15	0.15	0.15	0.15	0.15	0.15
d_a	最　大	2	2.6	3.1	3.6	4.7	5.7	6.8	9.2	11.2
d_s	基準寸法＝最大	1.60	2.00	2.50	3.00	4.00	5.00	6.00	8.00	10.00
	部品等級 A　最　小	1.46	1.86	2.36	2.86	3.82	4.82	5.82	7.78	9.78
	部品等級 B　最　小	1.35	1.75	2.25	2.75	3.70	4.70	5.70	7.64	9.64
d_w	部品等級 A　最　小	2.27	3.07	4.07	4.57	5.88	6.88	8.88	11.63	14.63
	部品等級 B　最　小	2.3	2.95	3.95	4.45	5.74	6.74	8.74	11.47	14.47
e	部品等級 A　最　小	3.41	4.32	5.45	6.01	7.66	8.79	11.05	14.38	17.77
	部品等級 B　最　小	3.28	4.18	5.31	5.88	7.50	8.63	10.89	14.20	17.59
l_f	最　大	0.6	0.8	1	1	1.2	1.2	1.4	2	2
k	基準寸法	1.1	1.4	1.7	2	2.8	3.5	4	5.3	6.4
	部品等級 A　最　大	1.225	1.525	1.825	2.125	2.925	3.65	4.15	5.45	6.58
	部品等級 A　最　小	0.975	1.275	1.575	1.875	2.675	3.35	3.85	5.15	6.22
	部品等級 B　最　大	1.3	1.6	1.9	2.2	3.0	3.74	4.24	5.54	6.69
	部品等級 B　最　小	0.9	1.2	1.5	1.8	2.6	2.26	3.76	5.06	6.11
k_w $=0.7k$	部品等級 A　最　小	0.68	0.89	1.10	1.31	1.87	2.35	2.70	3.61	4.35
	部品等級 B　最　小	0.63	0.84	1.05	1.26	1.82	2.28	2.63	3.54	4.28
r	最　小	0.1	0.1	0.1	0.1	0.2	0.2	0.25	0.4	0.4
s	基準寸法＝最大	3.20	4.00	5.00	5.50	7.00	8.00	10.00	13.00	16.00
	部品等級 A　最　小	3.02	3.82	4.82	5.32	6.78	7.78	9.78	12.73	15.73
	部品等級 B　最　小	2.90	3.70	4.70	5.20	6.64	7.64	9.64	12.57	15.57

l_s および l_g（$l_{g,\,最大} = l_{呼び} - b$），（$l_{s,\,最小} = l_{g,\,最大} - 5P$）

l 呼び長さ	部品等級 A 最小	部品等級 A 最大	部品等級 B 最小	部品等級 B 最大	M1.6 l_s 最小	M1.6 l_g 最大	M2 l_s 最小	M2 l_g 最大	M2.5 l_s 最小	M2.5 l_g 最大	M3 l_s 最小	M3 l_g 最大	M4 l_s 最小	M4 l_g 最大	M5 l_s 最小	M5 l_g 最大	M6 l_s 最小	M6 l_g 最大	M8 l_s 最小	M8 l_g 最大	M10 l_s 最小	M10 l_g 最大
12	11.65	12.35	—	—	1.2	3																
16	15.65	16.35	—	—	5.2	7	4	6	2.75	5												
20	19.58	20.42	18.95	21.05			8	10	6.75	9	5.5	8										
25	24.58	25.42	23.95	26.05					11.75	14	10.5	13	7.5	11	5	9						
30	29.58	30.42	28.95	31.05							15.5	18	12.5	16	10	14	7	12				
35	34.5	35.5	33.75	36.25									17.5	21	15	19	12	17				
40	39.5	40.5	38.75	41.25									22.5	26	20	24	17	22	11.75	18		
45	44.5	45.5	43.75	46.25											25	29	22	27	16.75	23	11.5	19
50	49.5	50.5	48.75	51.25											30	34	27	32	21.75	28	16.5	24
55	54.4	55.6	53.5	56.5													32	37	26.75	33	21.5	29
60	59.4	60.6	58.5	61.5													37	42	31.75	38	26.5	34
65	64.4	65.6	63.5	66.5															36.75	43	31.5	39
70	69.4	70.6	68.5	71.5															41.75	48	36.5	44
80	79.4	80.6	78.5	81.5															51.75	58	46.5	54
90	89.3	90.7	88.25	91.75																	56.5	64
100	99.3	100.7	98.25	101.75																	66.5	74
110	109.3	110.7	108.25	111.75																		
120	119.3	120.7	118.25	121.75																		

単位 mm

備考　推奨する呼び長さは，表中で l_s および l_g の欄に数値が記されたものとする．
破線より上のものは，部品等級 A．破線より下のものは部品等級 B．

（JIS B 1180）

表 7-7　六角ナットの寸法

スタイル 1 ― 並目ねじ（第 1 選択）

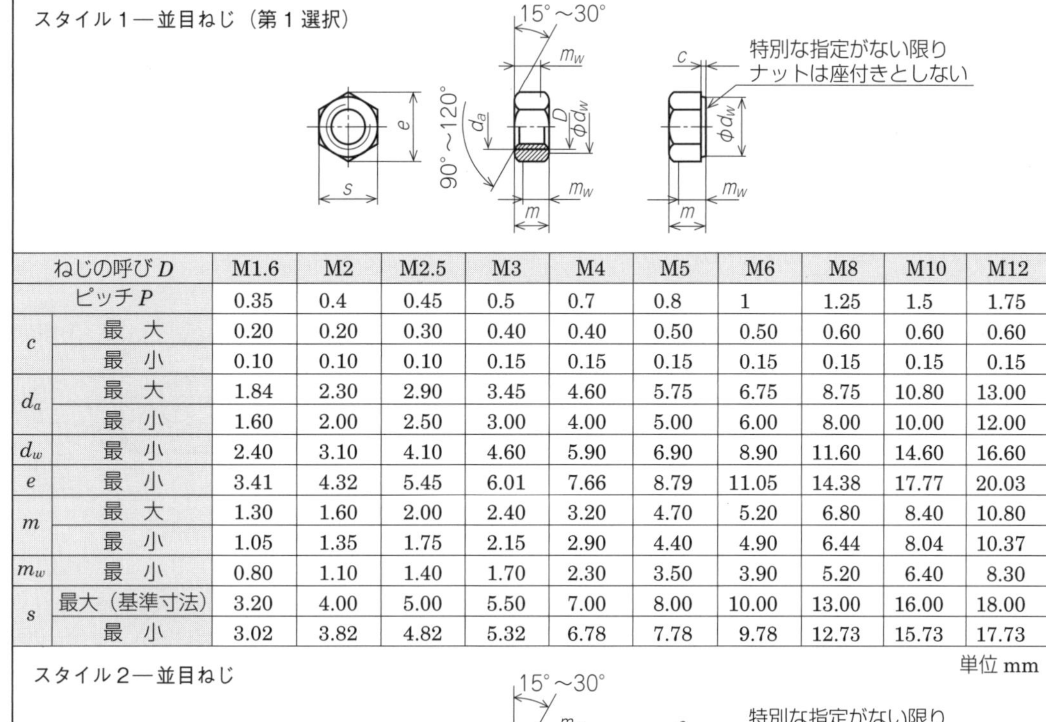

ねじの呼び D		M1.6	M2	M2.5	M3	M4	M5	M6	M8	M10	M12
ピッチ P		0.35	0.4	0.45	0.5	0.7	0.8	1	1.25	1.5	1.75
c	最　大	0.20	0.20	0.30	0.40	0.40	0.50	0.50	0.60	0.60	0.60
	最　小	0.10	0.10	0.10	0.15	0.15	0.15	0.15	0.15	0.15	0.15
d_a	最　大	1.84	2.30	2.90	3.45	4.60	5.75	6.75	8.75	10.80	13.00
	最　小	1.60	2.00	2.50	3.00	4.00	5.00	6.00	8.00	10.00	12.00
d_w	最　小	2.40	3.10	4.10	4.60	5.90	6.90	8.90	11.60	14.60	16.60
e	最　小	3.41	4.32	5.45	6.01	7.66	8.79	11.05	14.38	17.77	20.03
m	最　大	1.30	1.60	2.00	2.40	3.20	4.70	5.20	6.80	8.40	10.80
	最　小	1.05	1.35	1.75	2.15	2.90	4.40	4.90	6.44	8.04	10.37
m_w	最　小	0.80	1.10	1.40	1.70	2.30	3.50	3.90	5.20	6.40	8.30
s	最大（基準寸法）	3.20	4.00	5.00	5.50	7.00	8.00	10.00	13.00	16.00	18.00
	最　小	3.02	3.82	4.82	5.32	6.78	7.78	9.78	12.73	15.73	17.73

単位 mm

スタイル 2 ― 並目ねじ

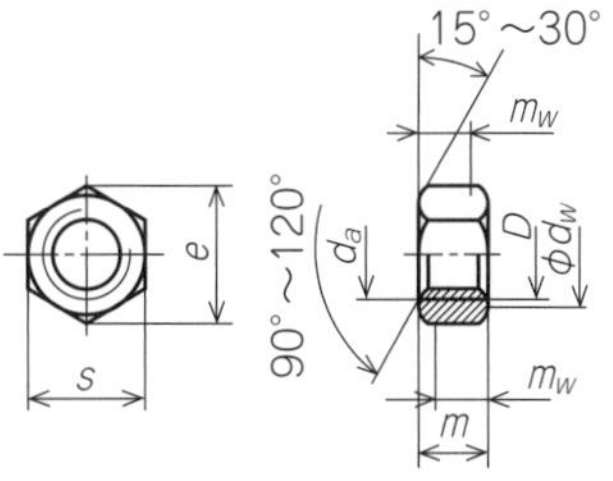

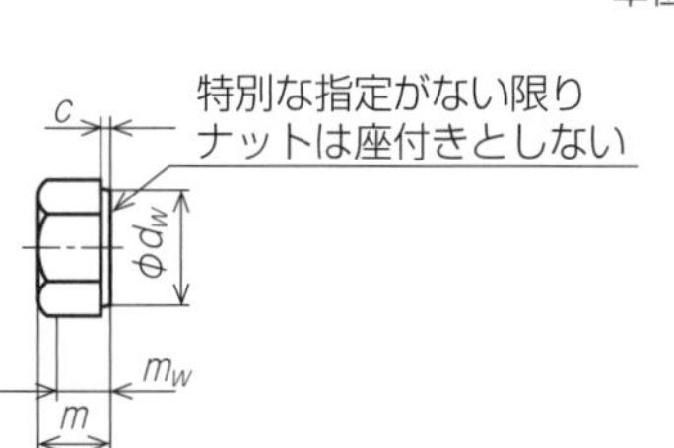

ねじの呼び D		M5	M6	M8	M10	M12	(M14)
ピッチ P		0.8	1	1.25	1.5	1.75	2
c	最　大	0.50	0.50	0.60	0.60	0.60	0.60
d_a	最　大	5.75	6.75	8.75	10.80	13.00	15.10
	最　小	5.00	6.00	8.00	10.00	12.00	14.00
d_w	最　小	6.90	8.90	11.60	14.60	16.60	19.60
e	最　小	8.79	11.05	14.38	17.77	20.03	23.36
m	最　大	5.10	5.70	7.50	9.30	12.00	14.10
	最　小	4.80	5.40	7.14	8.94	11.57	13.40
m_w	最　小	3.84	4.32	5.71	7.15	9.26	10.70
s	最大（基準寸法）	8.00	10.00	13.00	16.00	18.00	21.00
	最　小	7.78	9.78	12.73	15.73	17.73	20.67

備考　ねじの呼びに（　）を付けたものは，なるべく用いない．

単位 mm

（JIS B 1181）

7-4 座　金

座金は，一般のボルト・小ねじ・ナットなどの座面と締め付け部との間に入れる部品である．

座金には用途に応じて**平座金**，**舌付き座金**，**外つめ付き座金**，**内つめ付き座金**，**つめ付き角座金**，**球面座金**，**ばね座金**，**歯付き座金**，**皿ばね座金**，**四角テーパ座金**，**波形ばね座金**，**波形座金**などがある．材質も用途に応じて，鋼製，ステンレス鋼製，りん青銅製などがある．また，適用するねじにより，軽荷重用，一般用，重荷重用がある．

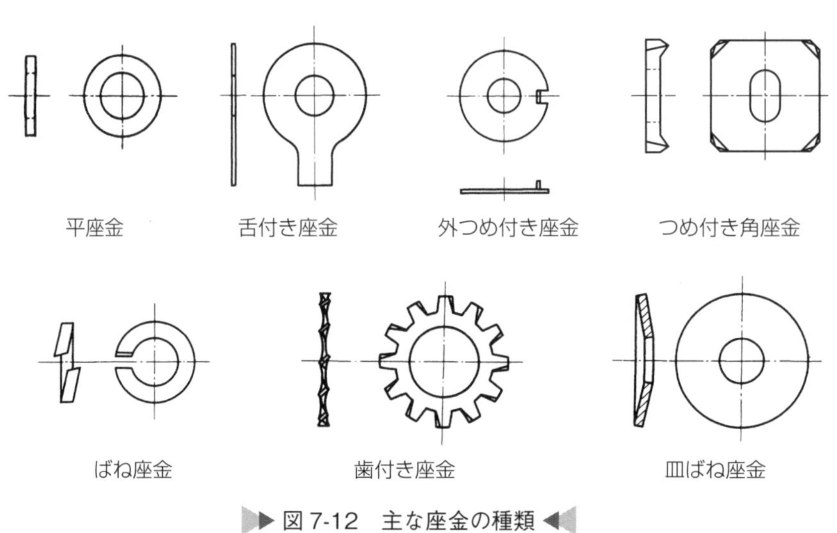

図 7-12　主な座金の種類

1　平座金

1　平座金の種類

平座金の種類は以下による．

種　類	適用するねじの呼び径
小形－部品等級 A	1.6 ～ 36 mm
並形－部品等級 A	1.6 ～ 64 mm
並形面取り－部品等級 A	5 ～ 64 mm
並形－部品等級 C	1.6 ～ 64 mm
大形－部品等級 A または C	3 ～ 36 mm
特大形－部品等級 C	5 ～ 36 mm

2 平座金の呼び方

平座金の呼び方は以下による．

表 7-8 並形－部品等級 A の呼び方

例 1	製品	呼び径 d=8 mm，硬さ区分 200HV の並形系列，部品等級 A の鋼製平座金
	呼び方	平座金・並形－JIS B 1256－ISO 7089－8－200HV－部品等級 A
例 2	製品	呼び径 d=8 mm，硬さ区分 200HV の並形系列，部品等級 A の鋼種区分 A2 ステンレス鋼製平座金
	呼び方	平座金・並形－JIS B 1256－ISO 7089－8－200HV－A2－部品等級 A

(JIS B 1256)

3 平座金の形状と寸法

表 7-9 平座金の形状と寸法

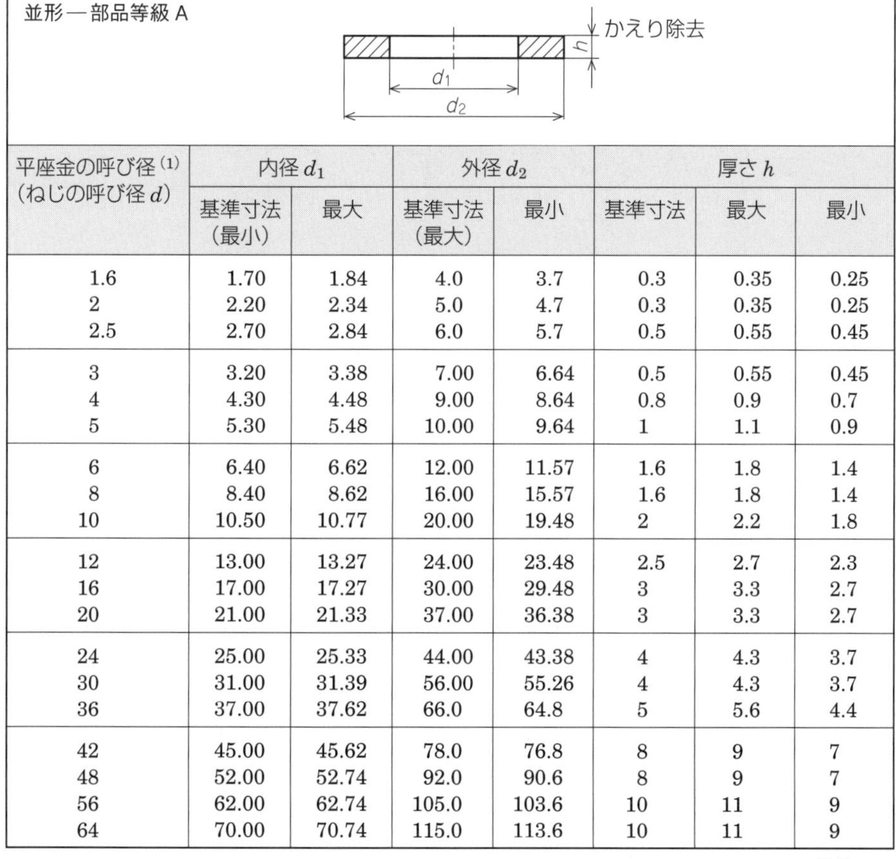

平座金の呼び径 (1) (ねじの呼び径 d)	内径 d_1		外径 d_2		厚さ h		
	基準寸法 (最小)	最大	基準寸法 (最大)	最小	基準寸法	最大	最小
1.6	1.70	1.84	4.0	3.7	0.3	0.35	0.25
2	2.20	2.34	5.0	4.7	0.3	0.35	0.25
2.5	2.70	2.84	6.0	5.7	0.5	0.55	0.45
3	3.20	3.38	7.00	6.64	0.5	0.55	0.45
4	4.30	4.48	9.00	8.64	0.8	0.9	0.7
5	5.30	5.48	10.00	9.64	1	1.1	0.9
6	6.40	6.62	12.00	11.57	1.6	1.8	1.4
8	8.40	8.62	16.00	15.57	1.6	1.8	1.4
10	10.50	10.77	20.00	19.48	2	2.2	1.8
12	13.00	13.27	24.00	23.48	2.5	2.7	2.3
16	17.00	17.27	30.00	29.48	3	3.3	2.7
20	21.00	21.33	37.00	36.38	3	3.3	2.7
24	25.00	25.33	44.00	43.38	4	4.3	3.7
30	31.00	31.39	56.00	55.26	4	4.3	3.7
36	37.00	37.62	66.0	64.8	5	5.6	4.4
42	45.00	45.62	78.0	76.8	8	9	7
48	52.00	52.74	92.0	90.6	8	9	7
56	62.00	62.74	105.0	103.6	10	11	9
64	70.00	70.74	115.0	113.6	10	11	9

単位 mm

(1) 呼び径は，組み合わせるねじの呼び径と同じである．

(JIS B 1256)

2 ばね座金

1 ばね座金の呼び方

ばね座金の呼び方は以下による.

① 規格番号

② 種類の記号または名称

③ 用途もしくは形状の名称

④ 呼　び

⑤ 材料の記号（鋼製：S，ステンレス鋼製：SUS，りん青銅製：PB）および指定事項

例：JIS B1251（①） SW（②） 2号（③） 8（④） S（⑤）

2 ばね座金の形状と寸法

表 7-10　ばね座金一般用の形状と寸法

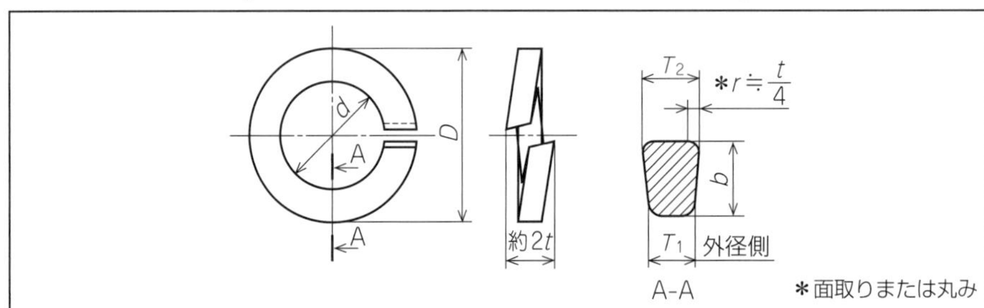

呼び	内径 d		断面寸法（最小）		外径 D（最大）
	基準寸法	許容差	幅 b	厚さ t (1)	
2	2.1	+0.25 0	0.9	0.5	4.4
2.5	2.6	+0.3 0	1.0	0.6	5.2
3	3.1		1.1	0.7	5.9
4	4.1	+0.4 0	1.4	1.0	7.6
5	5.1		1.7	1.3	9.2
6	6.1		2.7	1.5	12.2
8	8.2	+0.5 0	3.2	2.0	15.4
10	10.2		3.7	2.5	18.4
12	12.2	+0.6 0	4.2	3.0	21.5
16	16.2	+0.8 0	5.2	4.0	28
20	20.2		6.1	5.1	33.8
24	24.5	+1.0 0	7.1	5.9	40.3
30	30.5	+1.2 0	8.7	7.5	49.9
36	36.5	+1.4 0	10.2	9.0	59.1

単位 mm

(1) $t = \frac{T_1 + T_2}{2}$

この場合，$T_2 - T_1$ は，0.064b 以下でなければならない．ただし，b はこの表で規定する最小値とする．

（JIS B 1251）

7-5　キーとキー溝

1　キー

キーは，軸にベルト車や歯車などを取り付ける場合，滑らないように軸と車を固定するときに使われる．

1　キーの種類

キーは用途により，**平行キー**，**勾配キー**，**半月キー**に分けることができる．さらに，その形状は次の6種類に分類される．

① ねじ用穴なし平行キー（記号：P）
② ねじ用穴付き平行キー（記号：PS）
③ 頭なし勾配キー（記号：T）
④ 頭付き勾配キー（記号：TG）
⑤ 丸底半月キー（記号：WA）
⑥ 平底半月キー（記号：WB）

端部の形状には**両丸形**，**両角形**，**片丸形**があるが，指示しない場合は両角形とする．

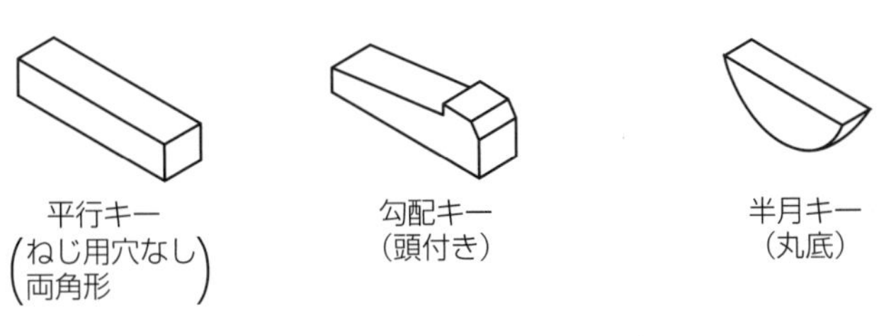

図 7-13　キーの種類

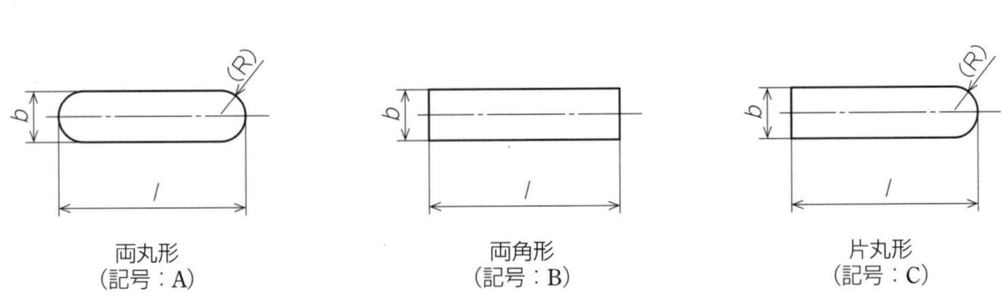

図 7-14　キーの端部形状

2　キーの形状および寸法

平行キーおよび勾配キーの寸法を以下に示す．

表 7-11　平行キーの形状と寸法

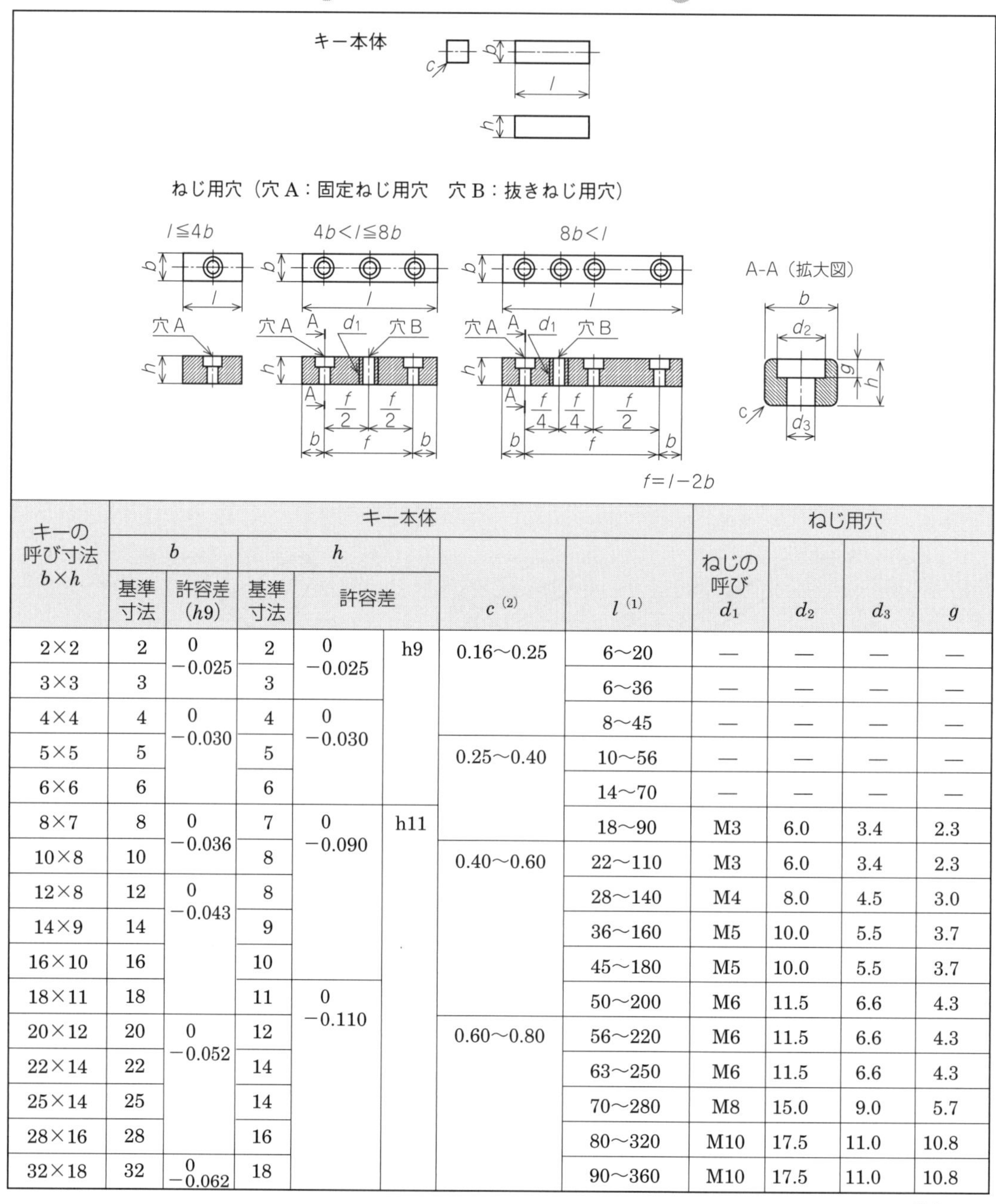

キーの呼び寸法 b×h	b 基準寸法	b 許容差 (h9)	h 基準寸法	h 許容差		c (2)	l (1)	ねじの呼び d_1	d_2	d_3	g
2×2	2	0 −0.025	2	0 −0.025	h9	0.16〜0.25	6〜20	—	—	—	—
3×3	3		3				6〜36	—	—	—	—
4×4	4	0 −0.030	4	0 −0.030			8〜45	—	—	—	—
5×5	5		5			0.25〜0.40	10〜56	—	—	—	—
6×6	6		6				14〜70	—	—	—	—
8×7	8	0 −0.036	7	0 −0.090	h11		18〜90	M3	6.0	3.4	2.3
10×8	10		8			0.40〜0.60	22〜110	M3	6.0	3.4	2.3
12×8	12	0 −0.043	8				28〜140	M4	8.0	4.5	3.0
14×9	14		9				36〜160	M5	10.0	5.5	3.7
16×10	16		10				45〜180	M5	10.0	5.5	3.7
18×11	18		11	0 −0.110			50〜200	M6	11.5	6.6	4.3
20×12	20	0 −0.052	12			0.60〜0.80	56〜220	M6	11.5	6.6	4.3
22×14	22		14				63〜250	M6	11.5	6.6	4.3
25×14	25		14				70〜280	M8	15.0	9.0	5.7
28×16	28		16				80〜320	M10	17.5	11.0	10.8
32×18	32	0 −0.062	18				90〜360	M10	17.5	11.0	10.8

単位 mm

（1）l は，表の範囲内で，次の中から選ぶのがよい．
なお，l の許容差は，h12 とする．
6，8，10，12，14，16，18，20，22，25，28，32，36，40，45，50，56，63，70，80，90，100，110，125，140，160，180，200，220，250，280，320，360，400

（2）45° 面取り（c）の代わりに丸み（r）でもよい．

（JIS B 1301）

表 7-12　勾配キーの形状と寸法

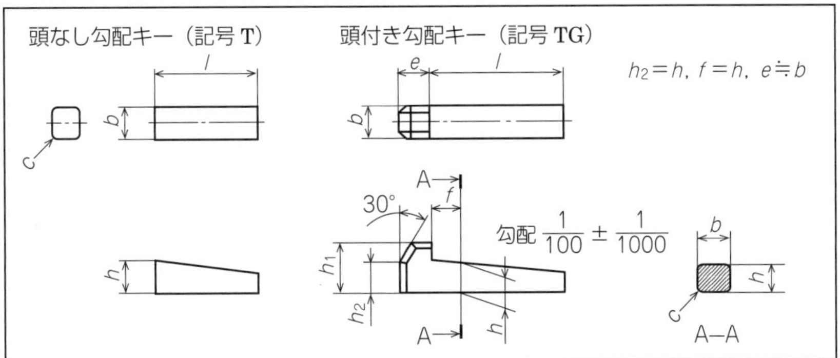

頭なし勾配キー（記号 T）　　頭付き勾配キー（記号 TG）

$h_2 = h$, $f = h$, $e \fallingdotseq b$

勾配 $\frac{1}{100} \pm \frac{1}{1000}$

A–A

キーの呼び寸法 $b \times h$	キー本体							
	b		h			h_1	c (2)	l (1)
	基準寸法	許容差（$h9$）	基準寸法	許容差				
2×2	2	0 −0.025	2	0 −0.025	h9	—	0.16〜0.25	6〜30
3×3	3		3			—		6〜36
4×4	4	0 −0.030	4	0 −0.030		7		8〜45
5×5	5		5			8	0.25〜0.40	10〜56
6×6	6		6			10		14〜70
8×7	8	0 −0.036	7	0 −0.090	h11	11		18〜90
10×8	10		8			12	0.40〜0.60	22〜110
12×8	12	0 −0.043	8			12		28〜140
14×9	14		9			14		36〜160
16×10	16		10			16		45〜180
18×11	18		11	0 −0.110		18		50〜200
20×12	20	0 −0.052	12			20	0.60〜0.80	56〜220
22×14	22		14			22		63〜250
25×14	25		14			22		70〜280
28×16	28		16			25		80〜320
32×18	32	0 −0.062	18			28		90〜360

単位 mm

(1) l は，表の範囲内で，次の中から選ぶのがよい．なお，l の許容差は，h12 とする．
6, 8, 10, 12, 14, 16, 18, 20, 22, 25, 28, 32, 36, 40, 45, 50, 56, 63, 70, 80, 90, 100, 110, 125, 140, 160, 180, 200, 220, 250, 280, 320, 360, 400

(2) 45°面取り（c）の代わりに丸み（r）でもよい．

（JIS B 1301）

3　キーの呼び方

キーの呼び方は次による．

記入例：JIS B 1301（規格番号）　ねじ用穴なし平行キー 両丸形（または P−A）（種類（または記号））　10 (b) × 8 (h) × 50 (l)（呼び寸法×長さ（半月キーは呼び寸法だけ））

ねじ用穴なし平行キーや頭なし勾配キーの種類では，単に平行キーや勾配キーと記入してもよい．また，平行キーの端部の形状を示す場合には，種類の後にその形状（または記号）を記入する．

2　キー溝

キーは市販品を用いることが多いが，**キー溝**ではキー溝の深さ，幅，加工方法などを指示する必要がある，キーに対する軸径を選ぶ場合は，各キーに適応する軸径がJISで指定されているので，これを利用するとよい．

表7-13　平行キー用のキー溝の形状と寸法

キーの呼び寸法 $b \times h$	b_1 および b_2 の基準寸法	滑動形		普通形		締込み形	r_1 および r_2	t_1 の基準寸法	t_2 の基準寸法	t_1 および t_2 の許容差	参考
		b_1	b_2	b_1	b_2	b_1 および b_2					適応する軸径(1) d
		許容差 (D9)	許容差 (D10)	許容差 (N9)	許容差 (Js9)	許容差 (P9)					
2×2	2	+0.025 0	+0.060 +0.020	−0.004 −0.029	±0.012 5	−0.006 −0.031	0.08～0.16	1.2	1.0	+0.1 0	6～8
3×3	3							1.8	1.4		8～10
4×4	4	+0.030 0	+0.078 +0.030	0 −0.030	±0.015 0	−0.012 −0.042		2.5	1.8		10～12
5×5	5						0.16～0.25	3.0	2.3		12～17
6×6	6							3.5	2.8		17～22
8×7	8	+0.036 0	+0.098 +0.040	0 −0.036	±0.018 0	−0.015 −0.051		4.0	3.3	+0.2 0	22～30
10×8	10						0.25～0.40	5.0	3.3		30～38
12×8	12	+0.043 0	+0.120 +0.050	0 −0.043	±0.021 5	−0.018 −0.061		5.0	3.3		38～44
14×9	14							5.5	3.8		44～50
16×10	16							6.0	4.3		50～58
18×11	18							7.0	4.4		58～65
20×12	20	+0.052 0	+0.149 +0.065	0 −0.052	±0.026 0	−0.022 −0.074	0.40～0.60	7.5	4.9		65～75
22×14	22							9.0	5.4		75～85
25×14	25							9.0	5.4		85～95
28×16	28							10.0	6.4		95～110
32×18	32	+0.062 0	+0.180 +0.080	0 −0.062	±0.031 0	−0.026 −0.088		11.0	7.4		110～130
36×20	36						0.70～1.00	12.0	8.4	+0.3 0	130～150
40×22	40							13.0	9.4		150～170
45×25	45							15.0	10.4		170～200
50×28	50							17.0	11.4		200～230
56×32	56	+0.074 0	+0.220 +0.100	0 −0.074	±0.037 0	−0.032 −0.106	1.20～1.60	20.0	12.4		230～260
63×32	63							20.0	12.4		260～290
70×36	70							22.0	14.4		290～330
80×40	80						2.00～2.50	25.0	15.4		330～380
90×45	90	+0.087 0	+0.260 +0.120	0 −0.087	±0.043 5	−0.037 −0.124		28.0	17.4		380～440
100×50	100							31.0	19.5		440～500

単位 mm

(1) 適応する軸径は，キーの強さに対応するトルクから求められるものであって，一般用途の目安として示す．キーの大きさが伝達するトルクに対して適切な場合には，適応する軸径より太い軸を用いてもよい．その場合には，キーの側面が軸およびハブに均等に当たるように t_1 および t_2 を修正するのがよい．適応する軸径より細い軸には用いないほうがよい．

(JIS B 1301)

勾配キーでは，溝に 1/100 の勾配を付ける．勾配キーに適応する軸径は以下のように指定されている．

● 表 7-14　勾配キー用のキー溝の形状と寸法 ●

キーの呼び寸法 $b \times h$	b_1 および b_2		r_1 および r_2	t_1 の基準寸法	t_2 の基準寸法	t_1 および t_2 の許容差	参考
	基準寸法	許容差（D10）					適応する軸径[1] d
2×2	2	+0.060 +0.020	0.08〜0.16	1.2	0.5	+0.05 0	6〜8
3×3	3			1.8	0.9		8〜10
4×4	4	+0.078 +0.030		2.5	1.2	+0.1 0	10〜12
5×5	5		0.16〜0.25	3.0	1.7		12〜17
6×6	6			3.5	2.2		17〜22
8×7	8	+0.098 +0.040		4.0	2.4	+0.2 0	22〜30
10×8	10		0.25〜0.40	5.0	2.4		30〜38
12×8	12	+0.120 +0.050		5.0	2.4		38〜44
14×9	14			5.5	2.9		44〜50
16×10	16			6.0	3.4		50〜58
18×11	18			7.0	3.4		58〜65
20×12	20	+0.149 +0.065	0.40〜0.60	7.5	3.9		65〜75
22×14	22			9.0	4.4		75〜85
25×14	25			9.0	4.4		85〜95
28×16	28			10.0	5.4		95〜110
32×18	32	+0.180 +0.080		11.0	6.4		110〜130
36×20	36		0.70〜1.00	12.0	7.1	+0.3 0	130〜150
40×22	40			13.0	8.1		150〜170
45×25	45			15.0	9.1		170〜200
50×28	50			17.0	10.1		200〜230
56×32	56	+0.220 +0.100	1.20〜1.60	20.0	11.1		230〜260
63×32	63			20.0	11.1		260〜290
70×36	70			22.0	13.1		290〜330
80×40	80		2.00〜2.50	25.0	14.1		330〜380
90×45	90	+0.260 +0.120		28.0	16.1		380〜440
100×50	100			31.0	18.1		440〜500

単位 mm

(1) 適応する軸径は，キーの強さに対応するトルクから求められるものであって，一般用途の目安として示す．キーの大きさが伝達するトルクに対して適切な場合には，適応する軸径より太い軸を用いてもよい．その場合には，キーの側面が，軸およびハブに均等に当たるように t_1 および t_2 を修正するのがよい．適応する軸径より細い軸には用いないほうがよい．

（JIS B 1301）

7-6 ば　ね

ばねは物体の弾性や変形によるエネルギーの蓄積などを利用し，復元力（例：時計やおもちゃのぜんまい），振動や衝撃の緩和（例：自動車の懸架装置）などに使われている．線形断面は，丸，角または長方形である．材料は，ばね鋼を主に，ピアノ線，ステンレス鋼，りん青銅などが用いられている．

1　ばねの種類

単線をコイル状に巻いたばねを**コイルばね**と呼んでおり，**圧縮コイルばね**，**引張コイルばね**，**ねじりコイルばね**がある．

板状や棒状のばねとして，**重ね板ばね**，**トーションバー**，**竹の子ばね**，**渦巻ばね**，**皿ばね**などがある．

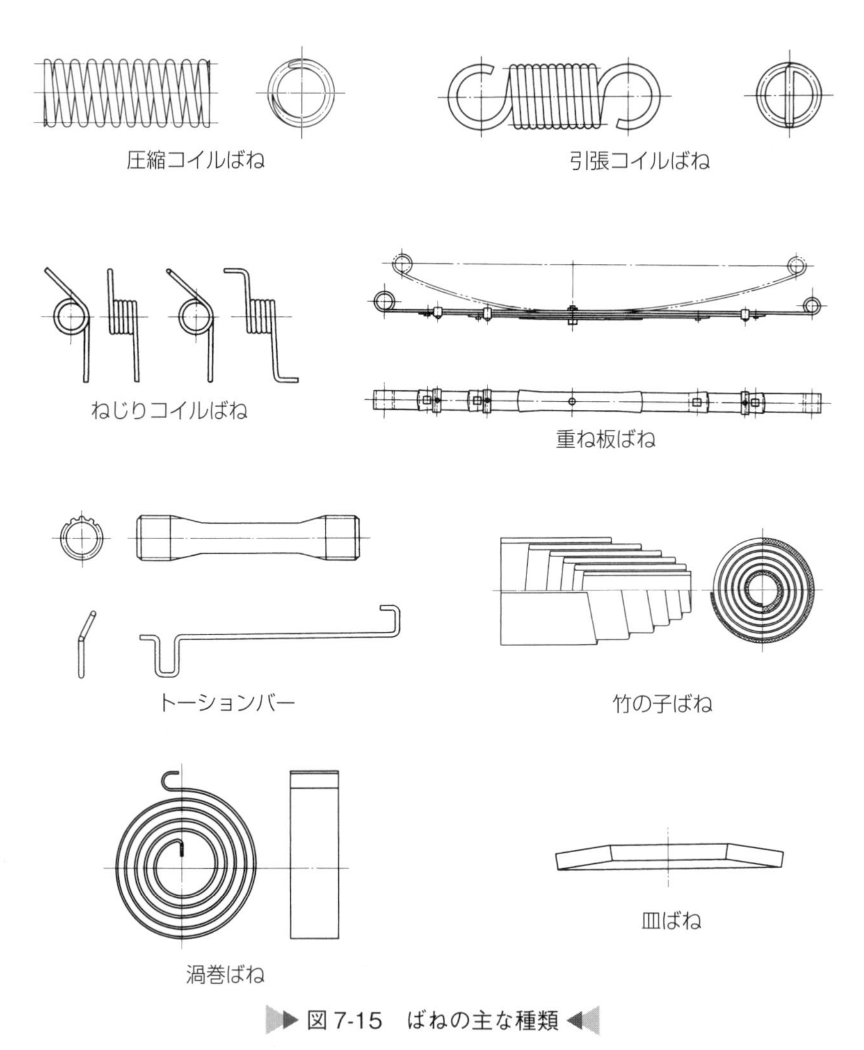

▶▶ 図 7-15　ばねの主な種類 ◀◀

トーションバーとは

トーションバーは，ばね鋼で作られた棒材のねじれ弾性によって，元に戻る働きを利用したスプリングである．自動車などの懸架装置に組み込まれて，サスペンションスプリングとして使用されている．

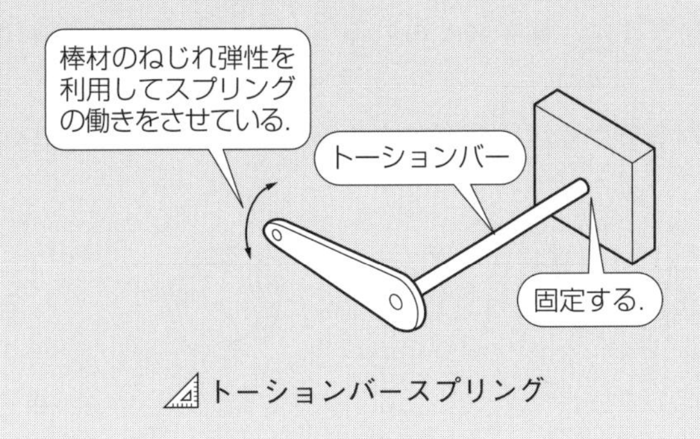

トーションバースプリング

2 ばねの名称

① **自由長さ**：コイルばねの無荷重の状態でのばねの長さ．圧縮コイルばねの場合には，**自由高さ**ともいう．

② **コイル平均径**：コイルばねの計算に用いるもので，コイルの内径と外径との平均値．

③ **ピッチ**：コイルばねの中心線を含む断面で，互いに隣り合うコイルの中心線に平行な材料断面の中心間の距離．

④ **ピッチ角**：コイルばねの材料の中心線が，ばねの中心線に直角な平面となす角．

⑤ **線間すきま**：コイルばねの中心線を含む断面で，互いに隣り合うコイルの中心線に平行な材料断面間のすきま．

⑥ **総巻数**：コイルばねのコイルの端から端までの巻数．

⑦ **座巻**：圧縮コイルばねの端部で，ばねとして作用しない部分．

⑧ **有効巻数**：コイルばねのばね定数の計算に用いる巻数．

⑨ **ばね定数**（じょうすう）：ばねに単位変形量（たわみまたはたわみ角）を与えるのに必要な力またはモーメント．

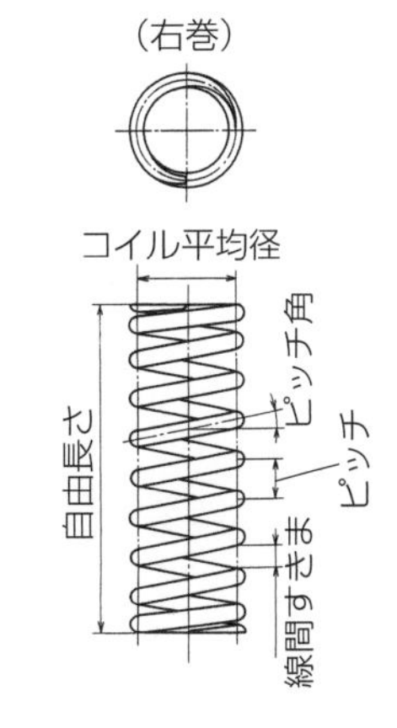

図 7-16　ばねの名称

3 ばねの描き方

ばねを描く場合，以下のようにして描く．

① 一般にコイルばね，竹の子ばね，渦巻ばね，皿ばねは，**無荷重の状態**で描く．

② 重ね板ばねは，ばね板が直線状に変形した状態を図示し，図にその旨を明記する．また，力の作用がない状態を**二点鎖線**で示す．

③ コイルばねや竹の子ばねは右巻とするが，左巻の場合には「巻方向　左」と記入する．

④ コイルばねのすべての部分を図示する場合，コイルの部分は正面図ではらせん状となるが，こ

れを**同一傾斜の直線**で表す.

⑤　断面形状が必要な場合や，組立図や説明図などで図示する場合には，その断面だけを図示してもよい.

⑥　コイルばねでは，両端部分を除き同一形状部分の一部を省略することができる．この場合，省略する部分の線径の中心線を**細い一点鎖線**で示す.

⑦　説明用や作用線図などでは，簡略図を用いることができる．この場合，ばね材の中心線だけを**太い実線**で示す.

⑧　図中に記入しにくい事項や寸法，許容差また荷重を加えた状態で描くときは，荷重などを一括して**要目表**に記入する（図 7-17）.

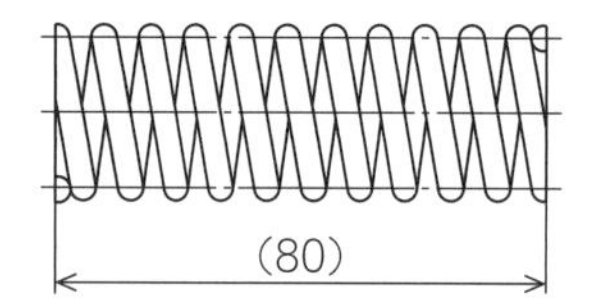

単位 mm

要目表

材　料			SWOSC-V
材料の直径		mm	4
コイル平均径		mm	26
コイル外径		mm	30±0.4
総巻数			11.5
座巻数			各 1
有効巻数			9.5
巻方向			右
自由長さ		mm	(80)
ばね定数		N/mm	15.0
指定	荷　重	N	—
	荷重時の高さ	mm	—
	高さ	mm	70
	高さ時の荷重	N	150±10%
	応　力	N/mm²	191
最大圧縮	荷　重	N	—
	荷重時の高さ	mm	—
	高さ	mm	55
	高さ時の荷重	N	375
	応　力	N/mm²	477
密着高さ		mm	(44)
先端厚さ		mm	(1)
コイル外側面の傾き		mm	4 以下
コイル端部の形状			クローズドエンド（研削）
表面処理	成形後の表面加工		ショットピーニング
	防せい処理		防せい油塗布

備考　1. その他の要目：セッチングを行う.
2. 用途または使用条件：常温，繰返し荷重
3. 1 N/mm^2＝1 MPa

(JIS B 0004)

図 7-17　圧縮コイルばねの外観図と要目表の例

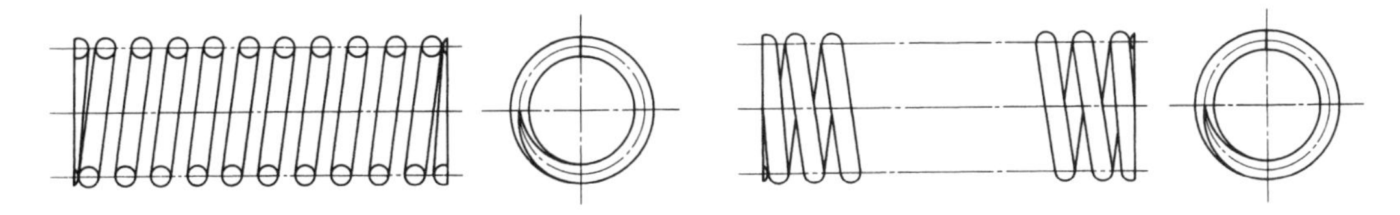

圧縮コイルばね断面図　　圧縮コイルばね（一部省略図）

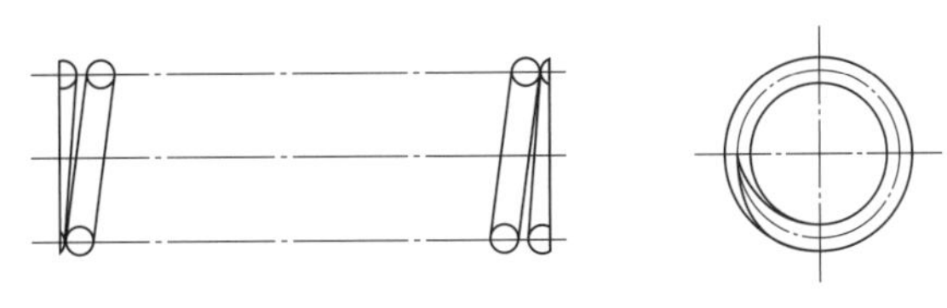

圧縮コイルばね断面図（一部省略図）

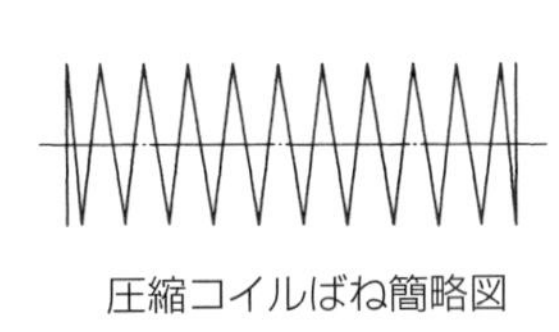

圧縮コイルばね簡略図

組立図中のコイルばね簡略図

▶▶ 図 7-18　ばねの表し方 ◀◀

空気ばね

ばねというと金属の板ばねやコイルばねを思い浮かべるが，じつは空気がばねの役目を果たすこともできる．空気ばねと呼ばれ，空気の圧縮性と弾性を利用したばねとして各方面で使われている．空気ばねは高周波振動の絶縁性がよく，大型バスや大型トラック，電車の乗り心地改善に大きく寄与している．

鉄道車両に使われている空気ばね
（協力：小田急電鉄株式会社）

さらに空気圧のもつ特徴を生かした使い方がなされている．電車の空気ばねを例にとると，ゴム製のベローズと呼ばれる，ちょうど風船の上に車体を載せるような形で乗り心地を良くする役目を果たしている．また，自動高さ調整も行うことができ，車体の荷重変化に対して，空気の圧力を自動的に調整することで車高を一定に保つことが可能となっている．

7-7 歯　車

歯車は，駆動軸から従動軸に一定速比で連続した回転運動を確実に伝える場合に用いられる．また，歯車の歯数を変えることにより，回転数を任意に変えることができ，かつ回転比は常に一定である．

1 歯車の種類

一般の機械に用いられる歯車は**インボリュート歯車**で，**平歯車**，**はすば歯車**，**やまば歯車**，**ねじ歯車**，**すぐばかさ歯車**，**まがりばかさ歯車**，**ハイポイドギヤ**，**円筒ウォームギヤ**，**ラック**などがある．

図 7-19　主な歯車の種類

2 歯車の歯部の名称

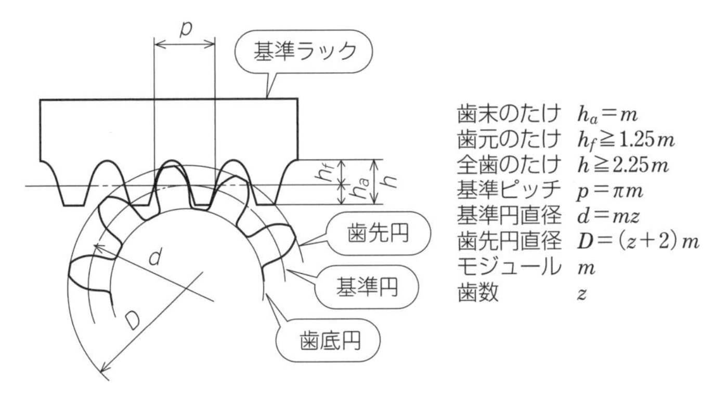

図 7-20 歯車の名称と寸法

3 歯車の歯形の大きさの表し方

歯形の大きさを表すには，**モジュール**（m），**ダイヤメトラルピッチ**（P または DP），**サーキュラーピッチ**のいずれかが用いられるが，一般にモジュールが使われている．

1 モジュール（m）とは

基準円直径 d〔mm〕を歯数（z）で除した値で，モジュールの値が大きいほど歯形は大きくなる．

$$\text{モジュール}\ (m) = \frac{\text{基準円直径}\ (d)\ \text{〔mm〕}}{\text{歯数}\ (z)}$$

モジュールは標準値を用いる．

表 7-15 モジュールの標準値

標準値
0.1
0.2
0.3
0.4
0.5
0.6
0.8

単位 mm

標準値
1
1.25
1.5
2
2.5
3
4
5
6
8
10
12
16
20
25
32
40
50

単位 mm

（JIS B 1701-2）

2　モジュールの大きさ

モジュールの大きさを図にすると以下のようになる．

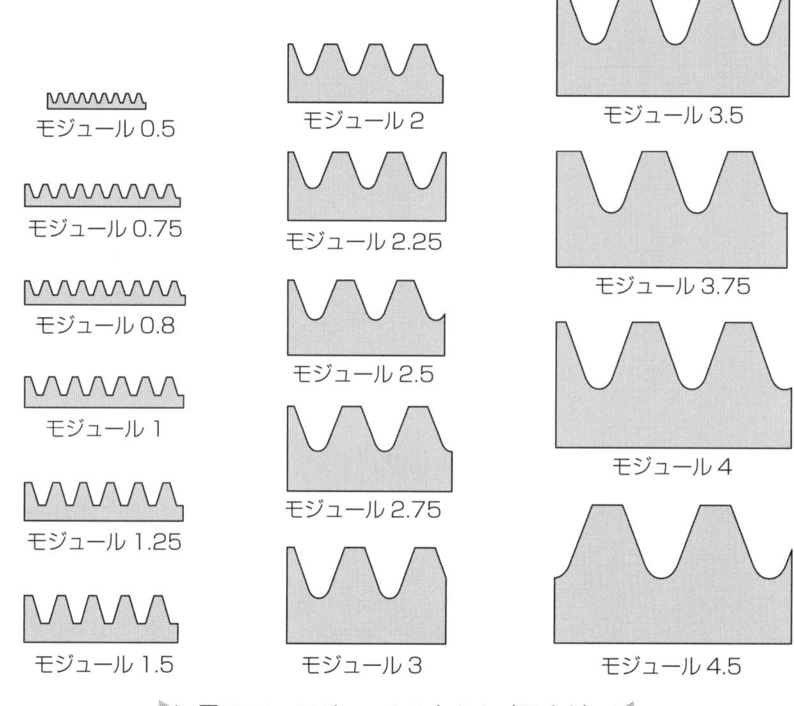

図 7-21　モジュールの大きさ（原寸大）

4　歯車の図示の仕方

歯車の歯形を正確に描くと手間がかかる．歯形の加工はカッタで行われるため，歯形を簡略して描く．歯車の部品図には，図のほかに表（要目表）を併用する．

1　歯車の描き方

歯車を描くときの線の用い方は以下のようにする．

① 基準円は**細い一点鎖線**を用いる．

② 歯先円は**太い実線**を用いる．

③ 歯底円は**細い実線**を用いる．ただし，主投影図（軸に直角な方向から見た図）を断面図示するときの歯底の線は**太い実線**で描く．また，歯底円は描かなくてもよく，かさ歯車，ウォームホイール（薄いはすば歯車）の側面図（軸方向から見た図）では原則として省略する．

④ 歯すじ方向を図示するときは，**通常 3 本の細い実線で描く**．

2　かみあう歯車の図示と簡略図の描き方

かみあう一対の歯車を図示するには以下のようにする．

① 互いにかみあっている歯先円は，ともに**太い実線**で描く．

② 主投影図（正面図）を断面図示する場合は，かみあっている歯先円の一方は**細い破線**または**太い破線**で描く．

③ かみ合っている歯車の簡略図示では，歯底の線を省略し，側面図は基準円だけで表す．

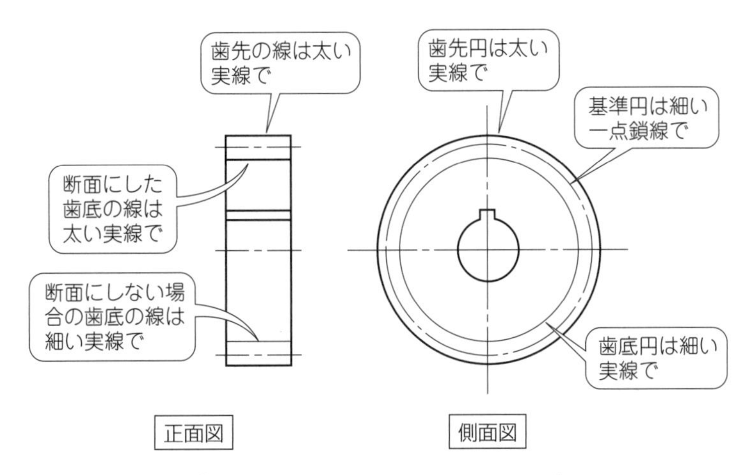

図 7-22 歯車の図示の仕方

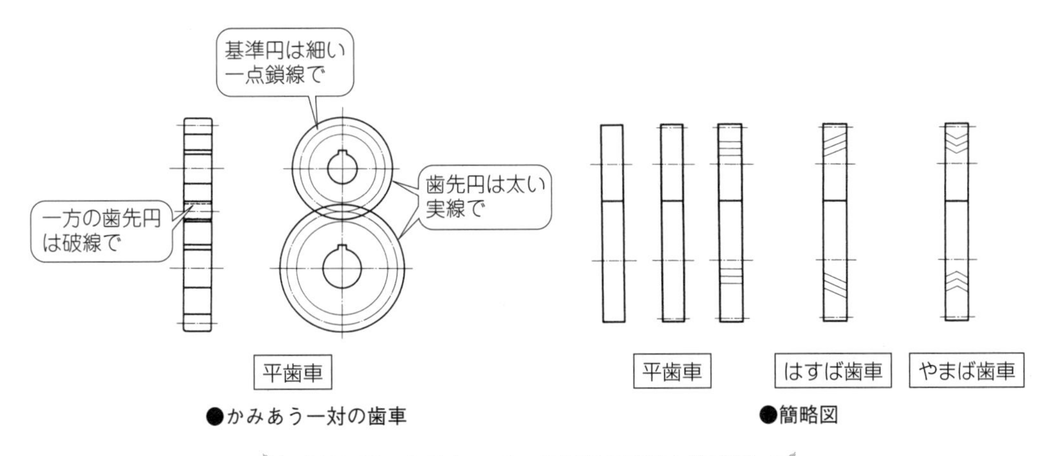

図 7-23 かみあっている歯車の図示と簡略図

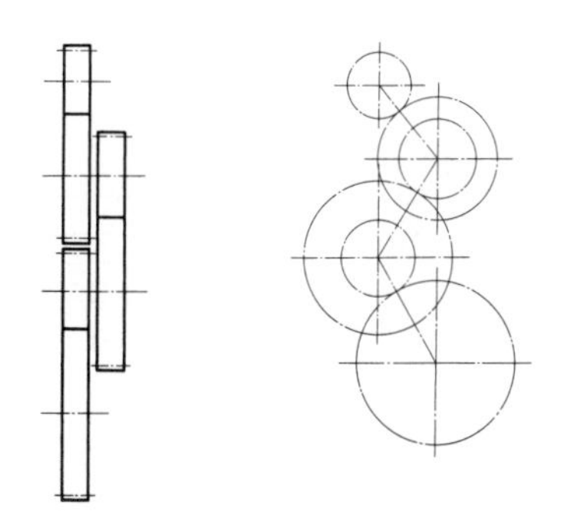

図 7-24 一連の平歯車の簡略図

3 歯車の要目表

歯車の部品図では，図に**要目表**を記載する．要目表には原則として歯切り，組立，検査に必要な項目を記入する．また，材料，熱処理，硬さなどは，必要に応じて記入する．

表 7-16　要目表の記入例

単位 mm

<table>
<tr><th colspan="7">平歯車</th></tr>
<tr><td colspan="2">歯車歯形</td><td>転　位</td><td colspan="2">仕上方法</td><td colspan="2">ホブ切り</td></tr>
<tr><td rowspan="3">基準ラック</td><td>歯　形</td><td>並　歯</td><td colspan="2" rowspan="2">精　度</td><td colspan="2" rowspan="2">JIS B 1702-1 7 級
JIS B 1702-2 8 級</td></tr>
<tr><td>モジュール</td><td>6</td></tr>
<tr><td>圧力角</td><td>20°</td><td rowspan="6">参考データ</td><td colspan="2">相手歯車歯数</td><td>50</td></tr>
<tr><td colspan="2">歯　数</td><td>18</td><td colspan="2">相手歯車転位量</td><td>0</td></tr>
<tr><td colspan="2">基準円直径</td><td>108</td><td colspan="2">中心距離</td><td>207</td></tr>
<tr><td colspan="2">転位量</td><td>+3.16</td><td colspan="2">バックラッシ</td><td>0.20～0.89</td></tr>
<tr><td colspan="2">全歯たけ</td><td>13.34</td><td colspan="2">材　料</td><td></td></tr>
<tr><td>歯厚</td><td>またぎ歯厚</td><td>$47.96^{-0.08}_{-0.38}$
（またぎ歯数＝3）</td><td colspan="2">熱処理
硬　さ</td><td></td></tr>
</table>

（JIS B 0003）

7-8 転がり軸受

回転する軸を支えるのが**軸受**である．接触状態や荷重，回転速度によって，**滑り軸受**，**転がり軸受**があり，一般に**ベアリング**と呼ばれている．さらに，荷重方向によって**ラジアル軸受**，**スラスト軸受**など多くの種類がある．

ラジアル軸受は軸方向に直角な方向の荷重（これを**ラジアル荷重**という）を主に受けるもので，スラスト軸受は軸方向の荷重（これを**アキシアル荷重**という）を主に受けるものである．

1　転がり軸受の種類

転がり軸受は，外輪と内輪の間に**転動体**と呼ばれる**たま**（**玉軸受**）や**ころ**（**ころ軸受**），**保持器**から構成され，さらに，転動体には円筒状，円すい状，球面状など多くの種類がある．

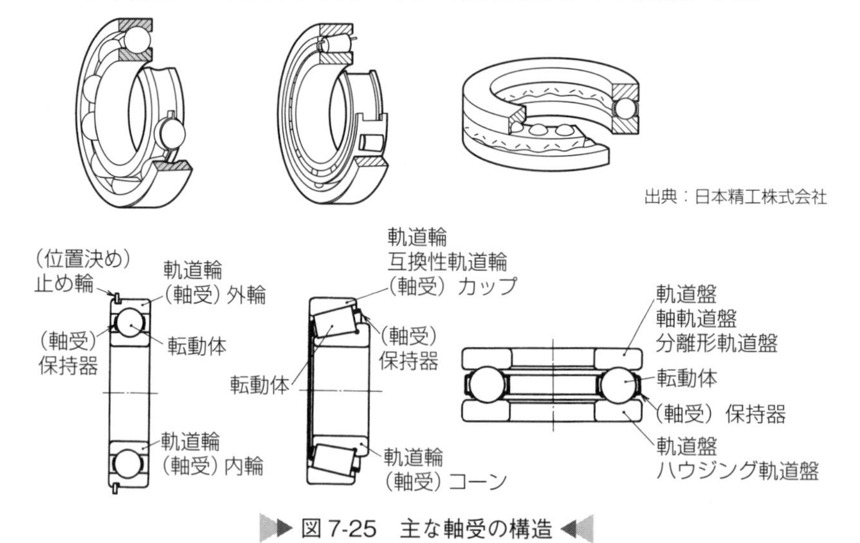

図 7-25　主な軸受の構造

転がり軸受はラジアル軸受とスラスト軸受に分けることができる．さらに**転動体の種類・数**などによって細かく分類される．

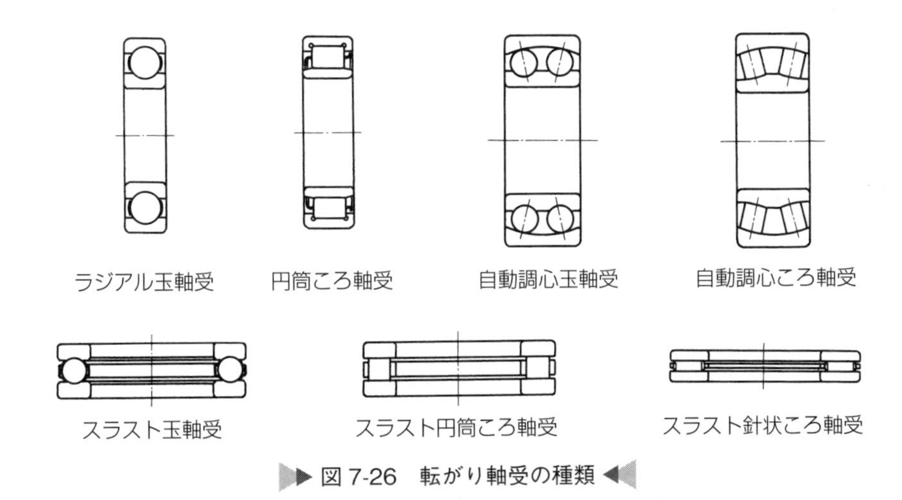

図 7-26 転がり軸受の種類

2 転がり軸受の番号表示の仕方

転がり軸受の種類は多く，呼び番号が規定されている．呼び番号は**基本番号**と**補助記号**で構成されている．

基本番号の構成は，① 軸受系列記号（Ⅰ-1：形式記号　Ⅰ-2：寸法系列記号），Ⅱ内径番号，Ⅲ接触角記号からなる．補助記号は基本番号の前後に付けることができる．

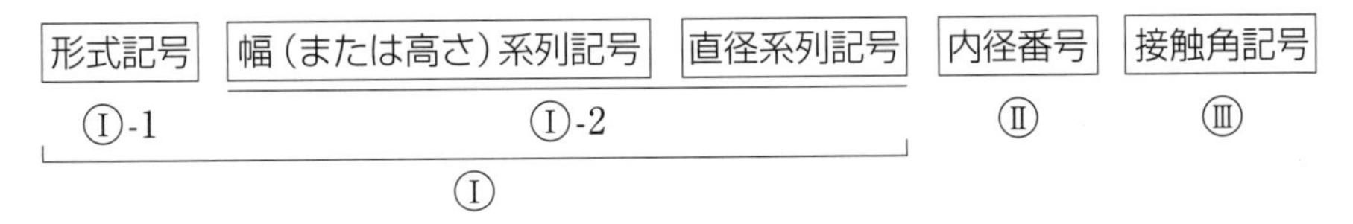

① **形式記号**：形式を示す記号で，一字のアラビア数字または一字以上のラテン文字から構成される（表 7-17）．

形式記号の例：6（深溝玉軸受），7（アンギュラ玉軸受），NU（円筒ころ軸受）

② **寸法系列記号**：寸法系列記号は**幅系列記号**と**直径系列記号**の二字のアラビア数字から構成される（表 7-17）．幅系列 0 または 1 の深溝玉軸受，アンギュラ玉軸受，円筒ころ軸受では，幅系列記号が省略されることがある．

③ **内径番号**：内径番号は表 7-18 を参考にする．

④ **接触角記号**：接触角記号は表 7-19 を参考にする．

⑤ **補助記号**：補助記号は表 7-20 を参考にする．

表 7-17　軸受系列記号

軸受の形成		断面図	形式記号	寸法系列記号	軸受系列記号
深溝玉軸受	単列 入れ溝なし 非分離形		6	17 18 19 10 02 03 04	67 68 69 60 62 63 64
アンギュラ玉軸受	単列 非分離形		7	19 10 02 03 04	79 70 72 73 74
自動調心玉軸受	複列 非分離形 外輪軌道球面		1	02 03 22 23	12 13 22 23
円筒ころ軸受	単列 外輪両つば付き 内輪つばなし		NU	10 02 22 03 23 04	NU10 NU2 NU22 NU3 NU23 NU4
	単列 外輪つばなし 内輪両つば付き		N	10 02 22 03 23 04	N10 N2 N22 N3 N23 N4
ソリッド形 針状ころ軸受	内輪付き 外輪両つば付き		NA	48 49 59 69	NA48 NA49 NA59 NA69
円すいころ軸受	単列 分離形		3	29 20 30 31 02 22 22C 32 03 03D 13 23 23C	329 320 330 331 302 322 322C 332 303 303D 313 323 323C
自動調心ころ軸受	複列 非分離形 外輪軌道球面		2	39 30 40 41 31 22 32 03 23	239 230 240 241 231 222 232 213 223

（JIS B 1513）

表 7-18　内径番号

呼び軸受内径（mm）	内径番号	呼び軸受内径（mm）	内径番号
0.6	/0.6(1)	17	03
1	1	20	04
1.5	/1.5(1)	22	/22
2	2	25	05
2.5	/2.5(1)	28	/28
3	3	30	06
4	4	32	/32
5	5	35	07
6	6	40	08
7	7	45	09
8	8	50	10
9	9	55	11
10	00	60	12
12	01	65	13
15	02	70	14

（1）他の記号を用いることができる.

（JIS B 1513）

表 7-19　接触角記号

軸受の形式	呼び接触角	接触角記号
単列アンギュラ玉軸受	10° を超え 22° 以下	C
	22° を超え 32° 以下	A(1)
	32° を超え 45° 以下	B
円すいころ軸受	17° を超え 24° 以下	C
	24° を超え 32° 以下	D

（1）省略することができる.

表 7-20　補助記号

仕　様	内容または区分	補助記号
内部寸法	主要寸法およびサブユニットの寸法が ISO 355 に一致するもの	J3(1)
シール・シールド	両シール付き	UU(1)
	片シール付き	U(1)
	両シールド付き	ZZ(1)
	片シールド付き	Z(1)
軌道輪形状	内輪円筒穴	なし
	フランジ付き	F(1)
	内輪テーパ穴（基準テーパ比 1/12）	K
	内輪テーパ穴（基準テーパ比 1/30）	K30
	輪溝付き	N
	止め輪付き	NR

表 7-20　補助記号（つづき）

仕　様	内容または区分	補助記号
軸受の組合せ	背面組合せ	DB
	正面組合せ	DF
	並列組合せ	DT
ラジアル内部すきま(3)	C2 すきま	C2
	CN すきま	CN(2)
	C3 すきま	C3
	C4 すきま	C4
	C5 すきま	C5
精度等級(4)	0 級	なし
	6X 級	P6X
	6 級	P6
	5 級	P5
	4 級	P4
	2 級	P2

(1) 他の記号を用いることができる.　　(JIS B 1513)
(2) 省略することができる.
(3) JIS B 1520 参照
(4) JIS B 1514 参照

●呼び番号の例

例 1　62　04
①　②

①：軸受系列記号
軸系列 0　直径系列 2 の深溝玉軸受

②：内径番号
呼び軸受内径　20 mm

例 2　62　03　ZZ
①　②　③

①：軸受系列記号
幅系列 0　直径系列 2 の深溝玉軸受

②：内径番号
呼び軸受内径　17 mm

③：補助記号
両シールド付き

例 3　NU3　14　C3　P6
①　②　③-1　③-2

①：軸受系列記号
幅系列 0　直径系列 3 の円筒ころ軸受

②：内径番号
呼び軸受内径　70 mm

③-1：補助記号（ラジアル内部すきま記号）
C3 すきま

③-2：補助記号（精度等級記号）
6 級

3　転がり軸受の表し方

正確な形状や寸法を描く必要がない場合には，**基本簡略図示方法**または**個別簡略図示方法**を用い，主要な形状だけを図示することができる．

基本簡略図示方法では外形を表す四角形および四角形の中央に，外形線に接しないように転動体を表す**直立した十字**を描く．

正確な外形を図示する場合は，中央位置に直立した十字をもつ断面を，実際に近い形状で描く．

また，**簡略図示方法ではハッチングは施さないが**，カタログや説明などで表示を必要とする場合には，転動体を除いて細い実線でハッチングする．機械製図では主に簡略図示方法が用いられている．

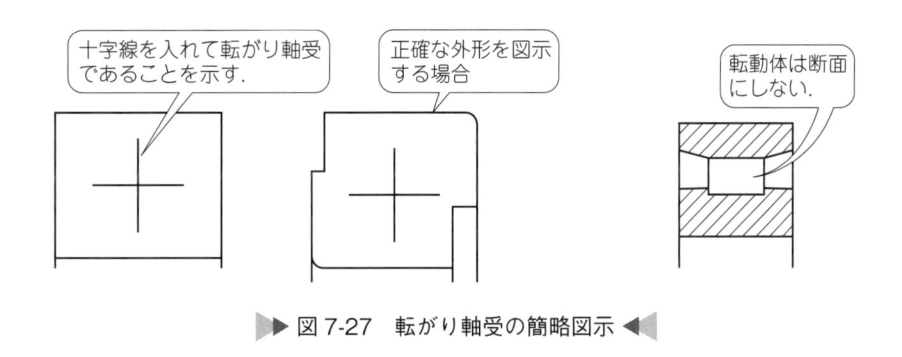

図 7-27　転がり軸受の簡略図示

正確な形状の必要ない種々の転がり軸受や組立図については，**個別簡略図示方法**で描くことができる．この場合，一つの図面では基本簡略図示方法か個別簡略図示方法のどちらかを用いる．

表 7-21　個別簡略図示方法の要素

番号	要素	説明	用い方
1.1	――― (1)	長い実線(3) の直線	この線は，調心できない転動体の軸線を示す．
1.2	⌒ (1)	長い実線(3) の円弧	この線は，調心できる転動体の軸線，または調心輪・調心座金を示す．
1.3	|	短い実線(3) の直線で，番号 1.1 または 1.2 の長い実線に直交し，各転動体のラジアル中心線に一致する	転動体の列数および転動体の位置を示す．
	他の表示例 ○ (2)	円	玉
	▭ (2)	長方形	ころ
	▭ (2)	細い長方形	針状ころ，ピン

(1) この要素は，軸受の形式によって傾いて示してもよい．　(JIS B 0005-2)
(2) 短い実線の代わりに，これらの形状を転動体として用いてもよい．
(3) 線の太さは，外形線と同じとする．

表7-22　個別簡略図示方法の例

簡略図示方法		適用 玉軸受 図例(1) および規格(2)	適用 ころ軸受 図例(1) および規格(2)
3.1		単列深溝玉軸受（JIS B 1512） ユニット用玉軸受（JIS B 1558）	単列円筒ころ軸受（JIS B 1512）
3.2		複列深溝玉軸受（JIS B 1512）	複列円筒ころ軸受（JIS B 1512）
3.3		—	単列自動調心ころ軸受（JIS B 1512）
3.4		自動調心玉軸受（JIS B 1512）	自動調心ころ軸受（JIS B 1512）
3.5		単列アンギュラ玉軸受（JIS B 1512）	単列円すいころ軸受（JIS B 1512）
3.6		非分離複列アンギュラ玉軸受（JIS B 1512）	—
3.7		内輪分離複列アンギュラ玉軸受（JIS B 1512）	内輪分離複列円すいころ軸受（JIS B 1512）
3.8		—	外輪分離複列円すいころ軸受

(1) 参考図であり，詳細には示していない.
(2) 関連規格がある場合には，その番号を示す.

（JIS B 0005-2）

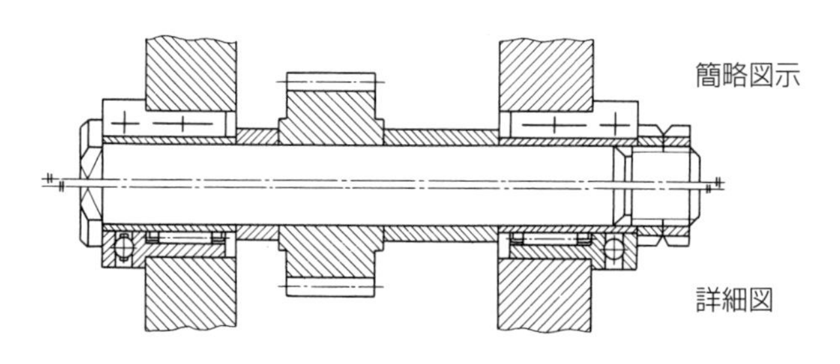

図7-28　個別簡略図示方法の図例

4 比例寸法による描き方

カタログや組立図などで軸受の詳細な図が必要な場合には，主要な寸法を基準にして，各部の寸法を比例させて描く方法がある．この**比例寸法**による深溝玉軸受の作図方法を以下に示す．

1 寸法の決め方

A 寸法は以下により計算で求める．

深溝玉軸受，アンギュラ玉軸受，自動調心玉軸受，円筒ころ軸受，針状ころ軸受（内輪付き），円すいころ軸受，自動調心ころ軸受，単式平面座スラスト玉軸受，スラスト自動調心ころ軸受の場合には

$$\mathrm{A} = \frac{D\text{（軸受外径）} - d\text{（軸受内径）}}{2}$$

となる．

2 作図方法

① AとBを2辺とする長方形の中心をOとし，長方形を二等分する中心線をaa，bbとする．

② Oを中心とする直径2/3Aの円で玉の輪郭を描く．

③ 円周上に定めた点eとfとを通り，aaに平行な直線で内輪と外輪を描く．

④ 面取り部の形状は，呼び面取り寸法を半径とする円弧で描く．

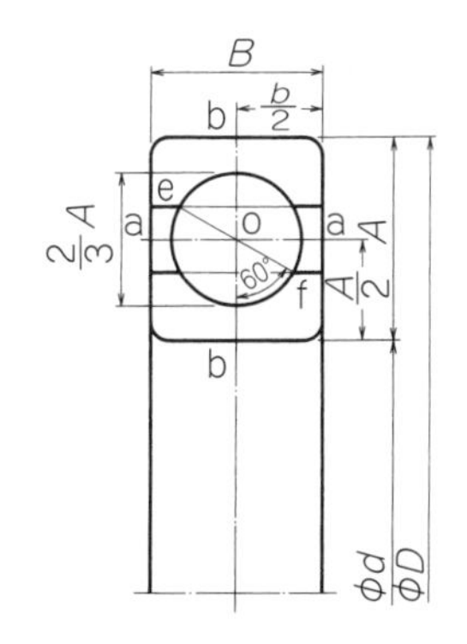

図 7-29 深溝玉軸受の比例寸法による作図方法

7-9 材料の種類と記号

製品や加工に用いられる材料の種類には，金属や非鉄金属，非金属材料などがある．

金属材料は大きく分けると，鉄と鋼に分けることができ，鉄は更に銑鉄，合金鉄，鋳鉄に，鋼は普通鋼，特殊鋼，鋳鍛鋼に分けることができる．普通鋼は形状や用途によって棒鋼，形鋼，厚板，薄板，線材など多くの種類に分類される．

金属材料や非金属材料を記入する場合には，材料規格に従って部品表に記入する．

鉄鋼記号は原則として3つの部分から構成されている．

① **材質**：英語あるいはラテン文字の頭文字または元素記号を用いる．鉄鋼材料では，ほとんどがS（Steel：鋼）かF（Ferrum：鉄）で始まる．

② **規格名または製品名**：板・棒・管・線・鋳造などの製品の形状別の種類や用途記号を組み合せた記号を用いて，英語またはラテン文字の頭文字を用いる．

P：Plate（薄板）　U：Use（特殊用途）　W：Wire（線材，線）　T：Tube（管）
C：Casting（鋳物）　K：Kōgu（工具）　F：Forging（鍛造）
S：Structual（一般構造用圧延材）

③ **材料の種別番号**：材料の最低引張強さまたは耐力（通常3桁数字）を用いる．ただし，機械構造用鋼では主要合金元素量コードと炭素量との組合せで表す．

例 1　　：1種
A　　：A種またはA号
430　：コード4．炭素量の代表値30
2A　 ：2種Aグレード
400　：引張強さまたは耐力

例 S S 400
① ② ③

① S：鋼（Steel）
② S：一般構造用圧延材（Structual）
③ 400：引張強さ　400～510 N/mm²

7-10 溶接の種類と溶接記号

部品の接合方法には，ボルトやリベット類で結合する**機械的接合**，接着剤を用いた**接着接合**，**溶接による接合**がある．

その中でも，**溶接**は素材同士を溶接接合させ，部品を組み付けたり，部品を永久に接合したりするもので，今日では造船や原子力，宇宙産業，電気・電子機器にいたるまで，あらゆる産業において使われている．

1 溶接の種類

1 溶接の種類

溶接は大きく分けて，**ガス溶接**，**電気溶接**，**圧接**，**超音波溶接**，**レーザ溶接**などに分類できる．さらにそれぞれの溶接においても種類が多く，用途によって使い分けされている．

2 溶接継手の種類

溶接では母材の組合せによる継手形式により，**突合せ継手**，**T継手**，**重ね継手**，**角継手**，**へり継手**，**フレア継手**などがある．

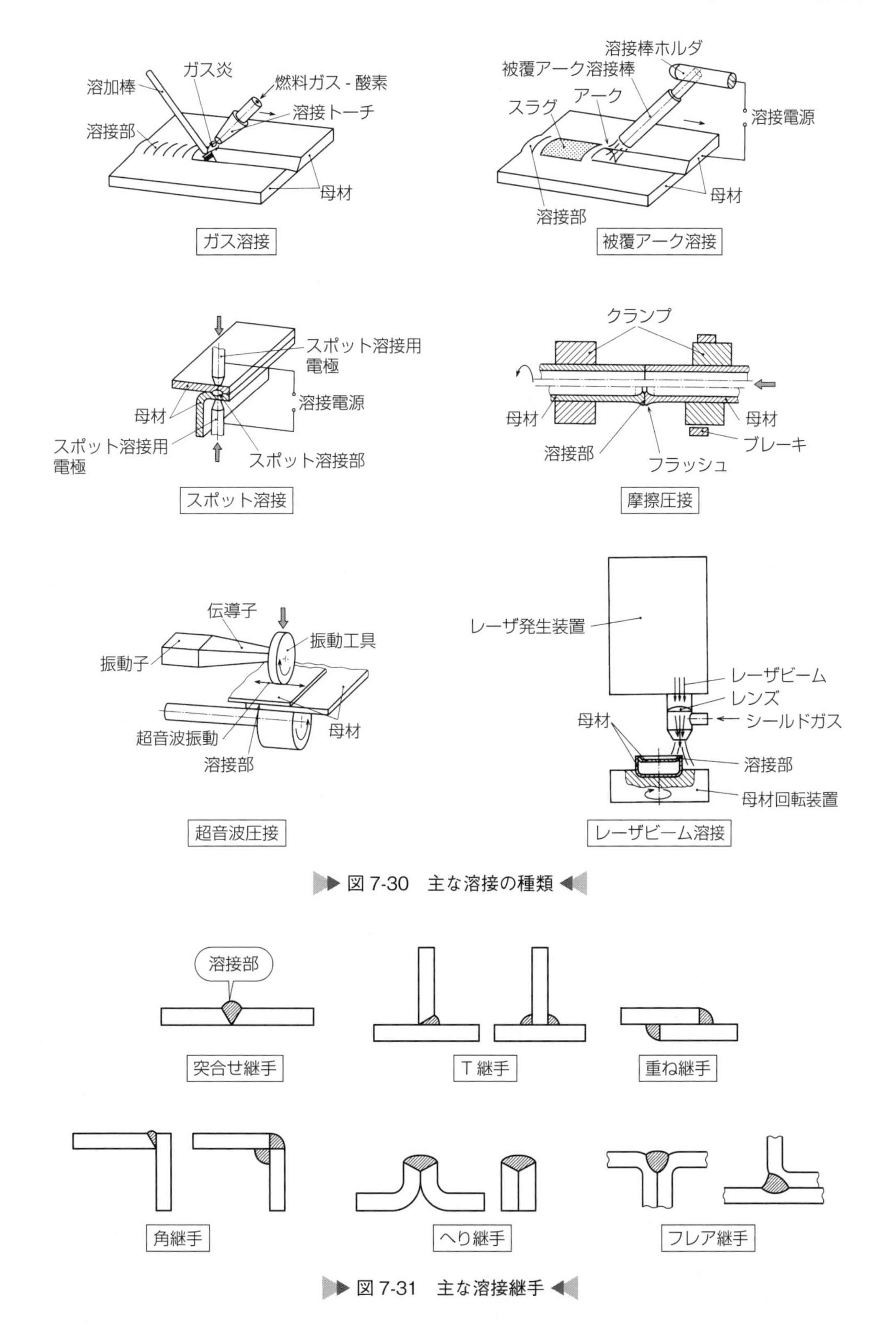

図 7-30　主な溶接の種類

図 7-31　主な溶接継手

2　溶接の記号

1　溶接の指示の仕方

溶接部の指示には**溶接記号**を用いる．基本記号（表 7-23）は施工される溶接の種類を表し，補助記号（表 7-25）は溶接部の表面形状や仕上げ方法などを表すものである．

表 7-23　基本記号

No.	溶接の種類	図示（破線は溶接前の開先を示す）	記号（破線は基線を示す）
1	I 形開先溶接	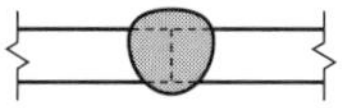	
2	V 形開先溶接	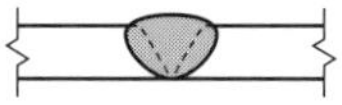	
3	規定しない		
4	レ形開先溶接	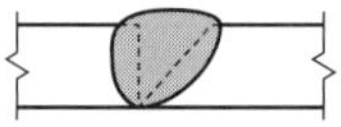	
5	規定しない		
6	U 形開先溶接	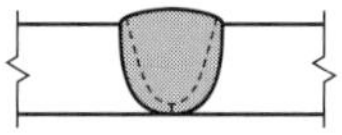	
7	J 形開先溶接	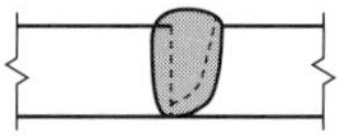	
8	V 形フレア溶接	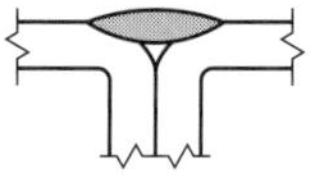	
9	レ形フレア溶接	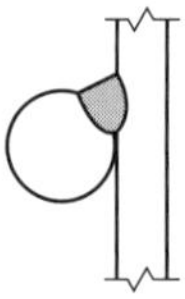	
10	すみ肉溶接	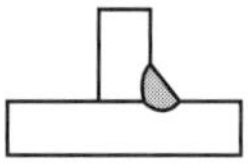	
11	プラグ溶接 スロット溶接	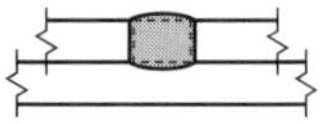	
12	抵抗スポット溶接	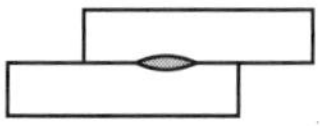	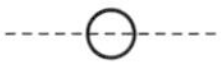
13	溶融スポット溶接	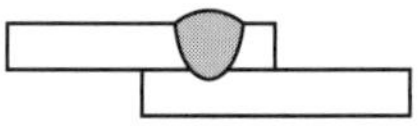	
14	抵抗シーム溶接	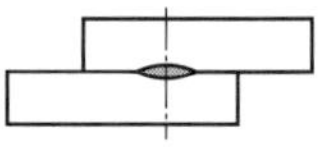	

表 7-23　基本記号（つづき）

No.	溶接の種類	図示（破線は溶接前の開先を示す）	記号（破線は基線を示す）
15	溶融シーム溶接	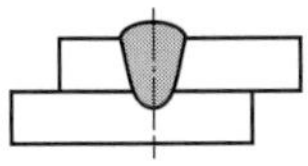	
16	スタッド溶接	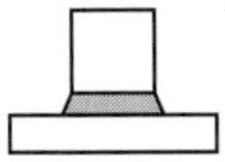	
17	規定しない		
18	規定しない		
19	へり溶接 [a]	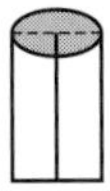	
20	規定しない		
21	肉盛溶接	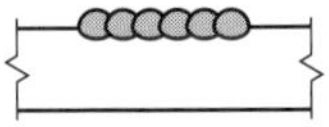	
22	ステイク溶接	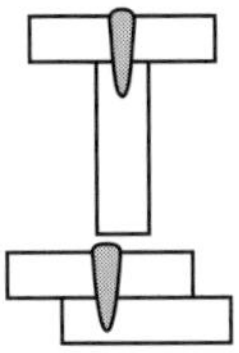	

注　a）は二つを超える部材の継手にも適用される．

表 7-24　基本記号を組み合わせた両側溶接継手の記号

No.	溶接の種類	図示（破線は溶接前の開先を示す）	記号（破線は基線を示す）
1	X 形開先溶接	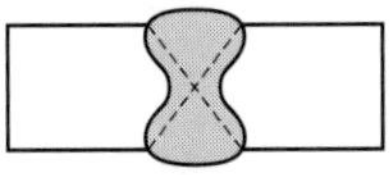	
2	K 形開先溶接	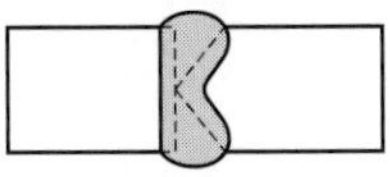	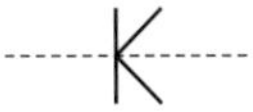
3	H 形開先溶接	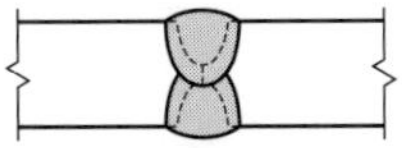	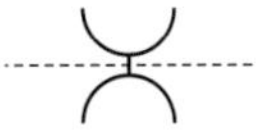
4	K 形開先溶接およびすみ肉溶接	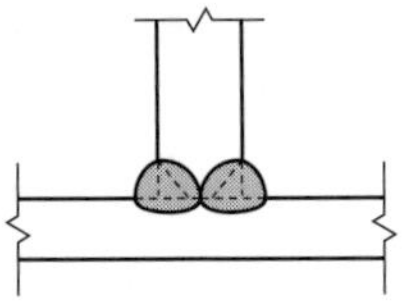	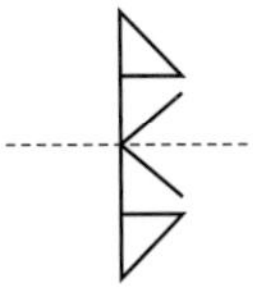

（JIS Z 3021）

表 7-25　補助記号

No.	名　称	図示（破線は溶接前の開先を示す）	記号（破線は基線を示す）	適用例（破線は基線を示す）
1	平ら[a]			
2	凸形[a]			
3	凹形[a]			
4	滑らかな止端仕上げ[b]	止端仕上げ		
5	裏溶接[c), e)]（V形開先溶接後に施工する）			
	裏当て溶接[c), e)]（V形開先溶接前に施工する）			
6	裏波溶接[e)]（フランジ溶接・へり溶接を含む）			
7	裏当て[e)]			MR
7a	取り外さない裏当て[d), e)]		M	
7b	取り外す裏当て[d), e)]		MR	
8	スペーサ			
9	消耗インサート材[e)]	インサート材設置状況 溶接後のビード		
10	全周溶接			

表 7-25 補助記号（つづき）

No.	名 称	図示 （破線は溶接前の開先を示す）	記号 （破線は基線を示す）	適用例 （破線は基線を示す）
11	二点間溶接	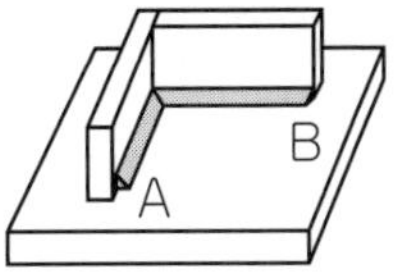 A B	 ↔	 A ↔ B
12	現場溶接 [f]	なし		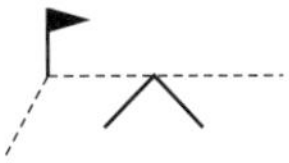
13	規定しない			
14	チッピング	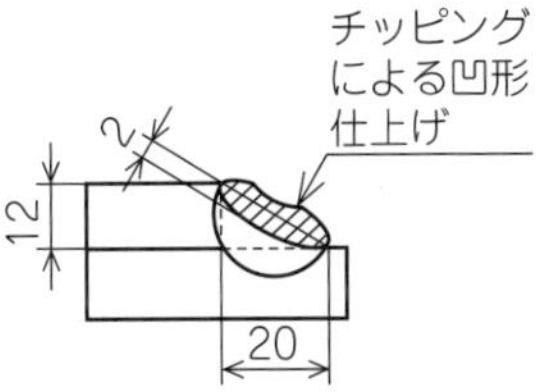 チッピングによる凹形仕上げ 2 12 20	C	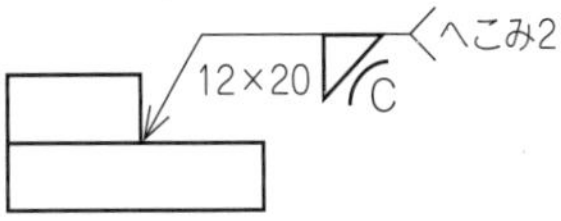 12×20 C へこみ2
15	グラインダ	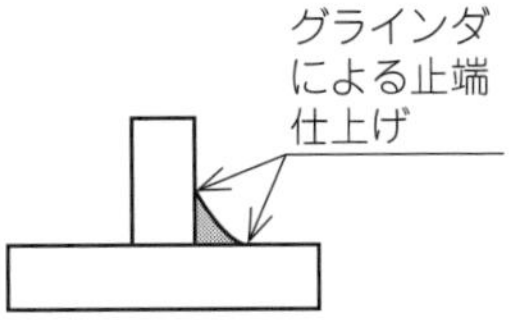 グラインダによる止端仕上げ	G	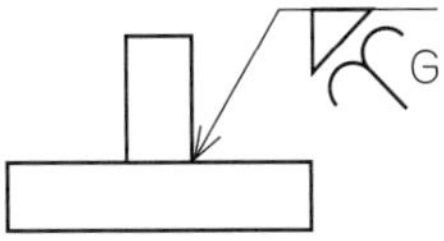 G
16	切削	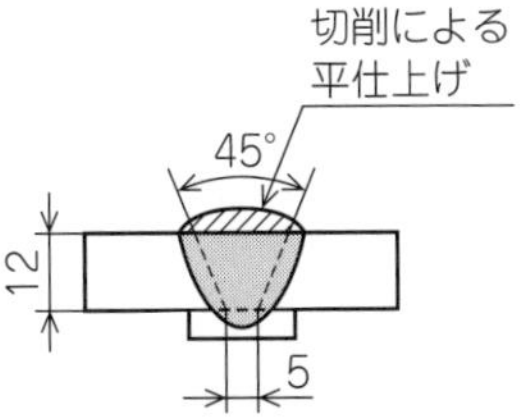 切削による平仕上げ 45° 12 5	M	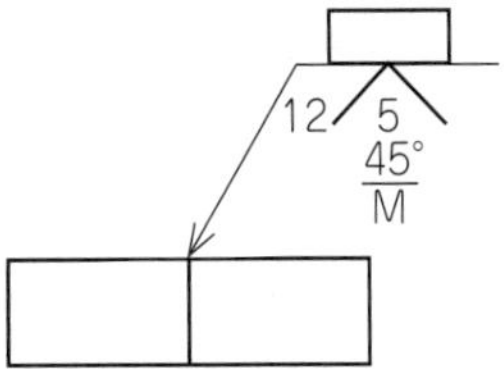 12 5 45° M
17	研磨	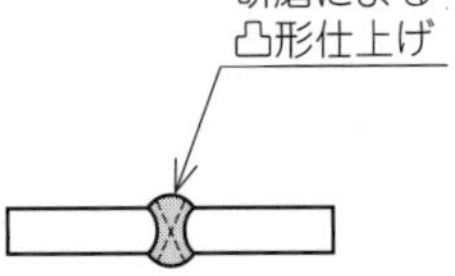 研磨による凸形仕上げ	P	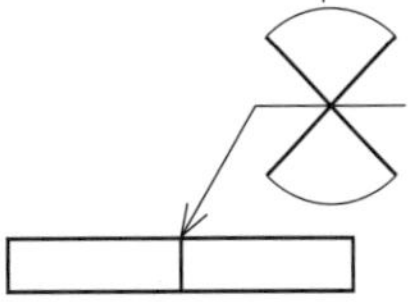 P

注 a）溶接後仕上げ加工を行わないときは，平らまたは凹みの記号で指示する．
これらのほかの仕上げ記号は，JIS B 0031 による．
b）仕上げの詳細は，作業指示書または溶接施工要領書に記載する．
c）溶接順序は，複数の基線，尾，溶接施工要領書などによって指示する．
d）裏当て材の種類などは，尾などに記載する．
e）補助記号は基線に対し，基本記号の反対側に付けられる．
f）記号は基線の上方，右向きとする．

（JIS Z 3021）

溶接部を記号表示するために**説明線**を用いる．説明線は溶接方法や位置を表示するための引出線で，**基線，矢および尾**（必要がなければ省略してもよい）で構成される．

基線は水平線で，一端に矢を付ける．矢は溶接部を示すもので，基線に対してなるべく60°の直線とする．ただし，レ形，J形，レ形フレアなど，非対称な溶接部において，開先を取る部材の面またはフレアのある部材の面を指示する必要のある場合は矢を折線とする．また，開先を取る面またはフレアのある面に矢の先端を向ける．

矢は溶接が同じであれば，基線の一端から2本以上付けることができるが，基線の両端に矢を付けることはできない．

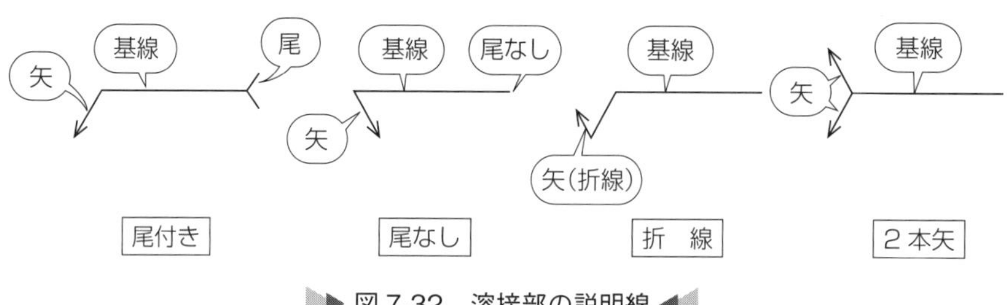

図7-32　溶接部の説明線

開先とは

溶接は，熱により溶接する母材を溶かし，母材と溶着する金属とが溶け合うことにより接合させるものである．そのため母材を**開先加工**することにより，熱が母材の溶接する部分に届き，母材と溶着金属とが完全に溶け込み，接合できるようにする必要がある．

開先は，溶接しやすいようにV字形の溝や端部を斜めに削る．その形状にはI形，V形，X形，レ形，K形，J形，U形，H形などと呼ばれるものがある．

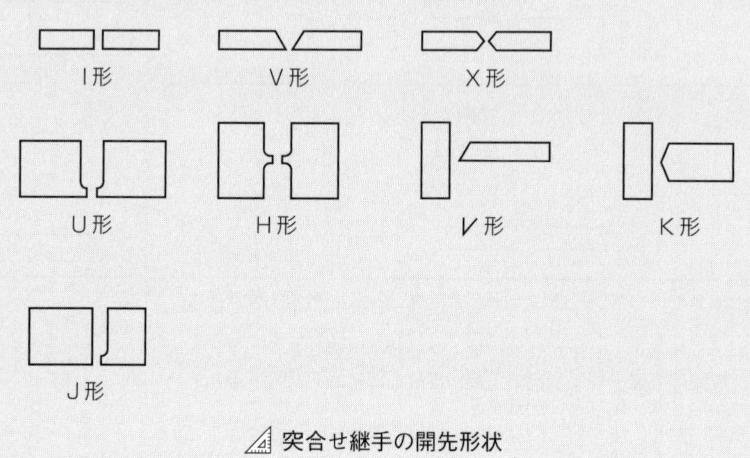

突合せ継手の開先形状

2　溶接部の基本記号の指示の仕方

溶接部の指示方法は，溶接する側が矢の側または手前側のときは**基線の下側**に指示し，矢の反対側または向こう側のときは**基線の上側**に指示する．

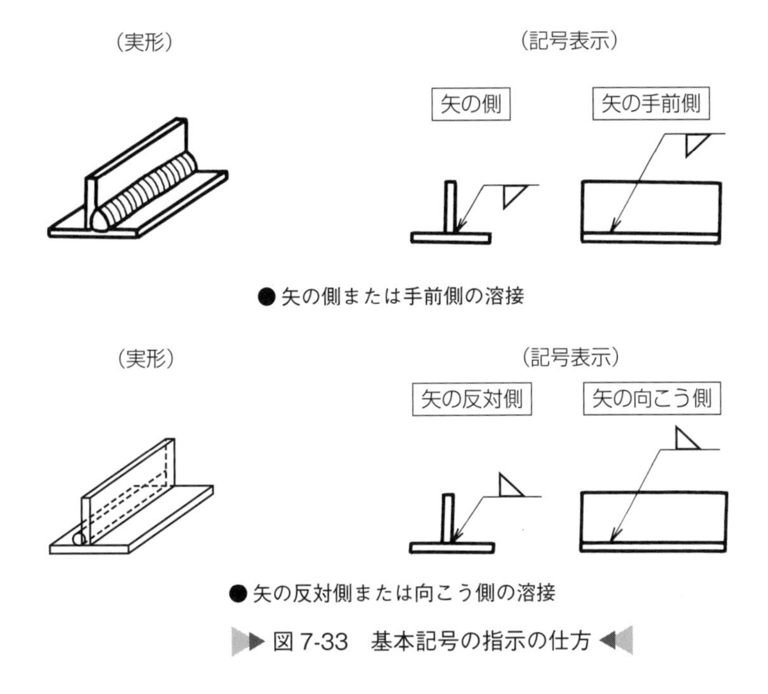

図 7-33　基本記号の指示の仕方

3　溶接記号の使用例

以下に図面への表示の仕方や，図面から読み取るための記入例を示す．

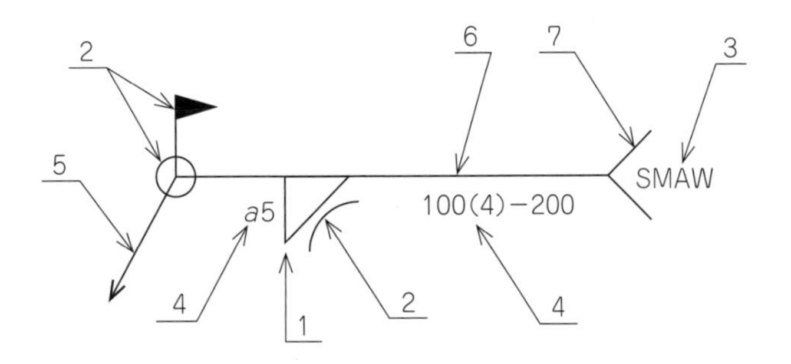

1　基本記号（すみ肉溶接）
2　補助記号（凹形仕上げ，現場溶接，全周溶接）
3　補足的指示（被覆アーク溶接）
4　溶接寸法（公称のど厚 5 mm，溶接長 100 mm，ビードの中心間隔 200 mm，個数 4 の断続溶接）
5　矢
6　基線
7　尾

（JIS Z 3021）

図 7-34　溶接施工内容の記入の仕方

No.	溶接の種類	矢の側／反対側	図示（破線は溶接前の開先を示す）	記　号
1	すみ肉溶接 レ形開先溶接 レ形開先溶接 J形開先溶接	反対側 矢の側 反対側 矢の側	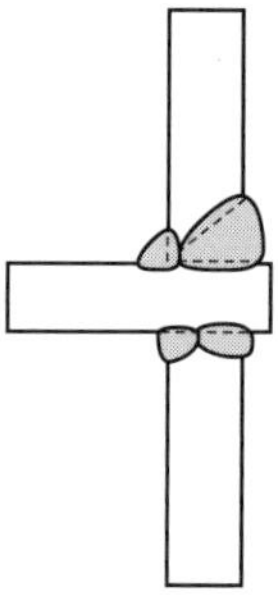	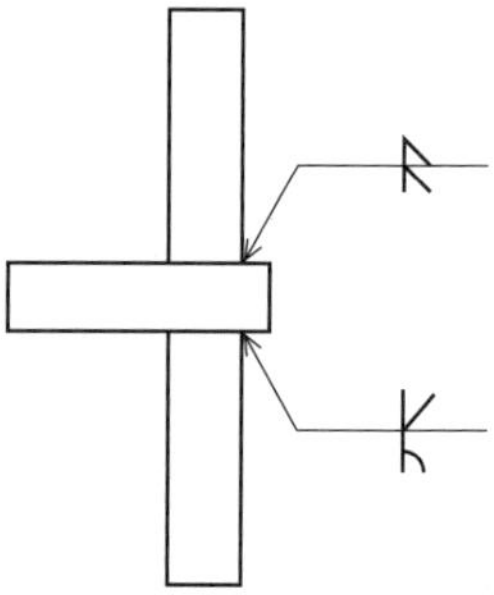
2a	V形開先溶接	矢の側	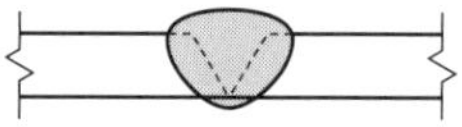	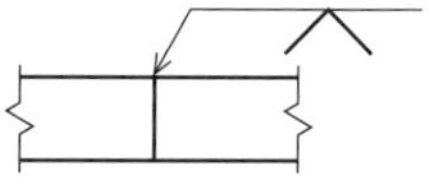
2b	V形開先溶接	反対側		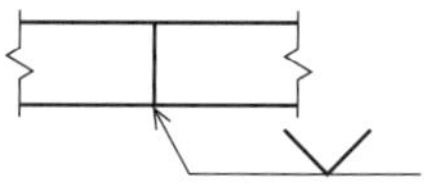
3a	溶融スポット溶接	矢の側	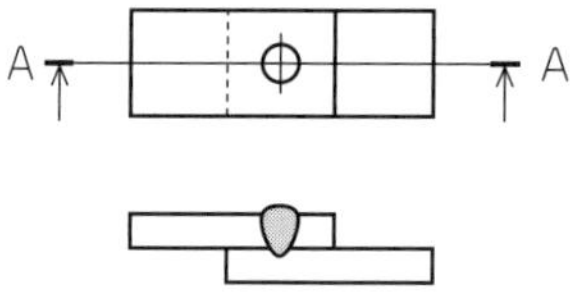 A　A	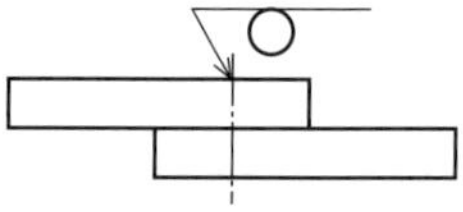
3b	溶融スポット溶接	反対側		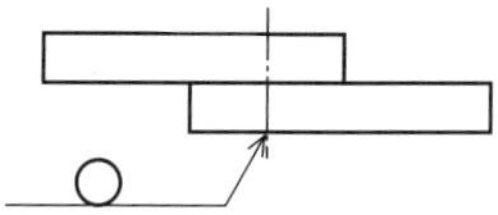
4a	プラグ溶接	矢の側	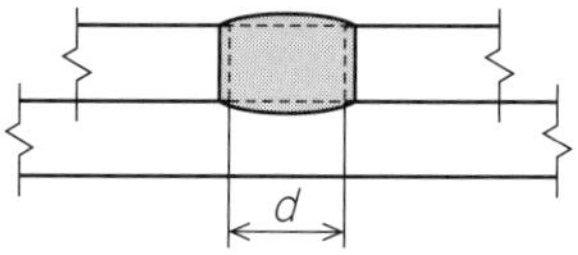 *d*	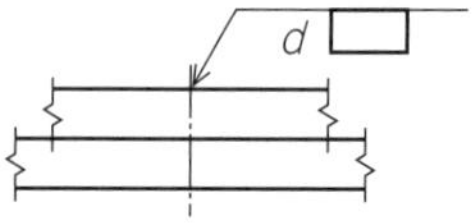 *d*
4b	プラグ溶接	反対側		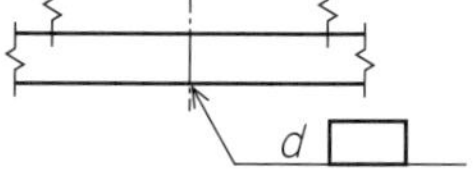 *d*

（JIS Z 3021）

図7-35　溶接記号の記入例

索　引

あ 行

か 行

さ 行

た 行

な 行

は 行

ま　行

や　行

ら　行

わ　行

英　字

〈著者略歴〉

住 野 和 男（すみの　かずお）

1948年神奈川県小田原市生まれ．1971年東海大学工学部機械工学科卒業．
自動車関連の金型設計を経て，工学院大学専門学校，工学院大学創造活動
支援室「夢づくり工房」担当講師を歴任．
〈著　書〉
「わかりやすい図学と製図」
「技能検定機械製図完全マスター」
「やさしい機械設計の考え方・進め方」
「絵ときでわかる機構学」（共著）
「機械保全機械系1級学科完全マスター」「機械保全機械系2級学科完全マスター」（共著）
「実務に役立つ機械公式活用ブック」（共著）
「図解版機械学ポケットブック」（分担執筆），以上　オーム社
「熱の力をつかう　熱の工作」「水の力をつかう　水の工作」
「風の力をつかう　風の工作」「光の力をつかう　光の工作」，以上　勉誠出版

鈴 木 剛 志（すずき　つよし）

1963年東京都練馬区生まれ．1984年工学院大学専門学校機械科卒業．同年
小田急電鉄株式会社入社．
特急，通勤電車の設計責任者として車両の安全性や省エネルギー等の研究開
発に携わる．また，大学や企業，博物館等での講演，講義を通じて技術者育
成にも力を入れている．
電気学会正員　鉄道設計技士（鉄道車両）
〈著　書〉
「実務に役立つ機械設計の考え方・進め方」
「詳細図鑑小田急ロマンスカーの車両技術」（共著）
「これだけマスター技能検定機械保全」（共著）
「技能検定機械製図完全マスター」（共著）
「機械学ポケットブック」（分担執筆）　他，以上　オーム社

大 塚 ゆ み 子（おおつか　ゆみこ）

1996年工学院大学工学部機械工学科卒業．同年光洋電子工業株式会社（現：
株式会社ジェイテクトエレクトロニクス）へ入社．
PLCなど産業用機器の筐体設計を経て，キヤノン株式会社にてデジタル一眼
レフカメラの設計に携わった．埼玉県桶川市在住．
〈著　書〉
「これだけマスター技能検定機械保全」（共著）
「技能検定機械製図完全マスター」（共著），以上　オーム社

やさしい機械図面の見方・描き方（改訂３版）

2005 年 10 月 20 日　第 1 版第 1 刷発行
2014 年 7 月 25 日　改訂 2 版第 1 刷発行
2024 年 10 月 9 日　改訂 3 版第 1 刷発行

著　者　住野和男・鈴木剛志・大塚ゆみ子
発行者　村上和夫
発行所　株式会社 オーム社
郵便番号　101-8460
東京都千代田区神田錦町 3-1
電話　03(3233)0641(代表)
URL https://www.ohmsha.co.jp/

組版　新生社　　印刷　中央印刷　　製本　牧製本印刷
ISBN978-4-274-23251-0　Printed in Japan